Impressum

Kuhn-Fleuchaus, Christine; **Bambach**, Marco
Diversity Management – Unsichtbare Potenziale fördern
Steinbeis-Hochschule Berlin
2. Auflage 2008
ISBN 978-3-938062-65-4

Druck: Burger Druck e. K., Waldkirch
Satz und Gestaltung: Steinbeis-Edition

www.Steinbeis-Edition.de

112918-01-08

Christine Kuhn-Fleuchaus und Marco Bambach

Diversity Management –

Unsichtbare Potenziale fördern

Marco Bambach ist seit Juli 2006 Geschäftsführer der Caritas-Einrichtungen gGmbH in Würzburg und bereitet 15 Caritas-Einrichtungen mit mehr als 900 Mitarbeitern für die zukünftigen Herausforderungen im Pflegebereich vor.
Er wurde 1971 in Bad Kissingen geboren und verfügt über 15 Jahre Erfahrung bei der Caritas. Sein Weg führte ihn vom Zivildienstleistenden bis zum Geschäftsführer. Bambach war Verwaltungsleiter, Vorstandsmitglied im Kreisverband Bad Kissingen, Projektleiter für Organisationsentwicklung, Referatsleiter „Wirtschaftliche Beratung" in Würzburg und Leiter zweier Senioren-Einrichtungen.

In nebenberuflichen Studien und Weiterqualifizierungen erarbeitete er sich sein Sozialmanagement- und Wirtschaftswissen. Bambach ist zertifizierter Qualitätsmanager, Sozialmanager, Heimleiter und Betriebswirt. Der Jungmanager, der im Handelsblatt „Karriere des Jahres 2007"-Ranking zu den Top 25 Nachwuchsführungskräften Deutschlands gehörte, hat einen VWA- und einen Bachelor-Abschluss. Mit der vorliegenden Arbeit erlangte er 2005 den Master of Business Administration (MBA) mit Bestnote an der Steinbeis-Hochschule Berlin.

E-Mail: post@marco-bambach.de

Christine Kuhn-Fleuchaus leitet seit September 2004 als Direktorin die AOK in Memmingen, der über zwei Drittel der Bevölkerung in der Region Unterallgäu in punkto Leistung, Service und Zuverlässigkeit vertrauen.

Geboren 1968 in Würzburg, arbeitet sie seit 22 Jahren bei der AOK Bayern – und schaffte in dieser Zeit den Sprung von der Auszubildenden zur Direktorin. Die Betriebswirtin hat dabei die Entwicklung der größten Krankenkasse im Freistaat bewusst mitverfolgt und stetig ihre Ideen eingebracht. Sie war Assistentin des Vorstandes, Leiterin der Führungskräfteentwicklung und Firmenkunden-Bereichsleiterin.

Auch neben ihrem Beruf erwarb Christine Kuhn-Fleuchaus wertvolle Kenntnisse in Management und Gesundheitswesen und im Bereich Kommunikation. Mit ihren Examensarbeiten zur Verwaltungs-Betriebswirtin (VWA), zum Bachelor (BBA) und Master of Business Administration (MBA) war sie jeweils die Beste ihres Jahrgangs. Mit der vorliegenden Arbeit erlangte sie 2005 den MBA-Titel in Gesundheits- und Sozialwissenschaften der Steinbeis-Hochschule Berlin. Christine Kuhn-Fleuchaus ist außerdem Dozentin an der Fachhochschule Würzburg-Schweinfurt.

E-Mail: post@christine-kuhn.de

Dieses Buch

„Den Wert eines Unternehmens machen nicht die Gebäude, nicht die Maschinen und auch nicht seine Bankkonten aus. Wertvoll an einem Unternehmen sind die Menschen, die dafür arbeiten, und der Geist, in dem sie es tun."

Henry Ford[1]

Der farbige Pförtner im Rathaus ist in Deutschland bisher noch genauso die Ausnahme wie der schwule Firmenchef eines mittelständischen Betriebes, der selbstverständlich beim Betriebsausflug seinen Lebenspartner präsentiert. Alte Mitarbeiter werden von vielen Unternehmen vor allem als Verschiebemasse in Richtung Sozialplan betrachtet. Menschen mit Behinderungen werden als Mitarbeiter von Firmen oft erst dann geschätzt, wenn deren Arbeitsplatz kräftig subventioniert wird. Die Mutterschaft bedeutet noch immer für viele Frauen das ultimative Ende der Karriere, weil sich Laptop und Windeln beruflich kaum vereinen lassen.

Mit der Verabschiedung des Allgemeinen Gleichstellungsgesetzes am 18. August 2006 wirkt die Bundesregierung zumindest formal gegen diese Ungleichbehandlungen. Ziel des Gesetzes ist es, „Benachteiligungen aus Gründen der Rasse oder wegen der ethnischen Herkunft, des Geschlechts, der Religion oder Weltanschauung, einer Behinderung, des Alters oder der sexuellen Identität zu verhindern oder zu beseitigen."[2]

George Bernhard Shaw[3] hat einmal gesagt: „Die vernünftigen Menschen passen sich der Welt an, die Unvernünftigen versuchen sie zu ändern. Deshalb hängt aller Fortschritt von den Unvernünftigen ab." In diesem Sinne wollen

1 Nordhoff, Heinrich, zitiert in: Decker, A., u.a., Organisations- und Personalentwicklung in Sozialbetrieben, Heidelberg, 2002, S. 79.

2 Allgemeines Gleichstellungsgesetz (AGG), §1, http://www.gesetze-im-internet.de/agg/ [11.11.2006]

3 Shaw, G., zitiert in: Fichtl, G., Zitate für Beruf und Karriere, Planegg, 2001, S. 134.

wir Sie mit unserem Buch zum Thema *Diversity Management* dazu anstekken, „unvernünftig" zu sein. Wir wollen die gesellschaftliche Verantwortung von Unternehmen unterstreichen und aufzeigen, wie unsichtbare Potenziale ihrer Mitarbeiter freigelegt werden können. Nicht zuletzt geht es auch darum, dem neuen Gesetz gerecht zu werden und Benachteiligungen Einzelner zu vermeiden.

Wir möchten das Buch zu unserer Masterarbeit unter die Devise stellen: „We are one, but we are not the same!" oder etwas lockerer ausgedrückt: „Wir leben alle unter dem gleichen Himmel, haben aber nicht alle den gleichen Horizont!".

Es liegt uns auch am Herzen, uns bei den Menschen zu bedanken, die uns bei der Erstellung dieses Buches in vielfältiger Weise unterstützt und motiviert haben: Die Professoren Michael Auer und Peter Dohm von der Steinbeis-Hochschule und Herr Michael Stuber waren von Anfang an in den Entstehungsprozess eingebunden und haben uns wertvolle Anregungen gegeben. Andrea Maier und Holger Minning danken wir für die stetige Motivation und die akribische Korrekturarbeit. Schließlich geht ein herzliches Dankeschön an Britta Lücke vom Steinbeis-Edition-Verlag, die diese Publikation von Verlagsseite her immerfort und mit viel Geduld unterstützt hat.

„Wer aufhört, besser zu werden, hat aufgehört, gut zu sein." [4]

Christine Kuhn-Fleuchaus	Marco Bambach
Direktorin AOK,	Geschäftsführer Caritas-Einrichtungen gGmbH,
Memmingen	Würzburg

4 Fichtl, G., Zitate für Beruf und Karriere, Planegg, 2001, S. 118.

Geleitwort

Ist Diversity ein Trend, der letztendlich in Kirche, Caritas und Diakonie seine Wurzeln hat? Nach der Bibel, auf die sich Juden und Christen berufen, existiert der Mensch nicht aus sich selbst heraus: Kein Mensch konnte und kann sich sein Leben selbst geben. Jeder Mensch verdankt sich einem anderen: Er ist Geschöpf Gottes.

Darüber hinaus ist der Mensch nach biblischem Verständnis als Ebenbild Gottes geschaffen. Jeder Mensch – unabhängig von Hautfarbe, Herkunftsland, Sprache, Religion, Konfession oder persönlichen Neigungen. Von daher erhält auch jeder Mensch seine besondere Würde – eine Würde, die ihm niemand nehmen kann und niemand nehmen darf.

Nach dem Bild Gottes geschaffen zu sein, heißt, den Auftrag erhalten zu haben, den eigenen Lebensraum zu gestalten: Der Mensch ist als Individuum ein einzigartiges Geschöpf Gottes. Darüber hinaus ist er als „Mensch in Beziehung" geschaffen worden: als Gegenüber für andere Menschen und seine Umgebung. Jeder Mensch nimmt Verantwortung wahr und ist darin Ebenbild Gottes. Er nimmt Verantwortung wahr für sich selbst und für andere, im privaten sowie im beruflichen Bereich.

Auch im Hinblick auf den Umgang mit Mitarbeitenden in einem Unternehmen gilt: Jede und jeder Mitarbeitende ist einzigartig. Christine Kuhn-Fleuchaus und Marco Bambach legen in diesem Buch überzeugend dar, welche positiven Konsequenzen Diversity Management für ein Unternehmen hat. Indem die Führungs- und Leitungsverantwortlichen eines Unternehmens die Einzigartigkeit jedes einzelnen Mitarbeitenden sensibel wahrnehmen, achten und ihnen differenziert nach den jeweiligen Begabungen und Fähigkeiten Verantwortung übertragen, nehmen sie eine entscheidende Weichenstellung vor: Sie fördern die Motivation der

Mitarbeitenden, verändern nachhaltig das Klima im Unternehmen und tragen damit entscheidend zum Wachstum des Unternehmens bei.

Wer eine Führungs- bzw. Leitungsposition innehat und verantwortungsvoll und motivierend mit seinen Mitarbeitenden umgehen möchte, wird dieses Buch schätzen! Es schafft Sensibilität für die Einzigartigkeit jedes Mitarbeitenden und gibt Raum für diese Einzigartigkeit. In den Unternehmen, in denen dies geschieht, wird Verantwortung verantwortungsvoll wahrgenommen, werden Menschen motiviert und dazu befähigt, für ihr Umfeld Verantwortung zu übernehmen. Ich wünsche diesem Buch eine weite Verbreitung – denn es leistet einen wertvollen Beitrag für eine menschlichere Gesellschaft.

Dr. Norbert Dennerlein
Oberkirchenrat, Hannover

Vorwort

Globalisierung und Internationalisierung, aber auch interkulturelles Management, sind Begriffe, die insbesondere in der Wirtschaft Einzug gehalten haben. Längst haben wir verinnerlicht, dass nicht nur Mega-Unternehmen, sondern auch mittelständische und kleine Unternehmen, die technologisch exportorientiert ausgerichtet sind, sich mit diesen Themen beschäftigen müssen. Das ist inzwischen nicht mehr eine Frage des Wollens, sondern des Überlebens.

Ob wir es nun realisiert haben oder nicht: Auch wir Deutsche leben in einer multikulturellen Gesellschaft, sowohl bezogen auf die Zusammensetzung der Einwohner unseres Landes wie auch bezogen auf die Verflechtungen unserer Unternehmen mit zahllosen Unternehmen im Ausland. Erinnern wir uns daran: Die Bundesrepublik Deutschland ist mit ca. 800 Mrd. Euro Exportweltmeister.

Durch neue Kommunikations- und Transportwege wächst die Welt zusammen. Dies gilt nicht nur für die exportorientierten Teile unserer Wirtschaft, sondern vielmehr für den gesamten Bereich der öffentlichen Verwaltung und insbesondere für das Gesundheits- und Sozialwesen. Ob Polizeibeamter, Lehrer, Arzt, Erzieher oder Krankenpfleger: Im Grunde gilt es für alle Berufsgruppen, sich den interkulturellen Herausforderungen zu stellen, um eine hochwertige, an den Bedürfnissen der Zielgruppen orientierte Dienstleistung zu gewährleisten.

Wichtig ist hierbei auch die Feststellung, dass die mit Abstand größte Zahl der Beschäftigten in Deutschland längst nicht mehr im Kernbereich der industriellen Fertigung, sondern im Bereich des Gesundheits- und Sozialwesens zu finden sind. Gerade in diesem Bereich werden zentrale Aufgaben für die Lebensqualität unserer Bevölkerung übernommen.

Um diese Herausforderung zu meistern, ist es unabdingbar, sich dem Thema Diversity zuzuwenden. Denn durch die Differenzierung der Mitarbeiterschaft im Hinblick auf Bildung, Herkunft, Alter, Geschlecht, Rasse, körperliche Behinderung, sexuelle Orientierung, Religion, Einkommen, Familienstand und vieles mehr schaffen wir quasi ein mikroskopisches Abbild unseres Unternehmens in Bezug auf unsere Umwelt, sei es die Gesellschaft, unsere Kunden, Shareholder oder Zulieferer. Hieraus lässt sich eine breite Basis an Know-how in seiner Vielschichtigkeit generieren und gleichzeitig ein hohes Maß an Toleranz und Flexibilität gewährleisten.

Um sich als modernes Unternehmen im Profit- aber auch im Non-Profit-Bereich zu positionieren und die Voraussetzung für eine langfristige Existenzsicherung zu schaffen, ist es dringend erforderlich, sich mit voller Hingabe dem Diversity Management zu widmen. Dies gilt vor allem auch für die Rekrutierung so genannter High Potentials.

Den beiden Autoren Christine Kuhn-Fleuchaus und Marco Bambach ist es in besonderer Weise gelungen, das für global tätige Unternehmen des Profit-Bereiches entwickelte Diversity Management in den Non-Profit-Sektor zu adaptieren, dabei wissenschaftlich fundiert aufzuarbeiten, ohne die praktische Relevanz außer Acht zu lassen. Mit dieser Publikation stoßen die beiden Autoren die Tür für dieses Thema weit auf und laden uns alle ein, Diversity Management mehr Raum zu widmen. Das ist dringend nötig: Denn das Nutzen der Verschiedenartigkeit der Mitarbeiter geschieht nicht aus karitativen Überlegungen heraus, sondern ist ein elementares Management-Instrument für die langfristige Überlebensstrategie eines Unternehmens.

Prof. Dr. Peter Dohm
Direktor Steinbeis Transfer-Institut Management und Business

Inhaltsverzeichnis

Diversity im Gesundheits- und Pflegewesen

Einführung von Michael Stuber

Das Gesundheitswesen mit seinen vielfältigen Zielgruppen muss sich den gesellschaftlichen Veränderungen stellen. Auch die Entwicklung vom Anbieter- zum Nachfragemarkt zwingt Krankenhäuser, Arztpraxen und Pflegeheime, die Vielfalt der Kunden stärker zu berücksichtigen und das Individuum in den Mittelpunkt ihrer Handlungen zu stellen. Diversity bietet ein umfassendes Konzept, um auf die rechtlichen, kulturellen und demographischen Herausforderungen vorausschauend zu reagieren. Der Managementansatz strebt an, die Vielfalt von Mitarbeitern und Kunden gezielt zu nutzen, um den Erfolg einer Organisation zu sichern und zu steigern.

DEFINITION VON DIVERSITY

Die deutsche Übersetzung des englischen Wortes „diversity", mit kleinem „d", lautet „Vielfalt" und beschreibt die Tatsache, dass sich Menschen auf vielerlei Art und Weise unterscheiden – oder gleichen. Dies führt häufig zu einer Fokussierung auf sogenannte Kerndimensionen, die Menschen nicht beeinflussen können und denen ein großer Einfluss auf das gegenseitige Verhalten zugeschrieben wird. Zu diesen Kerndimensionen zählen: Alter, Behinderung, ethnisch-kulturelle Prägung, Geschlecht, Religion/Weltanschauung und sexuelle Orientierung. Neben der Frage, welche Unterschiede vorhanden und wahrgenommen werden, thematisiert Diversity auch das Bewusstsein für Unterschiedlichkeit und für ihren Einfluss auf das tägliche Miteinander von Kollegen oder mit Patienten, also eine Geisteshaltung. Eine positive Einstellung ist mithin erforderlich, wenn Unterschiede genutzt werden sollen. Das Konzept geht jedoch über diese personenbezogene Sichtweise hinaus. Für Organisationen – wie Krankenkassen oder Krankenhäuser – stellt sich die Frage, inwieweit vorhandene Vielfalt anerkannt wird und eine offene Kultur für Unterschiedlichkeit und Individualität besteht. Um zu einer wirklichen Nutzung aller vielfältigen Potenziale und zu einer Erfolgssteigerung im Sinne der Organisationsziele zu gelangen, ist es erforderlich, dass Menschen unterschiedlicher Geschlechter, mit unterschiedlichen Hintergründen aus verschiedenen Altersgruppen konstruktiv und produktiv miteinander interagieren (Verhaltensebene). Der Begriff „Diversity“, auch im englischen mit großem „D“, bezeichnet die Bündelung aller Strategien und Maßnahmen, die auf die bestmögliche Berücksichtigung und Einbeziehung von Vielfalt zum Wohle einer Organisation abzielen.

GRÜNDE FÜR DIVERSITY

Die Gründe für Diversity können in folgenden vier Bereichen dargestellt werden:

- Wirtschaftliche Herausforderungen
- Rechtliche Herausforderungen
- Gesellschaftliche Herausforderungen
- Vorteile für Organisationen

Wirtschaftliche Herausforderungen

Organisationen im Gesundheits- und Sozialwesen müssen sich zunehmend auch wirtschaftlichen Herausforderungen stellen. Hierzu zählt die Notwendigkeit einer nachhaltigen Lösung der Finanzierungsprobleme in den Systemen der sozialen Sicherung, die sich durch die demographische Entwicklung weiter verstärken werden. Der Geldmangel in öffentlichen Kassen zwingt Organisationen, ihr wirtschaftliches Denken zu intensivieren. So werden sich Krankenhäuser zunehmend als sozialer und zugleich betriebswirtschaftlich handelnder Dienstleister verstehen müssen. Die Privatisierung im Gesundheitswesen bringt es mit sich, dass die Anbieterzahl wächst, der Wettbewerb schärfer wird und das einstige Oligopol verschwindet. Organisationen im Gesundheits- und Sozialwesen können eher am Markt bestehen, wenn sie vielfältige Marktpotenziale mit Hilfe von Diversity erkennen und diese gezielt ausschöpfen. Des Weiteren wächst die Internationalität im Gesundheitswesen: Kulturelle Unterschiede zwischen dem deutschen Arzt und den wohlhabenden Patienten aus dem Nahen Osten sind genauso zu verstehen und zu berücksichtigen wie kulturelle und geschlechtsspezifische Unterschiede zwischen dem deutschen Pfleger und der polnischen Pflegerin. Insbesondere die fortschreitende europäische Integration und die zunehmende Mobilität der Menschen verlangen eine zunehmende interkulturelle Kooperation der Bürger über unsere Grenzen hinweg.

Die Europäische Integration und die Globalisierung wie auch die Konzentrationstendenz in der Wirtschaft durch Unternehmenszusammenschlüsse oder -übernahmen (M&A) basieren auf dem funktionierenden Miteinander unterschiedlicher Kulturen. Die immer kürzere Bestandsdauer von Organisationsformen sowie die zunehmende Komplexität von Organisationsstrukturen verlangen nach einer größtmöglichen Offenheit der Belegschaft gegenüber neuen Situationen, neuen Kollegen und neuen Prozessen. Innovationszyklen, die immer kürzer werden sowie der wachsende „Shareholder-Value"-Druck auf Kosten, Leistungen und Markterfolg erfordern eine optimale Nutzung aller Ressourcen, ein reibungsloses Miteinander und die Ausschöpfung aller Absatzchancen. All diese Trends beinhalten die Themen Vielfalt, Anerkennung und Einbeziehung und können daher im Rahmen von Diversity effektiv adressiert werden.

Rechtliche Herausforderungen

Im Zuge der EU-Antidiskriminierungsrichtlinien und des deutschen Gleichbehandlungsgesetzes steigen die Anforderungen an Arbeitgeber gegenüber der derzeitigen Rechtslage deutlich, ein diskriminierungsfreies Arbeitsumfeld zu schaffen und zu erhalten. Mit den Antidiskriminierungsrichtlinien der EU, die ihre Gültigkeit bereits erlangt haben, müssen sich künftig alle Arbeitgeber auf neue rechtliche Anforderungen an ihre

Personalinstrumente einstellen. Die in den Jahren 2000 und 2002 verabschiedeten EU-Richtlinien 2002/73/EG, 2000/78/EG und 2000/43/EG sollen helfen, Diskriminierungen auf Basis von „Rasse" oder ethnischer Herkunft, Geschlecht, Religion oder Weltanschauung, einer Behinderung, des Alters oder der sexuellen Orientierung zu bekämpfen und zu verhindern. Sie haben für alle EU-Bürger, unabhängig von ihrer Nationalität, Gültigkeit; ihre Umsetzung in nationales Recht ist für alle Mitgliedsstaaten der Europäischen Union bindend. Dieser Verpflichtung geht die deutsche Bundesregierung mit dem Gleichbehandlungsgesetz nach. Organisationen müssen nach Umsetzung des Gesetzes im Streitfall nachweisen, dass sie sich neutral gegenüber Menschen in Bezug auf die sechs genannten Merkmale verhalten und nicht diskriminieren. Die EU-Richtlinien enthalten ein für Arbeitgeber wesentliches und für das deutsche Rechtssystem ungewöhnliches Detail – das der Beweislasterleichterung. Diese Besonderheit bedeutet, dass ein von Diskriminierung oder Belästigung Betroffener Tatsachen glaubhaft machen muss, die das Vorliegen einer Diskriminierung oder Belästigung vermuten lassen. In einem solchen Fall kommt dem Beklagten, im Allgemeinen dem Arbeitgeber, die Aufgabe zu, im weiteren Verfahren zu beweisen, dass keine Diskriminierung oder Belästigung vorgelegen hat. Organisationen sollten daher rechtzeitig präventiv tätig werden, um nachweisen zu können, dass sie nicht diskriminieren und ihre Unternehmenskultur frei von Belästigung ist, wollen sie Entschädigungszahlungen oder zumindest in Teilen öffentliche Verfahren vermeiden. Insofern sind alle Arbeitgeber aufgefordert, ihre Beschäftigungspraxis zu überprüfen, um zu gewährleisten, dass keine Person durch bestehende Prozesse oder Regeln (systematisch) benachteiligt wird. Entsprechendes gilt für Belästigung, Mobbing oder Ausgrenzung durch Monokulturen. Die umfassende Umsetzung des Konzepts Diversity stellt eine Möglichkeit dar, die praktischen Auswirkungen der EU-Richtlinien im Bereich Beschäftigung pro-aktiv aufzugreifen, zur Steigerung des Erfolges einer Organisation zu nutzen und gleichzeitig drohende Klagen – und damit Imageschäden – zu vermeiden.

Gesellschaftliche Herausforderungen

Veränderungen der Zusammensetzung der Gesellschaft spiegeln sich in den Strukturen der Arbeits- und der Absatzmärkte wider. Die wohl markanteste Entwicklung stellt die absolute und relative Alterung der Gesellschaft dar, die bereits seit den 1960er Jahren anhält und sich bis in die 2050er Jahre fortsetzen wird. Für den Gesundheits- und Sozialbereich bedeutet dies, dass nicht nur die Versicherungsnehmer älter werden, sondern auch die Mitarbeiter des Sektors. So zeigt eine Studie der Kassenärztlichen Bundesvereinigung, dass das Durchschnittsalter von Vertrags- und Krankenhausärzten permanent steigt und parallel dazu der Anteil der jüngeren Ärzte sinkt. Waren 1991 noch 27,4 Prozent aller berufstätigen Ärzte unter 35 Jahre alt, sank ihr Anteil im Jahr 2005 auf 15,4 Prozent. Diese Entwicklungen erfordern, dass sich der Gesundheitsbereich mit der Generationenfrage nicht nur unter Beitragsaspekten auseinandersetzt. Auch Fragen der Versorgung, der Lebensarbeitszeit und der Einbeziehung von Beschäftigten mit Migrationshintergrund auf allen Ebenen und in allen Bereichen spielen zunehmend eine Rolle.

Kulturelle Gegebenheiten und der Umgang zwischen Menschen (Kommunikation, Interaktion) zeigen ebenfalls deutliche Tendenzen in Richtung Individualisierung, Pluralisierung der Lebensstile und Offenheit. Diese veränderten Lebenswelten stehen für mehr Bereitschaft zur Eigenverantwortung und Selbstbestimmung der Menschen, was sich auch in der Gesundheits- und Sozialpolitik der Zukunft widerspiegeln muss, ohne dass die Grundprinzipien der solidarischen Versicherungssysteme aufgegeben werden. So erheben beispielsweise immer mehr Menschen einen Anspruch auf Information und Aufklärung („Patientenrechte in Deutschland"). Organisationen im Gesundheitswesen müssen erkennen, dass es nicht mehr „die" Gruppe der Versicherten und „die" Gruppe der Patienten gibt. Individuelle Ansprüche wollen bedient werden. So finden sich Patienten nicht mehr einfach mit den Aussagen von Ärzten ab: sie wollen ein persönliches Gespräch, das ihnen das Gefühl vermittelt, gut und individuell beraten zu werden. Aktuelle Diskussionen zu den Themen interkulturelle Pflege, Betreuung homosexueller Patienten oder solchen mit Migrationshintergrund machen veränderte kulturelle Rahmenbedingungen deutlich und weisen einen starken Bezug zu Diversity auf. So strebt „diversity@care" an, kulturelle Vielfalt in der mobilen Pflege und Betreuung zukünftig verstärkt zu berücksichtigen und als Stärke anzusehen. Das von der Volkshilfe Österreich, der Wiener Caritas, dem Wiener Roten Kreuz und dem Wiener Hilfswerk gemeinsam durchgeführte Projekt integriert Menschen mit Migrationshintergrund in das Arbeitsfeld „Pflege" und baut Vorurteile gegenüber dieser Gruppe ab. Des Weiteren soll besser auf die Bedürfnisse von Zuwanderern eingegangen werden, die alt und pflegebedürftig sind. Ein Schwerpunkt des Projekts bildet daher die kultursensible Altenpflege. Alte Menschen aus anderen Kulturkreisen bringen für das Pflegepersonal oft zunächst befremdende Lebensgewohnheiten und Wertvorstellungen mit – Diversity trägt dazu bei, andere Sichtweisen bewusst und gezielt in das eigene Handeln einzubeziehen.

Vorteile

Bei den erzielbaren Vorteilen von Diversity lassen sich externe und interne Verbesserungen unterscheiden. Zum Beispiel kann in Bezug auf den Arbeitsmarkt der Zugang zu breiteren Arbeitsmarktsegmenten und eine Erhöhung des Personalimages als Benefit von Diversity erreicht werden. Dies mag in der gegenwärtigen wirtschaftlichen Situation gelegentlich mit einem zynischen Lächeln quittiert werden, da Organisationen angeblich eher an Einsparungen denken. Allerdings sei zu bedenken, dass zunehmend ein Fach- und Führungskräftemangel erkennbar ist. So sinkt beispielsweise die Zahl der Absolventen in medizinischen Studiengängen, immer mehr Ärzte wandern ins Ausland ab oder wollen nicht in der Patientenversorgung tätig werden. Vor diesem Hintergrund sollten Organisationen Diversity nutzen, um sich auf dem Arbeitsmarkt nach „anderen" Kandidaten umzusehen, die bisher weniger angesprochen wurden. Dies bedeutet auch eine Abkehr des bislang häufig praktizierten Prinzips, Menschen einzustellen, die ‚hier rein passen'. Aber Diversity hat auch Kosten und Produktivität im Visier: Wenn Mitarbeiter in ihrer Vielfalt wertgeschätzt werden, indem all ihre Stärken gefördert und gefordert werden, so hat dies erheblichen Einfluss auf deren Loyalität, auf deren Engagement und auf Abwesenheitstendenzen. Gleichzeitig ist Teamarbeit gerade im Gesundheitswesen in vielerlei Hinsicht bedeutend: Menschen aus unterschiedlichen Bereichen oder Hierarchien arbeiten in Projekten zusammen. Die Belegschaften müssen lernen, mit ihrer zunehmenden Vielfalt bestmöglich umzugehen. Menschen müssen in der Lage sein, Kollegen, die anders sind als sie selbst, anzuerkennen und nach Möglichkeiten des gegenseitigen Lernens zu suchen. Die Produktivität wird in zweifacher Hinsicht gesteigert: zum einen qualitativ, weil die Mitarbeiter besser und kreativer arbeiten, zum anderen quantitativ, weil sie mehr und effektiver arbeiten. Die Kostenseite wird durch eine Verringerung der Fluktuation und des Krankenstandes adressiert. In allen Fragen konnten Unternehmen, die Diversity über mehrere Jahre systematisch verfolgen, messbare Erfolge erzielen.

Diversity wird zudem ein immer öffentlichkeitswirksameres Thema – die Entwicklung in Deutschland in den letzten vier Jahren ist ein anschaulicher Beleg dafür. Immer mehr Organisationen interessieren sich für Vielfalt, für wertorientiertes Verhalten und für eine breite Einbeziehung, weil die Gesellschaft immer vielfältiger wird. Und immer mehr Menschen leben in vielfältigeren Lebenswirklichkeiten und achten daher darauf, welche Organisationen dem Diversity-Ansatz folgen. Organisationen, die Vielfalt aktiv wertschätzen, stärken damit auch ihr öffentliches Ansehen. Diese Image-Frage gewinnt gerade im Gesundheits- und Sozialbereich eine immer größere Bedeutung, um im Zuge von Privatisierungen und verstärktem Wettbewerb den Patient als Kunden zu gewinnen.

UMSETZUNG

Das Diversity-Modell von Ungleich Besser Diversity Consulting bietet eine systematische Veranschaulichung der notwendigen Elemente, die bei der Implementierung von Diversity berücksichtigt werden müssen. Die erforderlichen Grundlagen umfassen die Herausarbeitung der Bezüge zum Kerngeschäft (z. B. Vorsorge und Versorgung von Patienten), den Business Case („Wirtschaftlichkeitsbetrachtung") sowie die Festlegung eines genauen Zielsystems und die Feststellung der Ist-Situation. Der Umsetzungsprozess selbst besteht aus zwei Elementen: Einführung und Mainstreaming.

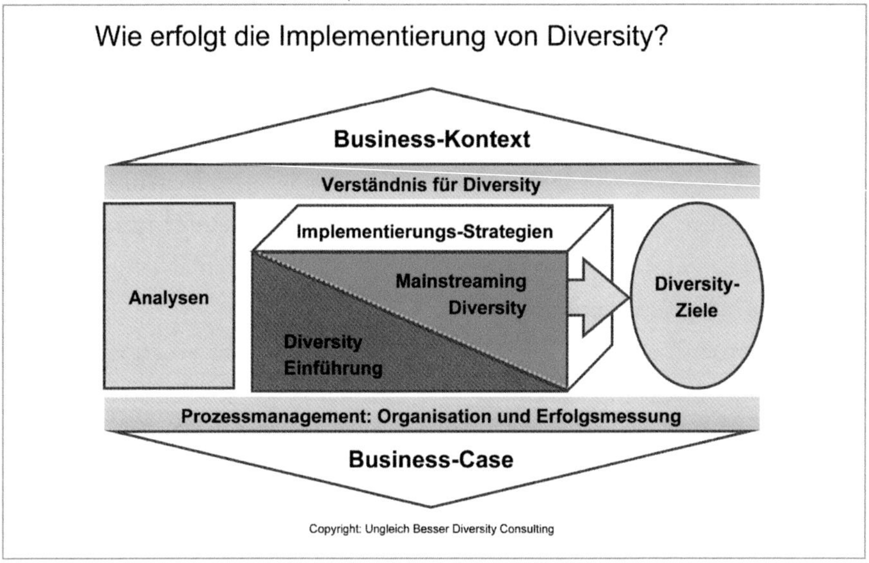

Abbildung: Diversity-Modell nach Ungleich Besser Diversity Consulting

Einführung von Diversity

Die Einführung von Diversity muss gleichzeitig „von oben" und „von unten" erfolgen. So lassen sich in Organisationen Veränderungen effektiv bewirken. Im Rahmen der Einführung wird das „neue Thema" Diversity vorgestellt und das Gesamtkonzept erläutert. Dies ist auf vielfältige Weise möglich: Durch die Gestaltung von Postern, einer Intranetseite, Durchführung von Trainings oder Verabschiedung einer Betriebsvereinbarung. Diese Aktivitäten werden im Verlauf der ersten Jahre weniger wichtig. Zunehmend wird es dagegen von Bedeutung sein, die Organisation und ihre Systeme an Diversity anzupassen und dabei jene Faktoren zu verändern, die in der Vergangenheit zur Entwicklung einer Monokultur geführt haben. Warum gab es bislang keine ausgeprägt vielfältige Belegschaft und eine entsprechende Aufgeschlossenheit der Kultur? Häufig sind „Biases" (Filter) in den Personalsystemen vorhanden, die z. B. in Stellenbeschreibungen eine implizite Bevorzugung von Frauen, Männern, Jüngeren oder Deutschen bewirkt haben. Die Systeme, die in der Vergangenheit zu Monokulturen geführt haben und diese aufrechterhalten, müssen verändert werden, so dass die Einführung von Diversity und die entsprechende Kulturveränderung nicht verpuffen. Dieses Prinzip ist in Europa unter dem Begriff „Mainstreaming" und im öffentlichen Bereich in Deutschland für das Thema Geschlecht unter dem Begriff *Gender Mainstreaming* bekannt.

Diversity Mainstreaming

Zu den wichtigen Maßnahmen im Rahmen des Diversity Mainstreaming gehört es, Stellenbeschreibungen oder andere Teile des Personalmanagementsystems unter dem Aspekt zu prüfen, wie mehr Vielfalt etwa im Hinblick auf Arbeitsformen, Arbeitszeiten und Arbeitsplätze herbeigeführt werden könnten. Hier spielt auch die Vereinbarkeit von Privat- und Berufsleben eine große Rolle, was besonders für Organisationen im Gesundheits- und Sozialwesen eine Herausforderung darstellt. Vielfältige Aspekte, wie „Bereitschaftsdienst und Arbeitszeit", Alterung der Belegschaften, Verschiebung des Renteneintrittsalters oder Pluralisierung der Lebensstile verlangen von Organisationen immer deutlicher kreative Maßnahmen, die eine Vereinbarkeit von Privat- und Berufsleben ermöglichen und Vielfalt fördern. Betriebliche Personalpolitik, die auf die Vereinbarkeit von Arbeits- und Privatleben setzt, leistet zudem einen wichtigen Beitrag zum Erfolg einer Organisation. So kommt eine Studie der Prognos AG zu dem Ergebnis, dass konsequent und nachhaltig implementierte Work-Life-Balance Maßnahmen die Produktivität der Beschäftigten steigert.

Auch im Bereich des Marketing gibt es interessante Ansätze, die durch eine stärkere Differenzierung einen größeren Kreis von Kunden ansprechen. Gerade für Krankenhäuser wird das Marketing zunehmend zum Erfolgsfaktor. Praxisbeispiele zeigen, dass dieser Bereich nicht unterschätzt werden darf, vor allem nicht vor dem Hintergrund, dass der Wettbewerb und Wirtschaftlichkeitsdruck im Gesundheitswesen steigen. Aus Sicht von Diversity erscheint es von besonderer Bedeutung, bei der Ansprache von Zielgruppen auf Stereotype zu verzichten und stattdessen auf zeitgemäße (Marken-)Werte zurückzugreifen – im Fokus dabei den Kunden als Individuum.

AUSBLICK

Während Diversity in der Privat-Wirtschaft eine steigende Bedeutung erlangt, findet der Ansatz im Gesundheits- und Sozialbereich nur langsam Anklang. Angesichts wirtschaftlicher, rechtlicher und gesellschaftlicher Veränderungen wird Diversity jedoch auch im dritten Sektor zu einer Notwendigkeit werden. Vor allem Fach- und Führungskräftemangel und die erforderliche Marktorientierung tragen hierzu bei. Organisationen des Gesundheits- und Sozialbereichs haben die besondere Möglichkeit, im Rahmen ihrer Neuausrichtungen (z. B. Leitbildeinführungen, Privatisierungen etc.) den Diversity-Ansatz zu nutzen und Vielfalt als zukunftssichernde Ressource aufzugreifen.

Autoreninformation:

Michael Stuber, Diplom Wirtschafts-Ingenieur, ist Gründer und Inhaber der Kölner Ungleich Besser Diversity Consulting, die sich auf Diversity Management und Marketing spezialisiert hat. Seit 1997 führt er als „Diversity-Pionier" europaweit Grundlagenstudien zu Diversity durch, entwickelt Modelle und berät private wie öffentliche Organisationen bei der Umsetzung von Diversity. Er betreibt das Informationsportal www.ungleich-besser.de, die Diversity Liga und gibt den Diversity Newsletter heraus.

Michael Stuber ist Autor des Fachbuches „Diversity", Luchterhand-Verlag: 2004. Leseproben und Bestellmöglichkeit unter: www.diversity-wissen.de/das_buch/

1 Hinführung zum Thema

Diversity übersetzen wir mit dem Begriff „Vielfalt“ und beziehen uns vor allem auf personelle und menschliche Vielfalt. Anhand einer kurzen Geschichte des amerikanischen Unternehmensberaters R. R. Thomas[5], die hier sinngemäß übersetzt ist, lässt sich deutlich machen, was Diversity bedeutet und wie Vielfalt zu managen ist:

Die Giraffe, ein aufstrebender Handwerker im Holzgewerbe, hat soeben einen Preis erhalten. Ihr Haus ist zum Giraffenhaus des Jahres ernannt worden. Nun bekommt die Giraffe Besuch von einem guten Freund und Fachkollegen, dem Elefanten. Die beiden planen, zukünftig enger zusammen zu arbeiten und der Elefant möchte sich gerne das Haus näher ansehen. Das bekommt beiden nicht sehr gut – dem Elefanten und dem Haus. Die Giraffe meint: „Wenn wir wirklich hier zusammen arbeiten wollen, solltest Du etwas abnehmen. Ich könnte zwar die Eingangstür verbreitern, sie muss nun sowieso repariert werden, aber insgesamt ist es doch ein bisschen eng mit Dir hier drin. Was hältst du von einem Abonnement im Fitness-Studio?“ Der Elefant hält das für eine akzeptable Idee, will aber erst einmal die Räumlichkeiten im oberen Stockwerk besichtigen. Er tut dies auch – als sich der Staub gelegt hat, meint die Giraffe: „Du solltest nach dem Fitness-Kurs gleich weiter gehen zur Ballettstunde, damit Du etwas leichtfüßiger wirst. Sonst können wir in diesem Haus wohl kaum erfolgreich zusammen arbeiten.“ Der Elefant hat inzwischen seine Wunden verbunden und sagt: „Ich glaube kaum, dass Fitness-Studio und Ballett-Unterricht uns auf Dauer weiterbringen. Hast Du mal daran gedacht, an Deinem Haus etwas zu verändern?“[6]

[5] Thomas, R. R., Management of Diversity, neue Personalstrategien für Unternehmen, Wie passen Giraffe und Elefant in ein Haus?, Wiesbaden, 2001.

[6] Hansen, K., u.a., Diversity Management – eine Herausforderung für deutsche Unternehmen, Düsseldorf, 2002, S. 34.

Diese Geschichte von der Giraffe und dem Elefanten führt uns sehr plastisch vor Augen, was Diversity als unternehmerische, aber auch als gesellschaftliche Herausforderung bedeutet: Die „Häuser", die Organisationen, die Kulturen, in denen wir leben und arbeiten, sind für die Bedürfnisse der dominanten vorhandenen Gruppe geschaffen. Sie kann sich hier optimal einbringen, Minderheiten aber sollen bzw. müssen sich verändern, sich assimilieren[7], um diese „Häuser" für sich nutzen zu können.

Giraffe und Elefant unterscheiden sich in sichtbaren Merkmalen deutlich. Solche sichtbaren Merkmale wie Geschlecht und Rasse sind auch in der betrieblichen Praxis häufig Ansatzpunkte, sich Vielfalt oder Facettenreichtum bewusst zu machen. Zusammen mit weiteren Dimensionen wie Alter, Zugehörigkeit zu verschiedenen ethnischen Gruppen bzw. religiöse Anschauungen, sexuelle Orientierung und körperliche Leistungsfähigkeit sind sie als die primären Dimensionen von Diversity anzusehen. Diese Dimensionen sind den Menschen mitgegeben und können nicht willentlich verändert werden.

Unter dem Thema „Diversity Management – Unsichtbare Potenziale fördern" ist der positive Umgang bzw. die positive Nutzung dieser Vielfältigkeit zu verstehen. Damit soll dem Wunsch der Autoren Ausdruck verliehen werden, die Unterschiedlichkeit nicht als etwas Trennendes, sondern als etwas Verbindendes und als Chance bzw. Potenzial zu einer synergetischen[8] Nutzung anzusehen. Anderssein soll nicht als Defizit verstanden werden, sondern eine vielfältige und vielschichtige Alternativenauswahl implizieren[9]. Die Beschreibung „unsichtbar" wurde deshalb gewählt, weil die Sensibilisierung und das Verständnis für die Chancen und Möglichkeiten von Diversity aus Sicht der Autoren in den Unternehmen Caritas und AOK noch nicht entsprechend stattgefunden hat.

7 (lat.) angleichen, anpassen. Duden – Das Fremdwörterbuch, Software, Mannheim, 2001, 7. Auflage.

8 zusammen..., mitwirkend. Duden – Das Fremdwörterbuch, Software, a.a.O.

9 einbeziehen, gleichzeitig beinhalten. Duden – Das Fremdwörterbuch, Software, a.a.O.

Wie weit ist der Prozess in anderen deutschen Unternehmen fortgeschritten?

„Unsere Vielfalt macht uns stark“
Deutsche Bank[10]

„Diversity – Vielfalt als Stärke“
Ford[11]

„Vielfalt leben“
Commerzbank[12]

Nichts ist so beständig wie der Wandel. Wir leben in Zeiten umfassenden Wandels. Dieser umfasst ökonomische, technologische und strukturelle Veränderungen in einem nationalen und internationalen Wirtschaftsraum mit offenen Märkten und dynamischem Wettbewerb. Produkte und Dienstleistungen werden einander immer ähnlicher und der Wettbewerbsdruck steigt. Unternehmen müssen sich daher mehr denn je durch ihre Organisation und die darin tätigen Mitarbeiter[13] im Wettbewerb differenzieren.[14]

Das wichtigste Gut eines Unternehmens, die Mitarbeiter, bedürfen einer sorgfältigen Betreuung und Sorge, denn nur dann fühlen sie sich toleriert, akzeptiert und angenommen und können ihr Leistungsoptimum einbringen. Gerade in unserer hochtechnisierten, von Konsum und Äußerlichkeiten geprägten Gesellschaft wächst die Sehnsucht nach menschlichen Werten.[15] Der Trend zur *Individualisierung* setzt sich unaufhaltsam fort. Jeder Mensch ist einzigartig, will sich von anderen unterscheiden und entsprechend individualisiert behandelt werden. Dies gilt auch für die Arbeit in den Unternehmen.

10 Werbeslogan der Deutschen Bank in ganzseitigen Anzeigen.

11 Titel einer Broschüre zum Thema Diversity bei Ford.

12 Werbeslogan der Commerzbank.

13 Im Folgenden werden Personen in der männlichen Sprachform angesprochen, es sind aber jeweils sowohl männliche als auch weibliche Personen gemeint.

14 Frieling, E., u.a., Kompetenz- und Organisationsentwicklung in Non-Profit-Organisationen, Münster, 2002, S. 13.

15 Bambach, M., Sehnsucht, in: Dennerlein, N., u.a., Sehnsucht nach erfülltem Leben, Hannover, 2002, S. 44.

Die Berücksichtigung des Einzelnen und somit der großen Vielfalt der Mitarbeitenden bietet eine Chance für mehr Kreativität und Innovation, die seltener aus der Homogenität, denn aus der Heterogenität stammen und gleichzeitig die vielfältige Verbraucherbasis widerspiegeln.[16]

Unsere Gesellschaft und Umwelt wird immer vielschichtiger: Wir stehen in oder vor der *Globalisierung*, wir werden vernetzt, verkabelt und e-mailen um die ganze Welt in Sekunden – wir ignorieren jede Zeitverschiebung und sind jederzeit erreichbar. Es stellt sich die Frage, welche Auswirkungen diese Vernetzung und Vielfalt auf unseren Staat, unsere Unternehmen und die Menschen hat.

„Ich bin ein freier Mensch.
Ich will unter keinen Umständen ein Allerweltsmensch sein.
Ich habe ein Recht darauf, aus dem Rahmen zu fallen.
Ich wünsche mir Chancen, nicht Sicherheiten."

Albert Schweitzer[17]

16 Rühl, M., u.a., Chancengleichheit managen, Basis moderner Personalpolitik, Wiesbaden, 2001, S. VI.
17 Entommen vom Umschlag eines Präsentationsvideos von RE-INTEGRA.

1.1 Aktualität des Themas

Lange hat es gedauert, doch am 14. 08. 2006 verabschiedete die Bundesregierung das *Allgemeine Gleichbehandlungsgesetz*, auch *Antidiskrimierungsgesetz* genannt, das vier Tage später in Kraft trat. Das Gesetz regelt den objektiv-rechtlichen Gleichbehandlungsauftrag des Grundgesetzes für das Verhalten der Bürger untereinander – das Grundgesetz regelt in erster Linie nur das staatliche Handeln. Das Antidiskrimierungsgesetz soll Benachteiligungen aufgrund des Geschlechts, der ethnischen Herkunft, der sexuellen Orientierung, der Religion oder Weltanschauung, des Alters oder aufgrund einer Behinderung entgegenwirken und stellt die (verspätete) Umsetzung von drei entsprechenden EU-Richtlinien dar.

Das Gesetz geht in einigen Details über diese Richtlinien hinaus: Demnach wird im zivilrechtlichen Bereich nicht nur ein Diskriminierungsverbot aufgrund der ethnischen Herkunft geregelt, sondern auch ein Diskriminierungsverbot aufgrund der Religion, der sexuellen Identität, des Alters oder einer Behinderung. Wer sich benachteiligt fühlt, kann auf Unterlassung, Vertragserfüllung oder Schadenersatz (im Arbeitsrecht) klagen. Zentraler Punkt ist dabei die Verschiebung der Beweislast. Wenn ein Einzelner eine Benachteiligung glaubhaft macht, muss die beschuldigte Organisation oder der Arbeitgeber den Gegenbeweis führen. Neben arbeits- und zivilrechtlichen Regelungen sieht das Gesetz die Einrichtung einer Antidiskriminierungsstelle des Bundes vor.[18]
Es geht aber nicht nur um Gesetze und Verordnungen. Ganz gleich, ob Globalisierung oder europäische Integration, ob Unternehmenszusammenschluss, -übernahme oder strategische Allianz – bei diesen und anderen Wirtschaftstrends ist einer der Schlüssel zum Erfolg, dass Menschen mit unterschiedlichem kulturellen oder arbeitsgeschichtlichen Hintergrund erfolgreich zusammenarbeiten.[19]

18 mi-st Diversity-Consulting (Hrsg.), Diversity-Newsletter 11, Februar 2005, S. 9.
19 Stuber, M., Diversity Management – Alle Fähigkeiten nutzen, in: Uni 1/2002, S. 50.

Der Umgang mit der Verschiedenheit und Vielfalt der Belegschaft eines Unternehmens bedeutet ins Englische übersetzt „Diversity", was als eine neue Managementaufgabe als Trend aus den USA verstärkt auch in deutschen Unternehmen Einzug hält. Diversity ist so vielfältig wie der Begriff selbst.[20]

Die Vielfalt der Gesellschaft in Deutschland nimmt ständig zu und mit ihr die Vielfältigkeit von Arbeits- und Absatzmärkten sowie der Mitarbeiter. Unternehmen, *Non-Profit-Organisationen* und Politik sind hiervon gleichermaßen betroffen. Immer mehr Arbeitgeber reagieren auf die wachsende Differenzierung und Individualisierung mit einer bewussten Kultur- und Systemveränderung im Rahmen von Diversity. Dieser Ansatz nutzt Unterschiede gezielt zur Steigerung des Erfolges – wie immer dieser für eine Organisation definiert sein mag.

Das Konzept des so genannten Diversity Managements, die Unterschiede und die Vielfalt seiner Mitarbeiter bewusst zu fördern und zu nutzen, wird in immer mehr deutschen Firmen, wie z. B. Deutsche Bank und Ford, verfolgt. Was hat diese Firmen dazu veranlasst bzw. wie erfolgt die Umsetzung und Implementierung?

Auch die Unternehmen im Gesundheits- und Sozialwesen stehen vor unzähligen Herausforderungen und können es sich zukünftig nicht mehr leisten, Potenziale von Teilen der Belegschaft ungenutzt zu lassen. Offene und flexible, fördernde und fordernde, respektvolle und wertschätzende Arbeitsumfelder sind produktiver und für Arbeitgeber und Arbeitnehmer von großem Vorteil.

20 Hermsen, T., Wohlfahrtsverbände und Sozialmanagement, Differenzierung und Verselbstständigung in der sozialen Hilfe, Frankfurt am Main, 2000, S. 144. Drobinski, M., u.a., Aufruf zur Frechheit, in: Süddeutsche Zeitung, 16. Mai 2003.

1.2 Non-Profit-Organisationen

Neben den Wirtschaftsunternehmen gibt es ein breit gefächertes Angebot an Non-Profit-Organisationen[21] auf dem Markt. Bei dieser Organisationsform fehlt die Gewinnorientierung. Damit soll dieser Organisationstypus abgegrenzt werden von gewerblichen Unternehmen, bei denen die Gewinnerzielung den zentralen Unternehmenszweck darstellt. Allerdings bedeutet dies nicht, dass keine Gewinne erzielt werden dürfen. Eine Non-Profit-Organisation darf nach dem Gemeinnützigkeitsrecht sicherlich in einem gewissen Umfang auch Gewinne erzielen. Es handelt sich hierbei dann um so genannte „Überschüsse". Diese Gewinne dürfen jedoch nicht für private oder außerhalb des Sachzieles der Non-Profit-Organisation liegende Zwecke verwendet werden. Es geht also primär um die Gewinnverwendung, nicht um die Gewinnerzielung.[22]

Ferner bilden Non-Profit-Organisationen einen Teil des Dritten Sektors. Dieser Dritte Sektor bewegt sich neben dem Staat als Ersten Sektor und dem Markt als Zweiten Sektor. Der Dritte Sektor ist dadurch gegenzeichnet, dass er weder dem Markt noch dem Staat gänzlich zuzuordnen ist, sich aber in finanzieller und personeller Hinsicht, teilweise auch in juristischer Form, in Abhängigkeit vom Staat befindet. Bestandteil des Dritten Sektors sind Wohlfahrtsverbände und unterschiedliche Träger der Sozialen Arbeit gleichermaßen wie städtische Verkehrsbetriebe, öffentlich-rechtliche Rundfunkanstalten, die Sparkassen und sonstige in einem kommunal kontrollierten (quasi)-öffentlichen Betrieb.[23] Somit also auch die Unternehmenseinheiten „Caritas" und „AOK".

Wohlfahrtsverbände, als typische Non-Profit-Organisation, erbringen im Auftrag des Staates im Sinne des *Subsidiaritätsprinzips*[24] soziale Dienstleistungen meist für Randgruppen wie arme, kranke und alte Menschen.

---

21 Stadelhofer, E., Managemententwicklung in Non-Profit-Organisationen, in: Riekhof, H., Strategien der Personalentwicklung, Wiesbaden, 2002, 5. Auflage., S. 158, nennt als Non-Profit-Organisationen Verbände, Vereine, Kommunen, Bundes-/Landesbehörden, Gewerkschaften und Körperschaften des Öffentlichen Rechts.

22 Merchel, J., Sozialmanagement, Münster, 2001, S. 28 f.

23 Ebenda, S. 32 f.

24 Siehe auch Punkt 1.4.1.

Diese Übertragung der Aufgaben – und damit verbunden die Finanzierung durch den Staat – sichert den Trägern der Wohlfahrtsverbände die materielle Ressource und weitgehende Unabhängigkeit von Qualität, Effektivität und Effizienz. Die externen Rahmenbedingungen haben sich in den letzten Jahren jedoch grundlegend geändert:[25]

- Der Geldmangel der öffentlichen Hand nimmt zu.
- Die Anbieterzahl wächst, Wettbewerb entsteht, der bisher oligopolistische Markt[26] verändert sich, immer mehr private Anbieter treten mit günstigen Preisen in den Markt ein.
- Der Mediendruck macht die Unternehmen transparenter, es wird verstärkt über Missmanagement und große Einsparpotenziale berichtet.

Die stufenweise Einführung der Pflegeversicherung und die Aufgabe des Selbstkostendeckungsprinzips bei gleichzeitiger Öffnung des Anbietermarktes im Sozial- und Gesundheitsbereich zeigen den Weg zur verstärkten Ökonomisierung in der sozialen Arbeit und der Krankenkassenverwaltung auf. Vor dem Blick in die Zukunft möchten die Autoren zunächst kurz ihre jeweiligen Organisationen und deren derzeitige Situation beleuchten.

1.3 Organisation – AOK

Die Krankenversicherung ist ein gegliedertes System. Bei der Einführung der Krankenversicherung vor über hundert Jahren hat es keine Darstellung gegeben, in der die Gesamtheit der damals vorhandenen Krankenkassen ersichtlich war. Im Gegenteil, man liest lediglich Ausführungen, in denen das Fehlen leitender Gesichtspunkte bei der Organisation der Krankenversicherung mit politischen und historischen Notwendigkeiten erklärt oder auch entschuldigt wird.[27] Die gesetzliche Krankenversicherung hat – historisch bedingt – keinen einheitlichen Träger, sondern gliedert sich in insgesamt acht Kassenarten.

25 Stadelhofer, E., in: Riekhof, H., a.a.O., S. 160.

26 Form des Monopols, bei der der Markt von einigen wenigen Großunternehmen beherrscht wird. Duden – Das Fremdwörterbuch, Software, a.a.O.

27 Töns, H., Hundert Jahre gesetzliche Krankenversicherung, Bonn, 1983, S. 136.

1.3.1 Träger der gesetzlichen Krankenversicherung

Die Träger der gesetzlichen Krankenversicherung und ihre Spitzenverbände sind:[28]

- Allgemeine Ortskrankenkassen (AOK Bundesverband)
- Angestellten-Krankenkassen (Angestellten-Krankenkassen e. V.)
- Arbeiter-Ersatzkassen (Arbeiter-Ersatzkassen-Verband e. V.)
- Betriebskrankenkassen (BKK-Bundesverband)
- Innungskrankenkassen (IKK-Bundesverband)
- Landwirtschaftlichen Krankenkassen (LKK-Bundesverband)
- Bundesknappschaft und Seekrankenkasse

Ortskrankenkassen sind wie Gemeinden räumlich gegliedert und decken das Bundesgebiet lückenlos und überschneidungsfrei ab. Der AOK-Bundesverband wurde 1884 gegründet und hat seinen Sitz in Bonn. Zukünftig soll aber eine Verlegung nach Berlin erfolgen.
Der AOK-Bundesverband vertritt als Dachorganisation die Interessen der AOK-Gemeinschaft, d. h. der 16 Landesverbände. Er ist eine Körperschaft des öffentlichen Rechts. Der AOK-Bundesverband tritt heute und in Zukunft für eine umfassende Versorgung mit vollwertigen Leistungen ein. Diese Ziele bringt er durch sozialpolitische Überzeugungsarbeit bei Parlament, Regierung und Institutionen des Gesundheitswesens voran. Orientiert am Markt bietet der Bundesverband für die AOK-Gemeinschaft eine breite Palette von Leistungen: Er gibt Impulse für den Versichertenservice und koordiniert Aus- und Fortbildung der Mitarbeiter.

Seit mehr als 100 Jahren steht die AOK als größte Krankenversicherung in Deutschland für Sicherheit und umfassende medizinische Versorgung im Krankheitsfall. Die AOK betreute 2006 25,3 Millionen Menschen – fast ein Drittel der Bevölkerung in Deutschland. Rund 60.500 Mitarbeiter

---

28 Die Deutsche Sozialversicherung, Online in Internet: URL: http://www.deutsche-sozialversicherung.de/de/krankenversicherung/organisation.html [18.04.04].

garantieren in mehr als 1.700 Geschäftsstellen einen leistungsstarken Service.

Mit rund 37 Prozent Marktanteil ist die AOK Marktführer in der gesetzlichen Krankenversicherung. Und: Die AOK ist mehr als eine Krankenversicherung. Sie hat ein umfassendes Gesundheitsmanagement etabliert. Das heißt: Ein konsequent umgesetztes Qualitätsmanagement geht einher mit einer erhöhten Wirtschaftlichkeit der Versorgung. Das bedeutet für die Versicherten: optimale Versorgung zu günstigen Beiträgen.

1.3.2 Einflussfaktoren

Die gesetzliche Krankenversicherung finanziert sich weitestgehend selbst durch die Beiträge ihrer Mitglieder. Wie hoch der Beitrag ist, hängt dabei vom finanziellen Leistungsvermögen des Mitglieds ab. Der durchschnittliche, allgemeine Beitragssatz der gesetzlichen Krankenversicherung betrug 2006 14,3 Prozent. Der Beitragssatz der AOK Bayern betrug nach mehreren Senkungen 13,6 Prozent.

Die gesetzliche Krankenversicherung als ältester Zweig der Sozialversicherung hat entscheidenden Anteil an der Leistungsfähigkeit des Gesundheitswesens. In der Bundesrepublik Deutschland sind etwa 90 Prozent der Bevölkerung gesetzlich krankenversichert.[29] Hierzu gehören Arbeitnehmer, wenn ihr Bruttogehalt eine bestimmte Höchstgrenze nicht überschreitet. Außerdem sind folgende Personenkreise grundsätzlich in der gesetzlichen Krankenversicherung versicherungspflichtig: Auszubildende, Bezieher von Arbeitslosengeld oder Arbeitslosenhilfe, Studenten und Rentner.

Nachdem die gesetzlichen Krankenversicherungen zu den Non-Profit-Organisationen gehören, ist ihr Ziel nicht Gewinnmaximierung, sondern die Erfüllung ihres gesetzlichen Auftrages. Die Gesundheit der Versicherten zu erhalten, wiederherzustellen oder zu verbessern – das sind die zentralen Aufgaben der AOK. Als Solidargemeinschaft übernimmt sie in der Regel die Leistungen für die notwendige medizinische Hilfe im Falle einer Krankheit – mit Ausnahme der beruflich bedingten Unfälle – und zahlt ein Kranken-

29 Bundesministerium für Gesundheit, Broschüre, Die gesetzliche Krankenversicherung, Bonn, S. 5.

geld, wenn der Arbeitgeber das Gehalt während einer Arbeitsunfähigkeit nicht weiterbezahlt.
Das Leistungsspektrum der AOK ist breit gefächert. In ihrem Leistungskatalog sind die Krankenkassen weitgehend durch das Fünfte Buch des Sozialgesetzbuches (SGB V) gebunden – es handelt sich hierbei um Bundesrecht. Gegenüber ihren Versicherten werden die Leistungen hauptsächlich als Sachleistungen zur Verfügung gestellt. Dazu gehören z. B. ambulante ärztliche und zahnärztliche Behandlung, die Versorgung mit Arznei-, Verband-, Heil- und Hilfsmitteln und die Krankenhausbehandlung. Neben Sachleistungen erbringen die Krankenkassen auch Geldleistungen in Form von Krankengeld. Zu beachten ist immer ein ausgewogenes Verhältnis von Kosten, Leistungen und Service.
Die gesetzlichen Krankenkassen, also auch die AOK, sind – wie alle Träger der Sozialversicherung – Selbstverwaltungskörperschaften des öffentlichen Rechts. Das bedeutet, dass die Krankenkassen die ihnen staatlich zugewiesenen Aufgaben unter staatlicher Aufsicht organisatorisch und finanziell selbstständig durchführen.
Als Organe der Selbstverwaltung gibt es den Verwaltungsrat und den Vorstand bei Orts-, Betriebs-, Innungs- und Ersatzkassen. Der Verwaltungsrat ist in der Regel paritätisch[30] mit Vertretern der Versicherten und der Arbeitgeber besetzt. In Sozialwahlen entscheiden Versicherte und Arbeitgeber alle sechs Jahre über ihre Vertreter in den Verwaltungsräten und Beiräten in den Direktionen vor Ort.
Das Prinzip der Selbstverwaltung verschafft den Beteiligten unmittelbare Mitwirkungsmöglichkeiten an der Ausgestaltung der Gesundheitssicherung. Es trägt zur Sozialpartnerschaft und zum sozialen Frieden bei.[31]
In Deutschland gibt es 16 selbstständige AOK's. Ihr Zuständigkeitsbereich erstreckt sich in der Regel auf das Gebiet eines Bundeslandes. Die einzelnen AOK's unterliegen der Rechtsaufsicht der Länder, der AOK-Bundesverband der des Bundesministeriums für Gesundheit und Soziale Sicherung.

30 gleichgestellt, gleichberechtigt. Duden – Das Fremdwörterbuch, Software, a.a.O.

31 Bundesministerium für Gesundheit, Broschüre, Die gesetzliche Krankenversicherung, Bonn, S. 9.

1.3.3 AOK Bayern

Eine der beiden Autoren der Publikation ist Direktorin in der AOK Bayern. Die AOK Bayern hat ca. 4,2 Millionen Versicherte, also Privatkunden, und 210.000 Firmenkunden (Arbeitgeber). In der AOK Bayern sind rund 11.500 Mitarbeiter in 250 Geschäftsstellen (39 Direktionen) beschäftigt. Mit einem Haushaltsvolumen von 10 Mrd. Euro und einem Marktanteil von rund 42 Prozent ist die AOK die größte Krankenkasse in Bayern.
Bei der AOK Bayern handelt es sich um ein Unternehmen des öffentlichen Dienstes, das den Status einer Körperschaft des öffentlichen Rechtes mit Selbstverwaltung besitzt. Dennoch steht die AOK Bayern im freien Wettbewerb mit anderen gesetzlichen Krankenversicherungen (Ersatz- und Betriebskrankenkassen). Zum besseren Gesamtverständnis ist im Anhang[32] ein Organigramm der AOK Bayern eingefügt.
Um die gewachsenen Strukturen zu verstehen, muss man mit einbeziehen, dass die AOK Bayern erst im Jahre 1996 nach einer Fusion aus 39 autonomen AOK-Direktionen entstanden ist.[33]
Unternehmenspolitische Aspekte werden in der Regel zusammen mit der Unternehmensphilosophie in den Unternehmenszielen schriftlich fixiert. Diese stellen dann das Selbstbild des Unternehmens dar, in dem das Verhältnis zur Umwelt und zu den Mitarbeitern beschrieben und normiert wird und in dem geschäftspolitische Grundsätze entwickelt werden. Wie viele andere Unternehmen hat auch die AOK Bayern ihre Unternehmensphilosophie in Unternehmenszielen definiert.

Die fünf Unternehmensziele der AOK Bayern[34] lauten:

- Wir wollen Marktführerschaft erhalten durch Mitgliederbestandspflege und Mitgliedergewinnung und damit unsere Solidargemeinschaft stärken.
- Unser Beitragssatz muss konkurrenzfähig bleiben.

32 Anhang A.07: Organigramm der AOK Bayern.

33 Weitere Informationen über die AOK Bayern sind auch in Kuhn, C., Projektarbeit, Das Mitarbeitergespräch, Bachelor of Business Administration, 2003, enthalten.

34 Entnommen aus den Unternehmenszielen der AOK Bayern.

- Unsere (Dienst-)Leistungen müssen bedarfs- und wettbewerbsgerecht sein sowie wirksam und wirtschaftlich erbracht werden.
- Durch ein sympathisches Unternehmensprofil wollen wir unser Image verbessern.
- Wir wollen unsere Personalentwicklung optimieren.

Die AOK galt lange als die „Krankenkasse" des Ortes. Eine solche Krankenkasse gewährt Schutz und Sicherheit vor den mit Krankheiten verbunden Kosten. Sie sichert, hilft und befreit, aber immer im Kontext mit Krankheit. Die Zeiten haben sich verändert: Der Sozialstaat hat das Leistungsspektrum ausgeweitet, Ermessensleistungen können gewährt werden, der Dienstleistungsgedanke tritt in den Vordergrund, aber auch die Konkurrenz lässt die klassischen Grenzen der verschiedenen Kassenarten durchlässiger werden.[35]
Seit 1988 nennt sich die AOK „Gesundheitskasse". Damit hat sich eine traditionsreiche Krankenkasse nicht nur einen neuen, attraktiveren Namen gegeben, sondern auch ihrem langjährigen Engagement für Prävention und Gesundheitsförderung eine anspruchsvollere Dimension verliehen.
Inzwischen ist „AOK – Die Gesundheitskasse" zu einem Synonym für das neue Selbstverständnis der AOK, zu ihrer Unternehmensphilosophie geworden. Wenn heute „AOK – Die Gesundheitskasse" das Selbstverständnis der AOK prägt, dann ist das gleichbedeutend mit dem Bekenntnis der AOK zu einem modernen Dienstleistungsunternehmen, das versichertennah und an den Kundenwünschen orientiert von einem effizienten Management geführt wird.[36]

1.4 Organisation – Caritas

Caritas, der Sozialverband der katholischen Kirche, beschäftigt fast 500.000 hauptamtliche Mitarbeiter in Deutschland und lässt den beschäftigungsstärksten deutschen Industriekonzern locker hinter sich: Siemens hat weltweit „nur" rund 420.000 Mitarbeiter. Caritas ist gemessen an den hauptamt-

35 Alexander, A., u.a., Krankenkassen im Wandel, Wiesbaden 2001, S. 155.

36 Eberle, G., AOK – Gesundheitsförderung: Grundlagen, Ziele, Praxis, Remagen, 1993, S. 7.

lich beschäftigten Mitarbeitern der größte private Arbeitgeber in Deutschland und Europa.[37]
Mit Caritas kann man soziales Engagement, Hilfe für Bedürftige oder *freie Wohlfahrtspflege* verbinden. Was aber heißt „Caritas“ genau? Dieses (Fremd-) Wort entstammt der lateinischen Sprache und bedeutet so viel wie: Liebe, Nächstenliebe. In der kirchlichen Tradition gehören „Werke der Nächstenliebe“, also Caritas, neben der Verkündigung des Evangeliums und der Feier der Gottesdienste (Liturgie) zum Grundvollzug christlichen Lebens. Gemeinsam bilden sie die Trias, das „Gerüst“ jeder Gemeindearbeit. Am 9. November 1897 gründete Priester Lorenz Werthmann den „Caritasverband für das katholische Deutschland“. Im Jahr 1916 erhielt der Caritasverband seine offizielle Legitimation durch die Deutsche Bischofskonferenz als *Wohlfahrtsverband* der katholischen Kirche.[38]

Caritas unterhält in Deutschland 24.989 Einrichtungen, die über eine Zahl von 1.197.007 Betten und Plätzen verfügen.[39] Der organisatorische Aufbau entspricht in etwa dem der Kirche. Durch die Gliederung in 27 Diözesan- sowie 636 Dekanats-, Bezirks-, Kreis- und Orts-Caritasverbände sind die einzelnen Verantwortungsbereiche zugeteilt. Hinzu kommen noch 262 caritativ tätige Ordensgemeinschaften und Vereinigungen sowie 19 zentrale Institutionen der caritativen Fachverbände.[40] Etwa 650.000 persönliche Mitgliedschaften in den verschiedenen Verbandsgliederungen weist Caritas vor. Die Liste der Einrichtungen, die von der Caritas unterhalten werden, ist umfangreich: Heime, Tages- und Kurzzeiteinrichtungen, Werkstätten für Behinderte, Sozialstationen, Förderschulen, Kindergärten und -horte, Erziehungsberatungsstellen, Familienferienstätten, Selbsthilfegruppen, Sozialpädagogische Beratungsstellen und viele weitere Dienste füllen die Aufgliederung.

37 Hermsen, T., a.a.O., S. 144. Drobinski, M., u.a., Aufruf zur Frechheit, in: Süddeutsche Zeitung, 16. Mai 2003.

38 Der Deutsche Caritasverband, Online in Internet: URL: http://www.caritas.de [20.04.06].

39 Deutscher Caritasverband, Statistik des Deutschen Caritasverbandes, Online in Internet: URL: http://www.caritas.de/2246.html [22.04.06].

40 Als Beispiel zu nennen: Die Vinzenz-Konferenz, der Kreuzbund, der Malteser-Hilfsdienst.

An der Spitze steht der Deutsche Caritasverband, ein eingetragener Verein (e.V.) mit Sitz in Freiburg.[41] Der Spitzenverband steht laut Satzung unter der Aufsicht der deutschen Bischöfe, die durch den Vorsitzenden der Bischöflichen Kommission ausgeübt wird. Die einzelnen Verbände sind lediglich durch Vertretungsrechte institutionell mit dem Deutschen Caritasverband verknüpft und agieren insofern weitestgehend autonom.[42] Der Deutsche Caritasverband ist Gründungsmitglied der Caritas Internationalis in Rom, der 156 nationale Caritasverbände aus allen Erdteilen angehören. Zum besseren Überblick ist im Anhang ein Organisationsplan vom Deutschen Caritasverband angefügt.[43]

Fast eine halbe Million Mitarbeiter lassen Caritas zu einem „Firmenimperium" in Deutschland aufsteigen, dessen Unübersichtlichkeit und Verästelungen ähnlich gelagert sind wie die vieler großer börsennotierter Unternehmen. Bei den Caritas Einrichtungen handelt es sich meist um rechtlich und wirtschaftlich selbstständige Wirtschaftseinheiten, die sich auf regionaler Ebene einem Träger zugeschrieben haben. Sie übernehmen eigenständig die Verhandlungen mit Kostenträgern und sind für die eigene Unternehmenseinheit verantwortlich; sie müssen also nicht nach den Vorgaben einer Konzernzentrale handeln.

Betrachtet man die Organisation Caritas genauer, so fällt auf, dass sich Caritas in zwei große Unternehmensbereiche aufteilen lässt. Zum Vorschein kommt auf der einen Seite der marktfähige, unternehmerische Dienstleistungsbereich, in dem der freie Wettbewerb herrscht. Auf der anderen Betrachtungsseite erscheint der gemeinwohlorientierte Bestandteil, in dem die allgemeine Sozialpolitik und die Wahrnehmung der „Anwaltsfunktion" im Vordergrund stehen. Caritas tritt daher als Sozialverband und als Unternehmensverband gleichermaßen auf.

41 Auszug aus dem Redaktionshandbuch Katholische Kirche, in: Deutscher Caritasverband, Online in Internet: URL: http://www.zivildienst.de/einber/plaein4c.htm [02.07.03], sowie Zahlenmaterial aus der Handreichung des Deutschen Caritasverbandes – Die Organisation.

42 Hermsen, T., a.a.O., S. 141.

43 Der Aufbau der Zentrale des Deutschen Caritasverbandes ist dem Anhang A.08: Deutscher Caritasverband – Organisationsplan, zu entnehmen.

1.4.1 Die Freie Wohlfahrtspflege

Es gibt Menschen, die in schwierigen Lebenslagen die Hilfe anderer brauchen – und es gibt Menschen, die helfen wollen. Ein Großteil der Menschen, die helfen, arbeiten unter dem Dach der Spitzenverbände der Freien Wohlfahrtspflege. Die Spitzenverbände bringen die Interessen der Benachteiligten in den gesellschaftlichen Dialog ein. Grundlage der Zusammenarbeit ist das so genannte Subsidiaritätsprinzip. Es bedeutet, dass eine größere Einheit wie Staat oder Wohlfahrtsverbände erst dann zur Erfüllung einer Aufgabe herangezogen werden sollen, wenn der Einzelne, die Familie oder eine Gruppe die Aufgabe aus eigener Kraft nicht mehr bewältigen kann.[44]
Mit sozialpolitischem Handeln soll der Verband dazu beitragen, dass der Sozialstaat zukunftsfähig bleibt. Zur Freien Wohlfahrtspflege werden alle sozialen Hilfen gezählt, die freigemeinnützig und organisiert geleistet werden. Dieser Wohlfahrtsbereich bildet neben dem staatlichen und dem wirtschaftlichen Sektor den so genannten „dritten" Sektor.[45]

Die Wohlfahrtsverbände in Deutschland haben sich in sechs Spitzenverbänden zusammengeschlossen. Diese sind:[46]

- die Arbeiterwohlfahrt (AWO),
- der Deutsche Caritasverband (DCV),
- das Deutsche Rote Kreuz (DRK),
- der Deutsche Paritätische Wohlfahrtsverband (Der Paritätische),
- das Diakonische Werk der Evangelischen Kirche in Deutschland (DW der EKD),
- die Zentralwohlfahrtsstelle der Juden in Deutschland (ZWST).

Ungeachtet unterschiedlicher Wertorientierungen vereint die Wohlfahrts-

44 Erläuterung aus Microsoft Encarta Professionell 2003.

45 Schumacher, A., Im Anruf des Guten – Zur Wertorientierung des Menschen im kirchlichen Ehrenamt, München, 2002, S. 32.

46 Bundesarbeitsgemeinschaft der Freien Wohlfahrtspflege e.V., Die Freie Wohlfahrtspflege – von Menschen für Menschen, Berlin, 2003, S. 8 ff.

verbände das gemeinsame Grundverständnis ihres gemeinwohlorientierten Handelns.[47] Ihre soziale Arbeit ist auf Gemeinnützigkeit ausgerichtet, nicht auf individuelles Gewinnstreben. Erzielte Überschüsse werden wieder zum Wohl bedürftiger Menschen eingesetzt.
Die Spitzenverbände der Freien Wohlfahrtspflege beschäftigen mehr als 1,16 Millionen hauptberufliche Mitarbeiter, verfügen über knapp 94.000 soziale Dienste und Einrichtungen und bieten 3,27 Millionen Betten oder Plätze. Sie organisieren mehr als 28.000 Selbsthilfe- und Helfergruppen und werden von schätzungsweise rund drei Millionen Ehrenamtlichen unterstützt.[48]

1.4.2 Caritas – ein oft unterschätzter Wirtschaftsfaktor

Der Wandel und das Tempo von Veränderungen in unserer Gesellschaft, in der Wirtschaft und auch in unserem privaten Leben beschleunigen sich ständig. Kirche und Wohlfahrtsverbände wie Caritas stehen in dieser dynamischen Zeit vor einem vielschichtigen Umbruch, der neue Chancen, Aufgaben und Herausforderungen bietet. Das Management in den Caritas-Einrichtungen soll wirtschaftlich denken und sozial handeln, um so eine hohe Qualität zu geringen Kosten im Sozialmarkt anzubieten. Doppelte Qualität zum halben Preis ist sozusagen die Herausforderung, der sich die Caritas zu stellen hat.
Die Herausforderung für kirchliche und soziale Unternehmen ist es, sowohl die Maßstäbe der frei gewerblichen Wirtschaft, als auch die Besonderheiten einer kirchlich sozialen Einrichtung zu berücksichtigen. Auf der einen Seite stehen der selbstlose Dienst am Nächsten, auf der anderen Seite die Anforderungen an ein modernes Dienstleistungsunternehmen im Wettbewerb. Ziel ist es, zukunftsweisende Managementmodelle, Wirtschaftlichkeit, Effektivität und Effizienz in die Identifikation mit den christlichen Grundwerten einzubetten.

47 Steinforth, T., Selbstachtung im Wohlfahrtsstaat, München, 2001, S. 26. Wohlfahrt wird definiert als ein verschieden hoch angesetztes Minimalwohlergehen, welches durch die Wohlfahrtspflege gesichert und „gepflegt" werden soll.

48 Bundesarbeitsgemeinschaft der Freien Wohlfahrtspflege e.V., a.a.O., S. 13.

1.5 Grundlagen der Publikation

Zum besseren Verständnis und um den roten Faden der vorliegenden Publikation aufzuzeigen, werden Zielsetzung, Aufbau, Methodik und Quellen des Textes kurz dargestellt.

1.5.1 Zielsetzung

Ziel dieser Publikation ist es, die Grundlagen von Diversity und Diversity Management darzustellen, um einen umfassenden Einblick in das Thema zu liefern. Diese Grundlagen werden entsprechend erläutert und die Situation in den beteiligten Unternehmen AOK und Caritas analysiert. Außerdem wird das Thema im Kontext von Unternehmens- und Führungsstrategie betrachtet.

Die Situation in den USA und vor allem in Deutschland zu beleuchten, ist ein weiterer wichtiger Bestandteil der Publikation. Als aussagekräftige Praxisbeispiele werden Firmen, die als Vorreiter in Sachen Diversity gelten und deren Vorgehensweise beleuchtet.

Eine wesentliche Zielsetzung der Publikation ist es, das durchgeführte Forschungsprojekt und seine Ergebnisse darzustellen. Durch das Forschungsprojekt, einer Online-Befragung bei den beteiligten Unternehmen AOK und Caritas, wird die Wahrnehmung von Diversity und Diversity Management in den Unternehmen ermittelt und interpretiert. Eine interessante Fragestellung in diesem Zusammenhang ist die aufgestellte Hypothese, dass Non-Profit-Organisationen gegenüber Profit-Unternehmen den aktuellen Entwicklungen im Bereich Diversity hinterherhinken.

Die vorliegende Publikation möchte weiterhin klären, in wieweit *Diversity-Konzepte* für Non-Profit-Organisationen wie Caritas und AOK sinnvoll anwendbar sind.

Konkrete Gestaltungsempfehlungen würden die derzeitige Situation in den Unternehmen AOK und Caritas nicht entsprechend abbilden, deshalb werden in der Publikation zunächst allgemeine Umsetzungsstrategien von Diversity Management vorgestellt, um bei den Erkenntnissen, beim Fazit

und dem Ausblick auf die mögliche Zukunft von Diversity einzugehen.
Ein positiver Nebeneffekt, aber auch ein beabsichtigtes Ziel dieser Publikation ist es auch, das Thema Diversity und Diversity Management in die Non-Profit-Unternehmen AOK und Caritas zu tragen, den Bekanntheitsgrad zu erhöhen und gerade die Führungskräfte der beiden Unternehmen für die möglichen Chancen zu sensibilisieren.

1.5.2 Aufbau

Es beginnt mit einer Hinführung zum Thema und der kurzen Beschreibung der beteiligten Organisationen Caritas und AOK sowie deren derzeitiger Situation. Anschließend werden die Zielstellung der Publikation, Aufbau, Methodik und wichtige Informationen zu den genutzten Quellen dargestellt. Dies soll die Struktur der Forschungsarbeit widerspiegeln und damit das bessere Verständnis für die Vorgehensweise ermöglichen.
Im zweiten Kapitel erfolgt eine Begriffsabgrenzung bzw. eine Sammlung von Definitionen zum Thema Diversity und Diversity Management. Hierbei sind die Autoren auch auf Rahmenbedingungen eingegangen. Kern dieses Kapitels ist die ausführliche Beschreibung der einzelnen Merkmale von Diversity. Abgerundet wird das zweite Kapitel durch Argumente, Begründungen und Nutzen von Diversity. Dabei werden aber auch mögliche Vorbehalte aufgezeigt.
In Kapitel 3 wird, zum besseren Verständnis des Gesamtzusammenhanges und der praktischen Bedeutung, Diversity vor dem Hintergrund von Unternehmens- und Führungsstrategien beleuchtet. In diesem Kapitel geht es vor allem auch um den Bereich Personal, in dem das Thema Diversity mit seiner Umsetzung grundsätzlich angesiedelt ist.
In Kapitel 4 steht die Situationsanalyse in den USA und in Deutschland im Mittelpunkt der Betrachtung. Bevor der Blick auf das eigene Forschungsprojekt und die eigenen Unternehmen AOK und Caritas gelenkt wird, ist es sinnvoll, die Situation in anderen Unternehmen ausführlich darzustellen, um ggf. Schlussfolgerungen oder *Best Practise*[49]-Beispiele für die eigene

49 (engl.) beste Beispiele, Vorzeigeunternehmen. Duden – Das Fremdwörterbuch, Software, a.a.O.

Anwendung heranzuziehen. Kapitel 5 stellt mit dem eigenen Forschungsprojekt einen Schwerpunkt der vorliegenden Publikation dar. Anhand einer über das Internet durchgeführten Befragung wird das Thema Diversity und Diversity Management und die Wahrnehmung bzw. die Situation bei Caritas und der AOK anhand des Befragungsergebnisses ausführlich dargestellt.
In Kapitel 6 werden sowohl allgemeine als auch auf das Ergebnis des Forschungsprojektes ausgerichtete Umsetzungsstrategien beleuchtet.
Kapital 7, als letztes Kapitel, bietet eine Zusammenfassung der Erkenntnisse, zeigt Grenzen auf und gibt einen Ausblick auf die mögliche Zukunft von Diversity bzw. Diversity Management.
Mit diesem Aufbau möchte die Publikation einen breiten Überblick zum Thema Diversity bzw. Diversity Management schaffen und einen fundierten Einblick in die Situation bzgl. Diversity bei AOK und Caritas geben.

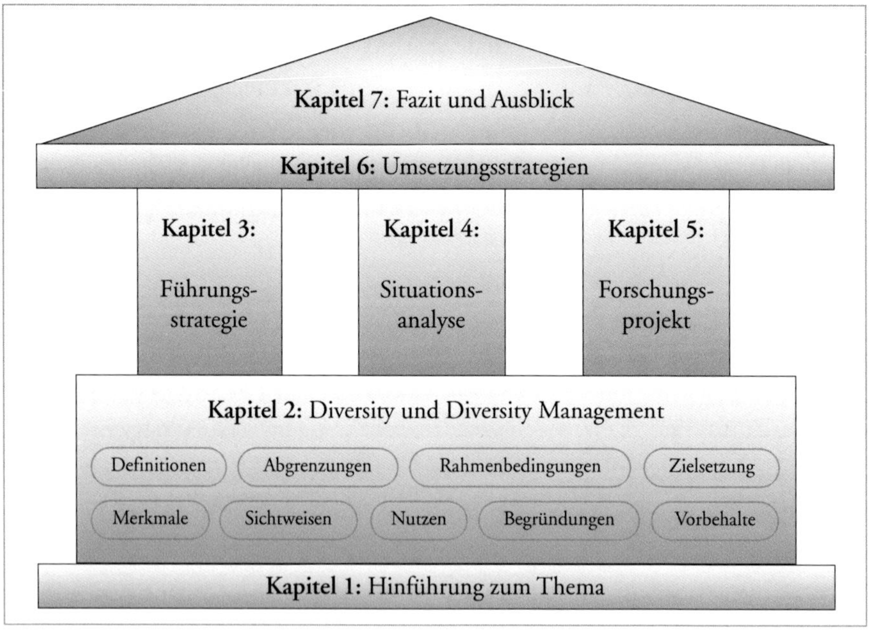

Abbildung 1: Aufbau der Publikation
Quelle: Eigene Darstellung: „Ein Haus für Diversity"

1.5.3 Methodik

Es werden Grundlagen, Definitionen und Merkmale von Diversity bzw. Diversity Management dargestellt und ein Blick auf die Situation in den USA und in Deutschland geworfen. Am Beispiel von verschiedenen deutschen Firmen, wie z. B. Ford, der Deutschen Bank und der Commerzbank, wird aufgezeigt, wie einige Vorreiter in Deutschland das Thema angehen bzw. angegangen sind. Insofern werden sowohl die grundsätzliche Theorie als auch die Praxis anhand von Beispielen ausführlich dargestellt. Um einen ausreichenden Hintergrund für die eigene Studie zu bieten wird diesem Thema ein eigenes Kapitel gewidmet. Ein wichtiger Kontext von Diversity ist auch die Unternehmens- und Führungsstrategie insbesondere im Personalbereich, die auch in einem Kapitel näher beleuchtet wird.

Schwerpunkt der Publikation ist das eigene Forschungsprojekt: Eine im Internet online durchgeführte Befragung zum Thema Diversity und Diversity Management in den Unternehmen AOK und Caritas. Abgerundet wird das Ganze durch Umsetzungsstrategien und einem Fazit sowie einem kleinen Ausblick auf die Zukunft von Diversity und Diversity Management aus Sicht der Autoren. Die angewandte Methodik basiert also auf einer Mischung aus Theorie, Praxis, Situationsanalyse bei AOK, Caritas und anderen Unternehmen, einer Befragung im eigenen Unternehmen, Umsetzungsstrategien und einem Ausblick.

1.5.4 Quellen

Nachdem sich das Thema „Diversity“ in Deutschland insgesamt gesehen noch im Entwicklungsstadium befindet, gibt es bisher kaum deutschsprachige Literatur. Es sind bisher nur wenige Bücher zu diesem Thema in Deutschland erschienen, englischsprachige Literatur ist in größerem Umfang vorhanden. Ein großer Teil der Literaturquellen bezieht sich deshalb zwangsläufig auf das Internet und auf Zeitungsartikel und Berichte.

Um die Umsetzbarkeit in der Praxis zu dokumentieren, wurden außerdem von den Autoren Informationsmaterialien von Firmen angefordert, die sich dem Thema „Diversity" bereits angenommen haben bzw. es in ihr Firmenleitbild implementiert haben. Diese Unterlagen, die im Literaturverzeichnis separat aufgeführt wurden, sind als Beispiele integriert worden, um den Praxisbezug herzustellen. Es wurde eine große Anzahl von Betrachtungsweisen und Aussagen verschiedener Autoren zugrunde gelegt, da die Autoren vor Beginn der Forschungsarbeit noch wenig Berührungspunkte und Erfahrungen mit dem Thema „Diversity" hatten. Die Anzahl der Autoren zum Thema „Diversity" ist in Deutschland noch sehr überschaubar. Zu den Vorreitern in der deutschsprachigen Literatur gehören nach Auffassung der Autoren Katrin Hansen, Michael Stuber, Flora Ivanova, Eszter Belinszki, Gertraude Krell, Gert Hofstede, Günther Vedder und Hartmut Wächter. Über die Themen Interkulturelles Management, Geschlechtergleichstellung und Homosexualität sind bisher mit Abstand am meisten Bücher erschienen. Das Thema Behinderung ist in Verbindung mit Diversity kaum in der Literatur zu finden.

1.5.5 Abgrenzung

Es ist nicht möglich alle Fragen, die im Zusammenhang mit dem komplexen Thema Diversity auftreten können, darzustellen und zu beantworten. Die Vielschichtigkeit des Themas „Diversity" macht eine inhaltliche Eingrenzung des Themas unumgänglich. Deshalb haben sich die Autoren auf die Themen beschränkt, die in Bezug auf die Zielstellung der Publikation besondere Relevanz hatten bzw. von grundsätzlicher Bedeutung für das Verständnis des Themas Diversity waren.

Nachdem durch die Online-Befragung vor allem die Wahrnehmung von Diversity und Diversity Management in den Unternehmen AOK und Caritas ermittelt wurde, können zum jetzigen Zeitpunkt auch noch keine konkreten Umsetzungs- oder Implementierungsansätze geliefert werden. Die Autoren haben sich daher überwiegend auf bestehende Umsetzungsstrategien beschränkt.

2 Diversity und Diversity Management

Im zweiten Kapitel erfolgt eine Begriffsabgrenzung bzw. die Darstellung von Definitionen zum Thema Diversity und Diversity Management, das Eingehen auf Rahmenbedingungen und Zielsetzungen und die ausführliche Darstellung der einzelnen Merkmale von Diversity. Abgerundet wird das zweite Kapitel durch Argumente, Begründungen und Nutzen, aber auch Vorbehalte gegenüber Diversity und Diversity Management finden hier Berücksichtigung.

2.1 Begriffsabgrenzung

Da in der Literatur sowohl die Begriffe Diversity als auch Diversity Management bzw. der englische Begriff Managing Diversity verwendet werden, halten es die Autoren für sinnvoll, zunächst eine Begriffsabgrenzung vorzunehmen. Diversity Management und Managing Diversity werden in der Arbeit als Synonyme, also gleichbedeutend, verwendet.

2.1.1 Diversity

Übersetzt wird Diversity mit Verschiedenheit, Ungleichheit. Tatsächlich jedoch werden in der deutschen Literatur mehrere Begriffe verwendet, besonders passend finden die Autoren den Begriff Vielfalt.[50]
Diversity umfasst all das, worin Menschen sich unterscheiden können und dabei sowohl äußerlich wahrnehmbare als auch subjektive Unterschiede. Rasse, Geschlecht, Alter oder körperliche Behinderungen, sexuelle Orientierung und Religion zählen zu diesen Kategorien.[51]
„Diversity“ bedeutet zunächst „Unterschiedlichkeit“. Im Kontext mit dem Arbeitsleben wird daraus die Unterschiedlichkeit der Mitarbeiter eines Unternehmens: sie haben unterschiedliches Alter, unterschiedliches Geschlecht, unterschiedliche Rasse und Religion, sie sind unterschiedlicher Herkunft, sie haben unterschiedliche sexuelle Orientierungen und ggf. eine Art von Behinderung.

[50] Langenscheidt, Langenscheidts Taschenwörterbuch Englisch, Berlin, 2003.

[51] Sepehri, P., Managing Diversity – Alter Wein in neuen Schläuchen?, in: Personalführung 5/1999, S. 18.

Der Begriff Diversity bezieht sich also auf die Verschiedenheit, Ungleichheit, Andersartigkeit und Individualität, die durch zahlreiche Unterschiede zwischen Menschen entsteht. Diversity betrachtet gleichzeitig aber auch die Gemeinsamkeiten, welche die Menschen in der Organisation insgesamt oder in Gruppen zusammenhalten: „Diversity refers to any mixture of items characterized by differences and similarities!“[52].

2.1.2 Diversity Management

T. H. Cox[53], der Vorreiter in der amerikanischen Diversity-Forschung, definiert Managing Diversity als „planning and implementing organisational systems and practices to manage people so that the potential advantages of diversity are maximized while potential disadvantages are minimized“. Diversity Management oder englisch auch Managing Diversity ist ein Managementansatz, dessen Kern die positive Berücksichtigung von Unterschieden[54] zwischen Menschen darstellt. Dies umfasst[55] ein

- bewusstes (An-)Erkennen von Unterschieden,
- umfassendes Wertschätzen von Individualität,
- proaktives (Aus-)Nutzen der Potenziale von Unterschiedlichkeit,
- gezieltes Fördern von Vielfalt und Offenheit.

Grundgedanke von Diversity Management ist somit, dass Menschen unterschiedlicher sozialer und kultureller Orientierung konstruktiv und produktiv miteinander umgehen, wenn sie ihre Verschiedenheit zur Geltung bringen können. Gleichstellung unter Wahrung der Verschiedenheit wird so praktisch zum Gegenteil von Gleichschaltung. Das wird deutlich, wenn man

[52] Thomas, R. R., Redefining Diversity, New York, 1996, S. 5. Thomas, R. R. hat 2001 als einer der ersten Autoren das Thema Management of Diversity ins Deutsche übersetzt und in einer über 300 Seiten starken Buchausgabe das "amerikanische" Managing Diversity nach Deutschland gebracht. Leider handelt es sich vorwiegend nur um eine Übersetzung des USA-Diversity-Konzeptes. Die deutsche Kultur und die Besonderheiten unseres Landes wurden hierbei nicht aufgegriffen. Thomas, R. R., a.a.O.

[53] Cox, T. H., Cultural diversity in organisations, San Francisco, 1994, S. 11.

[54] Diversity spricht von Unterschieden zwischen Individuen und Gruppen, dem Anderssein, und gleichzeitig den Gemeinsamkeiten in jeglicher vielfältiger Einheit. Wächter, H., u.a., Personelle Vielfalt in Organisationen, Trierer Beiträge zum Diversity Management, München, 2003, S. 18.

[55] Stuber, M., Diversity. Das Potenzial von Vielfalt nutzen – den Erfolg durch Offenheit steigern, München, 2004, S. 5. Rita Mae Brown, Romanschriftstellerin: „Der Lohn für die Anpassung ist, dass jeder dich mag, ausser du selbst.“ Stuber, M., a.a.O., S. 95.

erkennt, dass Diversity Management die Mitarbeitenden zum bewussten Umgang mit sozialen Differenzen in Organisationen, zur Reflektion eigener Werte und Kommunikationsstile[56] befähigt. Das Abweichende, Fremde wird als Chance für ein Nachdenken über alltägliche Normalitäten und als Impuls für Innovation genutzt. Managing Diversity bedeutet, kulturelle Vielfalt als Ressource zu erkennen, zu verstehen, zu moderieren, zu akzeptieren und zu vernetzen.[57]
In einem Unternehmen, das nach den Diversity-Grundsätzen geführt wird, erleben die Mitarbeiter eine Festigung ihres Selbstwertgefühls. Damit sind sie besser in der Lage, andere in ihrem „Anders-Sein" zu achten. Die Mitarbeiter lehnen die Verschiedenartigkeit nicht mehr ab, sondern suchen „das Andere" sogar für neue Chancen und neue Lösungswege. Diversity Management bedeutet das Streben, ein Umfeld zu schaffen, bei dem die Talente aller Teilnehmer Zugang finden.[58]
Auf der anderen Seite kann Management Zustände entweder nur verwalten oder aber, wenn sie sich als unbefriedigend oder gefährlich erweisen, zu ändern versuchen. Letzteres ist heute stark angesagt, aber bekanntlich nicht einfach umzusetzen. Denn genau genommen setzt die Änderung der Zustände die Änderung der Menschen voraus, die die Zustände mit ihrem Verhalten produzieren. Die Änderung eines Menschen ist eine große Herausforderung, die durch das Anbieten anderer Sichtweisen erfolgen kann und so Anstöße zum Nachdenken gibt.[59]

2.1.3 Diversity Management als integratives Managementkonzept

Managing Diversity – schon der Name ist Programm: Indem das Personalmanagement Unterschiede wie Geschlecht, Alter, Rasse, kulturellen Hintergrund, sexuelle Orientierung, Lebensstil, Sprache oder Erziehung der Mitarbeiter berücksichtigt, schafft es eine optimale Arbeitsumwelt. Mehr noch: Vielfalt auf Seiten der Mitarbeiter bedeutet – nach Überzeugung der

56 Das Thema Kommunikation ist auch ausführlich in Kuhn, C., Studienarbeit, Das Mitarbeitergespräch, Theoretischer Hintergrund unter dem Hauptgesichtspunkt Kommunikation, 2003, behandelt.

57 Commer, K., Universität Dortmund: „Managing Gender & Diversity", Online in Internet: URL: http://www.news.jugendsozialarbeit.de/010917diversity.htm [19.04.2003].

58 Thomas, R. R., a.a.O., 2001, S. 28.

59 Betz, G., Was die Chefsachen sind, damit mehr Himmel auf Erden wird, Regensburg, 2003, S. 121.

Pioniere in Sachen Diversity – auch Vorteile bei der Rekrutierung und im Marketing.[60]

Für die Personalführung bedeutet Diversity Management, die Fähigkeiten der Mitarbeiter so zu entwickeln, dass sie ihre Höchstleistung in der Verfolgung der Unternehmensziele erbringen können, ohne dabei durch Geschlecht, Alter oder sonstigen Diversity-Merkmalen behindert zu werden und sich in interpersonellen Kämpfen zu verlieren.

Wichtige Punkte des Diversity Management als Management-Ansatz findet man bei Blom[61] kurz zusammengefasst:

- Die Führung von Diversity Management wird als Managementaufgabe gesehen und darf aus diesem Grund nicht zu einer Stabstelle oder in die Personalabteilung „abgeschoben" werden. Diversity Management befindet sich somit nicht in einem Teilbereich, sondern beeinträchtigt alle Unternehmensentscheidungen, nicht nur die Personalentscheidungen.
- Manager sollten mit Diversity umgehen, als ob es normal wäre. Dazu gehört auch, bei der Suche, Auswahl und Förderung der Mitarbeiter auf Qualitäten und nicht auf irrelevante Faktoren wie Geschlecht, Hautfarbe und Herkunft zu achten.
- Managing Diversity muss eine Zweiwege-Kommunikation zugrunde liegen. Die Organisation sollte Vielfalt zulassen und stimulieren, die Betroffenen sollten sich nicht von der dominanten Mehrheitskultur „unterbuttern" lassen.
- Managing Diversity ist als kontinuierlicher Verhaltensänderungsprozess zu betrachten. Der Prozess verläuft nur dann erfolgreich, wenn alle sich aktiv beteiligen und man sich dafür Zeit nimmt. Das Ziel ist die Schaffung einer Unternehmenskultur, bei der die Unterschiede berücksichtigt werden, ohne diese Unterschiede gleichzuschalten.

60 Sepehri, P., a.a.O., 1999, S. 18.

61 Blom, H., u.a., Interkulturelles Management, Herne, Berlin, 2004, 2. Auflage, S. 247.

2.2 Veränderte Rahmenbedingungen

Ende der 80er Jahre begann so mancher Marketing-Verantwortliche an seinen Zielgruppen zu zweifeln: Die Leute verhielten sich, wie sie wollten. Sie besuchten zum Beispiel nicht mehr ausschließlich die Restaurants, die nach ihrer Kaufkraft-Klasse richtig gewesen wären: Mittwoch McDonalds, Freitag ins Ritz. „Konfetti-Marketing" nannte sich dann der Lösungsansatz der Marketing-Gurus – doch heute präsentiert sich die Welt nochmals heterogener.[62]

Die Wirtschaft befindet sich in ihrem Streben nach Wachstum stets auf der Suche nach neuen Optimierungspotenzialen. Gleichzeitig müssen Qualitätsstandards und das sich ständig und immer drastischer wandelnde Umfeld berücksichtigt werden. Es ist höchste Zeit für eine Analyse, die nach Schlüsselaspekten sucht, um eine ganzheitliche Antwort auf die kaum zu erfassende Komplexität künftiger Herausforderungen zu entwickeln. Was haben nun aktuelle betriebswirtschaftliche Ziele, wirtschaftliche Trends sowie gesellschaftliche, politische und kulturelle Entwicklungen gemeinsam? Sie alle lassen eine stark wachsende Bedeutung von Vielfalt und damit von Unterschieden erkennen.

Im Umkehrschluss heißt das: Wer mit Vielfältigkeit nicht umzugehen weiß, wird schon bald zu den Verlierern gehören und Organisationen, die Unterschiede nicht produktiv nutzen, werden nicht zu den Besten gehören können. Dies waren die Überlegungen, die in den USA zu Diversity bzw. Managing Diversity geführt haben; einem Management-Ansatz, dessen Kern die positive Berücksichtigung von Unterschieden zwischen Menschen darstellt: Anerkennen von Unterschieden, Wertschätzen aller Besonderheiten, Nutzen der Potenziale von Unterschiedlichkeiten und Fördern von Vielfältigkeit. Insgesamt geht es also um eine neue Grundhaltung der Unternehmensführung, die speziell in Europa dramatisch an Relevanz gewinnt, wenn nicht gar zur Notwendigkeit wird.[63]

62 Mauch, T,. Diversity Management – Alle sind anders, in IMANENT-Dossier 4.10, Ausgabe 22/2004, S. 1.

63 Stuber, M., Die große Vielfalt, Basistext Diversity, S. 2.

Michael Stuber[64] hat in der folgenden Abbildung aus Sicht der Autoren die veränderten Rahmenbedingungen und dadurch bedingt die Notwendigkeit von Diversity sehr übersichtlich und verständlich dargestellt. Alle relevanten Entwicklungen weisen laut Stuber in Richtung Vielfalt; sie werden hier auf vier Ebenen dargestellt: Recht, Demographie, Kultur und Kommunikation. Auf jeder dieser Ebenen lassen sich interne und externe Zusammenhänge sowie Effekte der jeweiligen Veränderungen beschreiben.

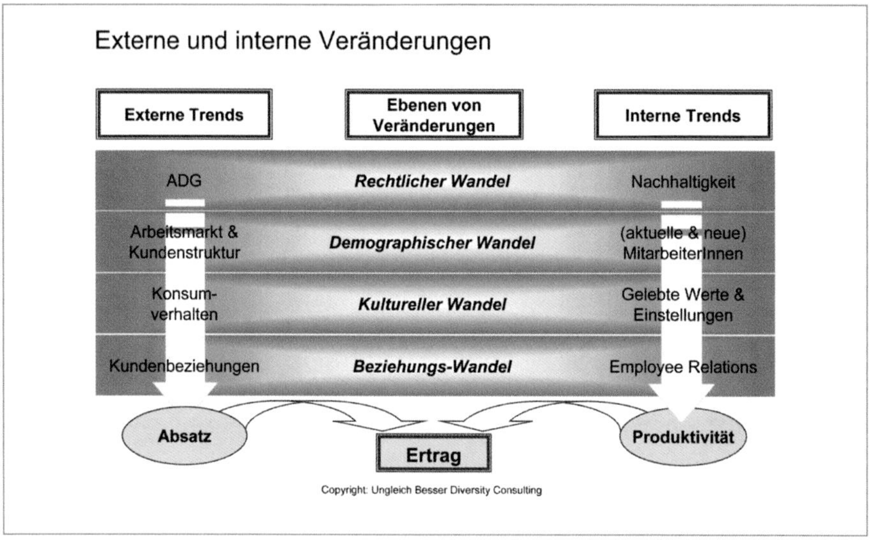

Abbildung 2: Diversity wird zur Notwendigkeit[65]
nach Ungleich Besser Diversity Consulting

Zu einer Notwendigkeit wird Diversity dahingehend, dass Unternehmen und andere Organisationen eine Reihe wesentlicher Entwicklungen nicht oder nur unbedeutend beeinflussen können und insofern dem Zwang unterliegen, sich auf diese Trends einzustellen.

64 Stuber, M., Diversity. Das Potenzial von Vielfalt nutzen – den Erfolg durch Offenheit steigern, München, 2004, S. 40.

65 Stuber, M., 10 gute Gründe für Diversity, Online in Internet: URL http://www.mi-st.de/download/Div-03-Dez-InPact.pdf [10.01.05].

2.2.1 Wachsende Anforderungen durch rechtlichen Wandel

In verschiedenen Gesetzen sind Regelungen in Bezug auf Diversity enthalten, wie beispielsweise in Artikel 3 Grundgesetz (Allgemeines Gleichbehandlungsgebot), § 611 BGB (Gleichbehandlung von Männern und Frauen in Arbeitsverhältnissen), §§ 75 und 80 Betriebsverfassungsgesetz, SGB IX (Teilhabe behinderter Menschen), Teilzeit- und Befristungsgesetz, Kündigungsschutzgesetz und im Lebenspartnerschaftsgesetz. Ein Blick auf die aktuelle Gesetzgebung in Form des Allgemeinen Gleichbehandlungsgesetzes (AGG) zeigt, dass Diversity auch ein deutsches Thema ist und noch vermehrt werden wird.
Die Grundsätze[66] der Gleichbehandlung und des Diskriminierungsverbots sind Kernstück des europäischen Sozialmodells. Sie sind ein Fundament der Grundrechte und grundlegenden Werte, auf denen die heutige Europäische Union beruht. Ziel der Europäischen Union ist es, Diskriminierungen aufgrund der Rasse oder der ethnischen Herkunft, der Religion oder der Weltanschauung, des Alters, einer Behinderung oder der sexuellen Ausrichtung im Privat- oder Berufsleben zu bekämpfen. Zur Umsetzung der nachfolgend aufgeführten EU-Richtlinien[67] für Gleichbehandlung ohne Diskriminierung und für die Gleichbehandlung im Beruf wird die Bundesrepublik wie alle Mitgliedsländer verpflichtet, Antidiskriminierungsgesetze zu erlassen.[68]

Die EU-Richtlinien 2000/43/EG und 2000/78/EG unterscheiden hierbei zwischen unmittelbarer und mittelbarer Diskriminierung:

66 Kommission der Europäischen Gemeinschaften, Grünbuch, Gleichstellung sowie Bekämpfung von Diskriminierungen in einer erweiterten Europäischen Union, Brüssel, 28.05.2004, S.2.

67 EU-Richtlinie 2000/43/EG vom 29.06.2000, EU-Richtlinie 2000/78/EG vom 27.11.2000.

68 Zur Begleitung des Umsetzungsprozesses hat die EU-Kommission ein Aktionsprogramm zur Anerkennung der Vielfalt, zur Förderung der Gleichbehandlung von Minderheiten und zum Abbau von Diskriminierungen verabschiedet. Damit sollen die öffentlichen Behörden über den Inhalt der Richtlinie informiert und durch spezifische Maßnahmen sensibilisiert werden. Dieses Managing-Diversity-Konzept hat das Ziel, auf allen Ebenen der Verwaltung eine Organisationsstruktur zu entwickeln, in der die Vielfalt unter den Mitarbeitern sowie gegenüber den Kunden als Bereicherung empfunden wird. So sollen Dienstleistungen in der Verwaltung bedarfsgerecht den spezifischen Kundengruppen (Frauen, Behinderten, Lesben und Schwule, alte Menschen, Migranten, usw.) angeboten werden können. Neben Belfast (Nordirland) und Altea (Spanien) nimmt auch Berlin daran teil.

- Unmittelbare Diskriminierung liegt vor, wenn eine Person aufgrund ihrer Rasse oder ethnischen Herkunft, ihrer Religion oder Weltanschauung, einer Behinderung, ihres Alters oder ihrer sexuellen Ausrichtung in einer vergleichbaren Situation eine weniger günstige Behandlung als eine andere Person erfährt.
- Mittelbare Diskriminierung liegt vor, wenn dem Anschein nach neutrale Vorschriften, Kriterien oder Verfahren bestimmte Personen aufgrund ihrer Rasse oder ethnischen Herkunft, ihrer Religion oder Weltanschauung, einer Behinderung, ihres Alters oder ihrer sexuellen Ausrichtung in besonderer Weise benachteiligen können. Ausgenommen sind Fälle, in denen die betreffenden Vorschriften, Kriterien oder Verfahren durch ein rechtmäßiges Ziel sachlich gerechtfertig sind.

Richtlinie 2000/43/EG

… zur Gleichbehandlung ohne Unterschied der Rasse oder ethnischen Herkunft verlangt von allen EU-Staaten folgende Punkte in ihren Antidiskriminierungsgesetzen umzusetzen:

- Schutz vor Diskriminierung in den Bereichen Beschäftigung, Berufsbildung, soziale Sicherheit, Gesundheitsdienste und Zugang zu Gütern und Dienstleistungen.
- Definition der Begriffe „unmittelbare Diskriminierung", „mittelbare Diskriminierung", „Belästigung" und „Viktimisierung".
- Gewährleistung des Anspruchs von Diskriminierungsopfern, ihre Rechte auf dem Gerichts- oder Verwaltungsweg geltend zu machen.
- Verhängung angemessener Strafen gegen die Urheber von Diskriminierung.
- Aufteilung der Beweislast zwischen Kläger und Beklagten in Zivil- und Verwaltungssachen
- Einrichtung einer Stelle in jedem Mitgliedsstaat zur Förderung der Gleichbehandlung und Unterstützung von Diskriminierungs-Opfern.

Abbildung 3: Richtlinie 2000/43/EG
Quelle: EU-Richtlinie 2000/78/EG vom 29.06.2000

Richtlinie 2000/78/EG

... zur Gleichbehandlung im Bereich der Beschäftigung verlangt von allen EU-Staaten, folgende Punkte in ihren Antidiskriminierungsgesetzen umzusetzen:

- Verwirklichung des Grundsatzes der Gleichbehandlung in Beschäftigung und Beruf ungeachtet der Religion oder der Weltanschauung, einer Behinderung, des Alters oder der sexuellen Ausrichtung.
- Bestimmungen zur Definition des Begriffs „Diskriminierung", zum Anspruch auf Rechtsschutz und zur Aufteilung der Beweislast entsprechen der Antirassismus-Richtlinie.
- Zulassung von Ausnahmen, beispielsweise zur Wahrung des Ethos religiöser Organisationen oder mit Blick auf die Durchführung zielgerichteter Maßnahmen zur Arbeitsmarkteingliederung älterer oder jüngerer Arbeitskräfte.

Abbildung 4: Richtlinie 2000/78/EG
Quelle: EU-Richtlinie 2000/78/EG vom 27.11.2000

Aufgrund dieser gesetzlichen Maßnahmen werden sich private Unternehmen und öffentliche Verwaltungen in Zukunft verstärkt dem Thema „Diskriminierung" stellen müssen. Einerseits, um den gesetzlichen Auflagen nachzukommen, andererseits, um die an sie gestellten Schadensersatzforderungen aufgrund von Diskriminierung sowie langwierigen und kostspieligen Gerichtsprozessen vorzubeugen.

2.2.2 Wachsende Internationalisierung und Globalisierung

Die zunehmende Globalisierung[69] bringt für die Wirtschaftssysteme weitreichende Veränderungen mit sich. Sie birgt noch nie da gewesene Möglichkeiten und Chancen, aber auch große Herausforderungen und neue Problemfelder. Neue Kommunikations- und Informationsmedien sowie der beschleunigte Warentransport machen es möglich, die Wertschöpfungskette an verschiedenen Orten der Erde zu durchlaufen. Die Welt rückt somit näher zusammen, was zur Folge hat, dass sich durch die Fülle der Anbieter der Konkurrenzkampf nunmehr global und heftiger gestaltet.[70]
Diese Globalisierungstendenzen haben einerseits Auswirkungen auf die Umgebung, in der die Unternehmen operieren, also Markt-, Kunden- und Lieferantenstrukturen, die somit kulturell vielfältiger werden. Andererseits verändern sich beispielsweise durch Unternehmenszusammenschlüsse und Kooperationen auch innerhalb der Organisationen bestimmte Strukturen und Kulturen. Hier können zum Beispiel Führungskräfte aus unterschiedlichen Ländern und den dadurch bedingten verschiedenenartigen Führungsmentalitäten und -kulturen plötzlich zu Kollegen in ein und derselben Firma werden. „Die alte Übereinstimmung – ein Land gleich ein Unternehmen gleich eine Kultur – gilt nicht mehr."[71] Die Unternehmen müssen sich dem internationalen Wettbewerb[72] stellen und durch globales Denken und Handeln, einer unerschöpflichen Innovationsfähigkeit und einer hohen Flexibilität den sich ständig wandelnden Anforderungen gerecht werden.[73]

69 „Bezeichnung für die Entstehung weltweiter Märkte, das heißt die zunehmende Internationalisierung des Handelns, der Finanz-, Waren- und Dienstleistungsmärkte sowie die internationale Verflechtung der Volkswirtschaften. Der Globalisierungsprozess wird vor allem durch neue Technologien im Kommunikations-, Informations- und Transportwesen, neue Organisationsformen der betrieblichen Produktionsprozesse sowie Liberalisierungs- und Deregulierungsmaßnahmen in vielen Ländern vorangetrieben; Hauptakteure sind multinationale Unternehmen (auch Multis, Global Players genannt)." Brockhaus, Brockhaus in einem Band, Online in Internet: URL: http://www.brockhaus.de [10.12.2004].

70 Eckert, J., Dienen statt Herrschen, Unternehmenskultur und Ordensspiritualität: Begegnungen, Herausforderungen, Anregungen, Stuttgart, 2000, S. 23.

71 Sepehri, P., Diversity und Managing Diversity in internationalen Organisationen: Wahrnehmungen zum Verständnis und ökonomischer Relevanz, München, 2002, S. 11.

72 Rund 59 % der vom Institut der deutschen Wirtschaft befragten mittelständischen Unternehmen mit unter 5.000 Beschäftigten haben bereits Standorte in anderen EU-Ländern errichtet. Sinn, H. W., Ist Deutschland noch zu retten?, München, 2003, S. 65.

73 Global agierende Aktiengesellschaften unterliegen einem Ranking (Hitliste). Die Rankingagenturen schauen immer mehr auf die so genannten „weichen" Faktoren und fragen nach, welche Aktivitäten zu Diversity im Unternehmen durchgeführt worden sind. Unternehmenskultur wird hier als ein Produktionsfaktor angesehen und fließt somit in das Ranking mit ein. Jablonski, H. W., Es geht nicht um die Ergebnisse, sondern um die dahinter stehenden Prozesse, in: Hernsteiner, Managing Diversity, 17. Jahrgang, Wien, 2/2004, S. 34.

2.2.3 Wachsende Vielfalt durch demographischen Wandel

Was der demographische[74] Wandel für Deutschland bedeutet, lässt sich mit einem Radiergummi vorführen. Jedes Jahr würde eine Stadt ausradiert werden: Erst Lübeck, dann Magdeburg, schließlich Erfurt und Kassel. Ungefähr 200.000 Einwohner müssten die Städte aufweisen, denn um soviel, so die Prognose[75], wird die Zahl der Einwohner Deutschlands jährlich abnehmen. Nach der Vorausberechnung wird die Bevölkerungszahl nach einem geringen Anstieg auf 83 Millionen ab dem Jahr 2013 zurückgehen und bis zum Jahr 2050 auf das Niveau des Jahres 1963, also auf gut 75 Millionen, sinken.[76] Das zahlenmäßige Verhältnis zwischen älteren und jüngeren Menschen wird sich in den nächsten Jahrzehnten in Deutschland erheblich verschieben. Im Jahr 2050 wird, nach der neuesten Bevölkerungsvorausberechnung des Statistischen Bundesamtes[77], die Hälfte der Bevölkerung älter als 48 Jahre und ein Drittel 60 Jahre oder älter sein[78].
Die wesentliche Veränderung des nächsten Jahrzehntes, die uns bevorsteht, ist demnach nicht ein dramatischer Rückgang auf breiter Front im erwerbsfähigen Alter, sondern vielmehr die Alterung und somit die Verschiebung der Altersverteilung in unserem Lande. Die Unternehmen stehen damit vor dem Problem, das Humankapital nicht mehr in notwendigem Maße von außen verjüngen zu können. Durch immer weniger nachrückende junge Menschen sind die Unternehmen langfristig mit alternden Belegschaften konfrontiert.
Dies hat zur Folge, dass Organisationen in Mitteleuropa ältere Mitarbeiter länger beschäftigen und diese Altersgruppe auch vermehrt neu einstellen

74 Das Wort Demographie entstammt dem Griechischen und bedeutet „Volk beschreiben". Demographie beschreibt also mit Zahlen und Kennziffern, wie sich die Bevölkerungszahl und ihre Strukturen (Alter, Geschlecht, Familienstand, Lebensform, Nationalität, Kinderzahl, Region, Gesundheitszustand und ähnliches) durch demographische Verhaltensmuster/Ereignisse (Kinder haben, heiraten, sich scheiden lassen, umziehen, sich gesund erhalten oder sterben) verändern. Bevölkerungswissenschaft ist dagegen der weitere Begriff. Bevölkerung wird hier in den Kontext der gesellschaftlichen Verhältnisse gestellt. Untersucht werden die vielfachen Wechselwirkungen zwischen der Bevölkerung und anderen gesellschaftlichen Bereichen wie Wirtschaft, Politik, Technik, soziale Sicherungssystem oder Umwelt. Bundesinstitut für Bevölkerungsforschung, Bevölkerung: Fakten, Trends, Ursachen, Erwartungen, Wiesbaden, 2004, S. 7.

75 Die Zeit, Die vergreiste Republik, in: Zeitdokument, Land ohne Leute, 2/2004, S. 5.

76 Statistisches Bundesamt, Zahlenkompass 2003 für die Bundesrepublik Deutschland, Wiesbaden, 2003, S. 24.

77 Ebenda, S. 24.

78 Der so genannte Altenquotient zeigt die zu erwartende Verschiebung im Altersaufbau besonders deutlich: Für das derzeitige tatsächliche durchschnittliche Rentenzugangsalter von 60 Jahren lag er 2001 bei 44, d.h. 100 Menschen im Erwerbsalter (von 20 bis 59 Jahren) standen den 44 Personen im Rentenalter (ab 60 Jahren) gegenüber. Nach Vorausberechnungen des Statistischen Bundesamtes wird der Altenquotient bis 2050 bis auf 78 steigen. Ebenda, S. 24.

müssen.[79] Spätestens ab 2020 wird dann der Rückgang der arbeitsfähigen Bevölkerung beginnen. Damit wird das, was die Wirtschaft schon heute für bestimmte Segmente reklamiert, zu einer wahren Mangelware: Qualifizierte Arbeitskräfte. Nach den Prognosen wird dann nämlich das Angebot an Arbeitsplätzen höher sein als die Zahl der Beschäftigten.[80]

Vielfältiger Arbeitsmarkt in Deutschland			
Jahr 2000:		Jahr 2040 (Prognose):	
Erwerbstätige	40,3 Mio.	Erwerbstätige	30,7 Mio.
Anteile		Anteile	
- Frauen	43,8 %	- Frauen	Erhöht
- 55+ Ältere	13,1 %	- 55+Ältere	Stark erhöht
- Ausländer	8,8 %	- Ausländer	Verdoppelt
- Schwerbehinderte	2,5 %	- Schwerbehinderte	Erhöht
- Teilzeitbeschäftigte	21,5 %	- Teilzeitbeschäftigte	Stark erhöht
Arbeitslosenquote	10,7 %	Arbeitslosenquote	3,9 %

Abbildung 5: Strategien der Personalentwicklung
Quelle: Vedder, G., Vielfältiger Arbeitsmarkt in Deutschland, Vortrag, 26.03.2003, S. 10.[81]

Eine mögliche Lösung dieser demographischen Auswirkungen zeigt die Prognose der Verteilung der Erwerbstätigen in der rechten Spalte. Die Erhöhung der Frauenerwerbsquote und die Mehrbeschäftigung von ausländischen Arbeitskräften soll die Überalterung der deutschen Erwerbstätigen kompensieren.

79 Wagner, D., Managing Age als Bestandteil von Managing Diversity – Das Merkmal Alter als betriebliches Erfolgspotential, in: Clermont, A., u.a., Strategisches Personalmanagement in globalen Unternehmen, München, 2001, S. 113 ff.

80 Schewe-Gerigk, I., Antworten auf den demografischen Wandel geben, in: Heinrich-Böll-Stiftung (Hrsg.), Zukunft der Arbeit V: Demografische Entwicklung – Chancen für neue Generationen- und Geschlechterverhältnisse, Berlin, 2002, S. 76.

81 Weitere Quellen: Institut der deutschen Wirtschaft, Deutschland in Zahlen 2002, Köln 2002. Deutscher Bundestag, Demographischer Wandel, Bonn, 1998. DeutschlandTrendBuch, Bonn, 2001.

Zur steigenden Vielfalt in Unternehmen trägt nicht nur ein höherer Migranten-, Frauen- und Älterenanteil, sondern auch die steigende Diversifizierung von Einstellungen, Werten, Lebensstilen und Religionsbekenntnissen innerhalb eines Unternehmens bei. Diese Tendenzen zeigen deutlich in Richtung Offenheit und Individualisierung.[82]

2.2.4 Wachsende Vielfalt von Kunden und Märkten

Der allgemeine Wandel der demographischen Zusammensetzung der Gesamtbevölkerung, eine Diversifizierung von Ansichten, Werten und Einstellungen der Bürger und die vorher beschriebene Globalisierung, die die Menschen auch kulturell stärker vernetzt und Absatzmärkte verändert, haben Auswirkungen auf die Kundenstrukturen. So sind potenzielle Kunden heute kritischer und vielseitiger als in der Vergangenheit und haben genaue Vorstellungen ihrer Bedürfnisbefriedigung. Diese unterschiedlichen Bedürfnisse, kulturellen Gegebenheiten, Motivationen und Werte sind zu berücksichtigen.

Die Stiftung Warentest[83] will bei einigen ihrer Produktbewertungen ein neues Kriterium hinzunehmen: ethisch-soziales und ökologisches Verhalten von Unternehmen. Damit, so die Stiftung Warentest, komme man dem Interesse und der Forderung der Verbraucher, auch ethisch-soziale und ökologische Gesichtspunkte in die Bewertung einfließen zu lassen, entgegen. Überprüft wird hierbei künftig auch, ob Unternehmen wirksam gegen Diskriminierung vorgehen. Das bedeutet, dass eine Ausgrenzung bestimmter Mitarbeitergruppen sich bereits negativ auf die Produktbewertung und damit den Markterfolg auswirken kann. Das effektive Management unternehmensinterner Vielfalt wird für die so genannte Performance immer entscheidender.

Durch die immer besser werdenden Informationsmöglichkeiten für den Kunden und die dadurch resultierende Vergleichbarkeit von Produkten und Unternehmen wird das Ausbauen von Wettbewerbsvorteilen für die Unternehmen immer wichtiger werden. Der Wettbewerbsvorteil durch

82 Stuber, M., Diversity Management, in: Personal, Heft 3/2002, S. 49.

83 Online in Internet: URL http://www.stiftung-warentest.de [10.01.05].

Diversity Management liegt in dem Potenzial unterschiedlicher Fähigkeiten der Mitarbeiter.
Eine synergetisch zusammenwirkende Belegschaft schafft einen Konkurrenzvorteil, der von der Konkurrenz nicht zu kopieren ist. Dadurch kann eine flexiblere und schnellere Reaktion auf die sich ständig wandelnden Umweltbedingungen, wie z. B. Veränderungen auf Absatz- und Beschaffungsmärkten, bewirkt werden.[84]
Obwohl Deutschland einen traditionell starken industriellen Sektor besitzt, steigt insgesamt der Anteil der Produktion von Dienstleistungen in entwickelten Industrienationen. In der sozioökonomischen Entwicklungsforschung wird bereits die Informations- oder Wissensgesellschaft, in der hauptsächlich Informationen produziert, verarbeitet und verteilt werden, als Nachfolger der Dienstleistungsgesellschaft betrachtet. Die Bedeutung von materieller Produktion tritt hinter die von geistiger Leistung und Information zurück. Macht wird aus Wissen geschöpft und nicht mehr aus Kapitalbesitz. Für Organisationen bedeutet dies auch ein noch größeres Umdenken in Sachen Produktionsfaktoren, denn der Mensch wird zum wahren Wert der Unternehmen und nicht mehr nur das Kapital.[85]
Die Erbringung und die Qualität sozialer Dienstleistungen hängen in hohem Maße von der Interaktion zwischen Leistungsanbieter und Klienten ab. Zudem gilt auch bei sozialen Dienstleistungen das uno-actu-Prinzip[86], da Produktion und Konsum zusammenfallen. Soziale Dienste grenzen sich von herkömmlichen Dienstleistungen ab, da ihr Anlass ein soziales Problem ist oder als soziales Problem angesehen wird. In diesem Fall benötigt der Hilfesuchende einen „Profi" wegen fehlender Sachkenntnis und bzw. oder wegen eingeschränkter Handlungs- und Entscheidungsfähigkeit. Der Dienstleister bestimmt in solchen Fällen Angebot und Nachfrage zugleich. Soziale Dienste werden damit zu einem besonderen Vertrauensgut.[87]

84 Vedder, G., Diversity Management und Interkulturalität, Trierer Beiträge zum Diversity Management, München, 2004, S. 180.

85 Immerfall, S., Einführung in den Europäischen Gesellschaftsvergleich, Passau, 1998, S. 128.

86 „Das sog. „uno-actu-Prinzip" besagt, dass das (immaterielle) Gut im gleichen Akt produziert und konsumiert wird.

87 Schuber, H., Sozialmanagement, Zwischen Wirtschaftlichkeit und fachlichen Zielen, Opladen, 2001, S. 36 f.

2.2.5 Wachsende Offenheit durch Wertewandel und Individualisierung

In der Bundesrepublik Deutschland besteht eine Tendenz zur Individualisierung, die mit einem Werte- und Einstellungswandel korrespondiert. Im Zentrum dieser Entwicklungen steht der Mensch, das „Ich", sowie der private und berufliche Wunsch nach Selbstentfaltung oder Selbstverwirklichung. Entsprechend prägt nicht länger die Konformität das Leben vieler, sondern das Streben nach Individualität, das sich unter anderem in der Kinderfrage, neuen Familienstrukturen und einer wachsenden Bedeutung der Vereinbarkeit von Privat- und Berufsleben zeigt.[88]

Der soziale Wertewandel[89] bedeutet nicht die grundlegende Umwälzung aller Werte, sondern vielmehr ein Schreiten vom alten zum neuen Denken. Einige Werte verlieren, andere gewinnen an Bedeutung.[90] Insbesondere jüngere Menschen stehen diesem Wandel offener als die ältere Generation gegenüber.[91]

Eine Analyse des Wertewandels zeigt nach Lutz von Rosenstiel[92] unter anderem folgende Trends:

- Betonung eigener Selbstentfaltung,
- Gleichstellung und Emanzipation,
- Ablösung der Sexualität von überkommenen gesellschaftlichen Normen,[93]
- Sinkende Bedeutung der Arbeit als eine Pflicht.

88 Stuber, M., Diversity. Das Potenzial von Vielfalt nutzen – den Erfolg durch Offenheit steigern, München, 2004, S. 55.

89 Einen ausführlichen Exkurs zum Thema Wertewandel und dem Sozialisationsprozess ist folgender Ausarbeitung zu entnehmen: Dietrich, E., Werte und Wertewandel in gesellschaftlichen Transformationsprozessen, München, 2003, S. 76 ff.

90 Becker, M., u.a., Personalentwicklung, Stuttgart, 1999, 2. Auflage, S. 49.

91 Stengel, M., Wertewandel, in: Rosenstiel, L. v., u.a., Führung von Mitarbeitern – Handbuch für erfolgreiches Personalmanagement, Stuttgart, 1999, S. 835, zeigt auf, dass die konkrete Ausprägung der Werthaltung, der Wertorientierung und das individuelle Wertsystem für jedes Mitglied der Organisation unterschiedlich ist.

92 Rosenstiel, L. v., u.a., Führungsnachwuchs im Unternehmen, München, 1989, S. 9.

93 Bertelsmann Forschungsgruppe Politik (Hrsg.), Toleranz, Grundlage für ein demokratisches Miteinander, Gütersloh, 2002, S. 10.

Einen ähnlichen Ansatz des Wertewandels setzt Stengel[94] an:

- Alle Lebensbereiche werden zunehmend säkularisiert.[95]
- Die eigene Selbstentfaltung[96] und der eigene Lebensgenuss werden betont.
- Die Frauen kämpfen um ihre Gleichstellung und Emanzipation.
- Die Sexualität löst sich von überkommenen gesellschaftlichen Normen.

Die Einstellung der Menschen zur Arbeit hat sich ebenso grundlegend geändert.[97] Herausfordernde Aufgaben und menschliche Beziehungen gewinnen für den Mitarbeiter an Wertschätzung. Es wird eine neue Arbeitsmotivation festgestellt, womit dem Wertewandel eine neue Zielsetzung für die Arbeitsorganisation und die Personalführung folgt. Der Wunsch nach sinnvoller Beschäftigung und Selbstverwirklichung dehnt sich von der Freizeit auf die Arbeit aus. Dies führt zu höheren Ansprüchen der Mitarbeiter an die Qualität der Arbeitswelt. Sinnloses Arbeiten[98] wird in Frage gestellt[99] – nicht aber die Arbeit an sich.[100] Die Aufgabe der Unternehmen liegt nun darin, sich den veränderten Werten und Bedingungen zu stellen, die Unternehmens- und Mitarbeiterziele zu überdenken, um motivierte und leistungsstarke Mitarbeiter zu gewinnen und dauerhaft zu halten.[101] Ebenso

94 Stengel, M., in: Rosenstiel, L. v., u.a., 1999, a.a.O., S. 836.

95 Gerade daher steht auch die katholische und evangelische Kirche vor großen Herausforderungen. Die wachsende Zahl der Kirchenaustritte, die stark rückläufige Tendenz der regelmäßigen Gottesdienstbeteiligung, die Altersstruktur der Gottesdienstbesucher, die eminenten Probleme bei der Glaubensvermittlung an die nachfolgenden Generationen und die schwindende Alltagsbedeutung von Religion und Christentum sollen nach Meinung der Autoren das Szenario kurz benennen.

96 Die Führung einer Organisation bedeutet immer auch, Verantwortung zu übernehmen. Es gilt hierbei, alle Mitarbeiter mit ihren individuellen Begabungen, Neigungen, Wünschen, Fähigkeiten und Schwächen als Mitmenschen anzunehmen.

97 Stengel, M., in: Rosenstiel, L. v., u.a., 1999, a.a.O., S. 836, stellt dar, dass die berufliche Arbeit weniger als Pflicht gesehen und die Freizeit höher bewertet wird.

98 Classen, M., Die Bedeutung von Sinn für Individuum und Organisation – Eine vergleichende Betrachtung von Logotherapie und Managementlehre, Münster, 1999, S. 32, geht von einer Sinnhaftigkeit jeder Lebenssituation aus und untersucht in seiner Diplomarbeit die Bedeutung von Sinn für das Individuum und die Organisation. Für seine Ausarbeitung hat er im November 2001 den Wissenschaftspreis für Wirtschaftsethik, Kommunikation und Beziehungskompetenz der Plansecur-Stiftung Kassel erhalten.

99 Volz-Neidlinger, M., u.a., Auf dem Weg zur „Marke", in: Deutscher Caritasverband (Hrsg.), Caritas 2003 – Jahrbuch des Deutschen Caritasverbandes, Freiburg, 2002, S. 57, berichtet über die Ergebnisse einer einrichtungsübergreifenden Mitarbeiterbefragung, in der viele Mitarbeiter das Bedürfnis äußerten, sich mit der Sinnhaftigkeit ihrer Arbeit und den Belastungen auseinanderzusetzen.

100 Rosenstiel, L. v., u.a., 1999, a.a.O., S. 50.

101 Becker, M., u.a., 1999, a.a.O., S. 49.

sieht es Lerche[102], der von einer Abkehr der traditionellen Arbeits- und Leistungsethik mit der darin verwurzelten Hierarchie- und Vorschriftsgläubigkeit sowie der Pflicht- und Aufopferungsphilosophie spricht.
Der Trend geht hin zur qualitativen Freizeitgestaltung und einer veränderten Bedeutung der Berufswelt, in der Werte wie Selbstbestimmung[103], kommunikative Teilhabe oder kreative und phantasievolle Beteiligung an der Ausgestaltung der Arbeit immer höher angesetzt werden. Zusammenfassend gesagt, steigen also die Ansprüche an die Qualität der Arbeitsplätze.
Diese sozialen Veränderungen tragen zu einer wachsenden Auseinandersetzung mit abweichenden Lebensentwürfen, Meinungen und Einstellungen bei und offenbaren zunehmend einen ambivalenten[104] Charakter: Auf der einen Seite führen sie zu einer kulturellen, religiösen und ethnischen Vielfalt, auf der anderen Seite treten Normen und Werte in Konkurrenz zueinander. Bei moralischen Werten ist zu beachten, dass sich diese im Laufe der Zeit verändern können. Wurde früher zum Beispiel die körperliche Züchtigung in der Schule als moralisch[105] beste Bestrafung für Kinder angesehen, hat sich heute die Meinung geändert und die Verhaltensweisen wurden angepasst.
Schumacher[106] sieht die Individualisierung der Person zu kleinen Sinnwelten, in denen Spaß, Offenheit und Selbstverwirklichung[107] möglich sind, als ein Faktum. Eine negative Bewertung dieser Entwicklung würde nur dort zum Tragen kommen, wo Fehlformen wie z. B. Isolierung entstehen. Der persönlichkeitsbezogene Prozess verursacht eine Pluralität der Vielfalt der Individuen, und so konkret eine Pluralisierung der Lebensweisen und

102 Lerche, W., u.a., Personalentwicklung in Sozialorganisationen, Frankfurt am Main, 2001, 2. Auflage, S. 20.

103 Stengel, M., in: Rosenstiel, L. v., u.a., 1999, a.a.O., S. 834, nennt zum Begriff „Selbstbestimmung" die Veränderung von Führungsverhalten als Beispiel. Führungskräfte, die in den 50er Jahren zu Gehorsam und Unterordnung erzogen wurden, treffen heute auf die Nachwuchsführungskräfte, deren Erziehung in den 70er Jahren auf Selbstständigkeit ausgerichtet war.

104 (lat.) doppelwertig und deshalb oft in sich widersprüchlich. Duden – Das Fremdwörterbuch, Software, a.a.O.

105 Thurnherr, U., Angewandte Ethik – zur Einführung, Hamburg, 2000, S. 12. Die Moral (lat. mores: Sitten, Charakter) ist der Inbegriff jener Normen und Werte, die durch gemeinsame Anerkennung als verbindlich gesetzt worden sind und in der Form von Geboten und Verboten an die Gemeinschaft der Handelnden appelliert.

106 Schumacher, A., a.a.O., S. 76.

107 Der Erfolg unserer Zeit manifestiert sich in der Gesamtheit eines Lebensstils oder wie es im Bankenjargon heißt: in der „Gesamtperformance". Arbeitswelt und Feizeitwelt sind stark miteinander vernetzt und der Weg der Individualisierung bedeutet: kein Nobody, sondern ein Somebody zu sein. Hecht, M., Erfolg – was ist das heute noch? Die Wirtschaftskrise wird zur Orientierungskrise einer ganzen Generation, in: Psychologie heute, Weinheim, August 2004, 31. Jahrgang, S. 33.

-stile. Die Menschen leben in unterschiedlichen Verhältnissen, Anschauungen und Formen nebeneinander. Dadurch rückt der verantwortliche Einsatz der persönlichen Freiheit um so mehr in den Vordergrund.
Aus Sicht der Autoren lassen sich folgende Schlussfolgerungen aus den aufgezeigten Entwicklungen ziehen. Aufgrund der Arbeitslosenzahlen gibt es auf dem Arbeitsmarkt genügend Personen, die einer qualifizierten beruflichen Tätigkeit nachgehen können. Dies impliziert aber keinesfalls, dass alle diese Personen für verfügbare Positionen geeignet sind. Berichte zum Arbeitsmarkt machen deutlich, dass ein kontinuierlicher Bedarf an qualifiziertem Personal besteht. Dies gilt vor allem für zukunftsträchtige Berufe. Dieses Defizit erhöht die Chance auf Beschäftigung von Personen, die entsprechend qualifiziert sind und deren Beschäftigungspotenzial bislang vernachlässigt wurde, wie z. B. bei Frauen und Migranten. Sicherlich bewirken solche Trends eine nachhaltige Veränderung aller Belegschaften, der Arbeitsmärkte und der Absatzmärkte, aber auch der Lieferanten- und Investmentmärkte. Für unterschiedliche Facetten dieser wachsenden Vielfalt bestehen für Unternehmen unterschiedliche Notwendigkeiten, ihre bisherige Kultur, ihre Prozesse, Strukturen oder auch Inhalte offener, durchlässiger und auf Einbeziehung ausgerichtet umzugestalten.

2.3 Ökonomische Relevanz

Gut gemanagte Vielfalt bietet eine Chance, das Unternehmen und insbesondere dessen Kommunikation zu optimieren und damit den Anforderungen eines dynamischen Umfeldes besser entsprechen zu können. Insoweit liefert Diversity Management einen Beitrag zur Steigerung des Unternehmenserfolges.
Unternehmen, die Diversity-Strategien verfolgen, können kurz- und langfristig damit rechnen, dass sich diese als nutzbringend erweisen. Zu diesem Schluss kommt der von der Europäischen Kommission erarbeitete Bericht[108] „Kosten und Nutzen personeller Vielfalt in Unternehmen". So gaben 69 % der befragten Unternehmen an, dass Diversity-Strategien den Ruf ihres

108 mi-st Diversity-Consulting (Hrsg.), Diversity-Newsletter 01, Köln, Juni 2004, S. 5.

Unternehmens verbessert hätten. Weitere 62 % der Befragten stellten fest, dass sie durch Diversity hoch qualifiziertes Personal für sich gewinnen und an das Unternehmen binden konnten. Neben dem Unternehmensimage wurde auch die Mitarbeitermotivation (57 %) gesteigert.
Basierend auf einer Befragung von über 200 Unternehmen kommt die Studie darüber hinaus zu dem Ergebnis, dass Diversity die Kosten für Beseitigung von Mitarbeiterengpässen und Kosten, die mit Diskriminierung und Belästigung verbunden werden (hohe Fluktuation auf dem Arbeitsmarkt, Fernbleiben von der Arbeit, Rechtsstreitkosten), senkt. Die Studie macht deutlich, dass Diversity positive betriebswirtschaftliche Effekte erzielt und den Cashflow[109] erhöht.
In Anlehnung an Cox[110] sind vor allem die folgenden sechs Argumente bezüglich der ökonomischen Relevanz von Diversity in der Literatur zu finden:[111]

- Kosten (Senkung der Integrationskosten)
- Marketing (Verbesserung der Kundenbeziehungen)
- Steigerung des Kreativitätspotenzials
- Personalmarketing (Steigerung der Attraktivität auf dem Arbeitsmarkt)
- Bessere Problemlösungen
- Flexibilität (Höhere Systemflexibilität)

Vor dem Hintergrund, dass die Belegschaften in Unternehmen vielfältiger werden, kann eine unzureichende oder misslungene Integration derer, die nicht zur dominanten Gruppe gehören, kostensteigernd wirken. Man geht davon aus, dass personelle Vielfalt, die sich selbst überlassen bleibt, in Organisationen mit ausgeprägter Dominanz einer Kerngruppe zu

109 (engl.) Finanzmittelüberschuss aus der wirtschaftlichen Tätigkeit eines Unternehmens; Indikator für die Ertrags- und Finanzkraft eines Unternehmens. Duden – Das Fremdwörterbuch, Software, a.a.O.

110 Cox, T. H., a.a.O., 1994, S. 46.

111 Die kurze Zusammenfassung ist aus der verschiedenen bereits erwähnten Literatur zusammengefasst. Häufige Quelle ist auch KOBRA, Managing Diversity, Ansätze zur Schaffung transkultureller Organisationen, Werkstattpapier zur Frauenförderung Nr. 14, Berlin, 2000, Online in Internet: URL: http://www.kobra-berlin.de/publikationen/betriebe.html [29.01.05].

Frustration, höheren Krankheitszeiten und erhöhter Fluktuation der Angehörigen von Minderheitengruppen führen. Viele Unternehmen, die sich von der Diversity-Problematik nicht angesprochen fühlen, übersehen dabei, dass sich Diversity sowohl in der Arbeitnehmerschaft als auch in der Kunden-, Lieferanten- und Wettbewerberstruktur niederschlägt. Nur die Auseinandersetzung mit Diversity gewährleistet, die verschiedenen Kulturen, Interessen und Wünsche der Umwelt berücksichtigen zu können, um letztendlich wettbewerbsfähig zu bleiben.[112]

Durch eine vielfältige Arbeitnehmerschaft können mehr Marktsegmente erschlossen werden. So können beispielsweise die Wünsche und Bedürfnisse von Kunden unterschiedlicher kultureller Zugehörigkeit besser verstanden werden, wenn Angehörige dieser Gruppe ebenfalls im Unternehmen arbeiten. *Diversity Marketing* kann auch im Rahmen von Öffentlichkeitsarbeit genutzt werden. So gibt es z. B. Ratgeber[113], die nicht nur über vorbildliche Herstellungsprozesse informieren, sondern Unternehmen auch nach ihren Aktivitäten bzgl. Chancengleichheit bewerten. Dadurch werden Käufer gewonnen, die ihre Kaufentscheidungen auch an ethischen Aspekten ausrichten.

Nach Meinung der Autoren kann sich mit einer unterschiedlich zusammengesetzten Belegschaft und deren verschiedenen, neuen Perspektiven das Kreativitäts- und somit Innovationspotenzial im Unternehmen erhöhen. Eine heterogene Belegschaft zeichnet sich durch ein breites Spektrum an Interessen, Meinungen, Ideen und Vorgehensweisen aus und kann sich schneller und flexibler auf sich ständig verändernde Umweltbedingungen einstellen und anpassen.

Kein Novum ist, dass Fondsgesellschaften bei ihren Investitionsentscheidungen die Frage nach Diversity berücksichtigen. So enthalten z. B. die Leitlinien für das Fondsmanagement der Rentenkasse der amerikanischen Lehrer das Gebot, nur in Aktien solcher Unternehmen zu investieren, die ein progressives Diversity Management betreiben. Solche Gesichtspunkte

112 Köhler-Braun, K., Vielfalt führt zum Erfolg, in: Personalwirtschaft 10/1999, S. 79.

113 Ein Beispiel hierfür ist imug, Online in Internet: URL http //www.ethisches-investment.de [29.01.05].

beachten mittlerweile auch Rating-Agenturen bei ihren Anlageempfehlungen. Die kontinuierlich steigende Nachfrage nach Fonds, die ausschließlich in sozial engagierte Unternehmen investieren, zwingt selbst das einflussreiche Wertpapierhaus Merrill Lynch, sich mit Diversity auseinanderzusetzen.[114]

Die Wirtschaftsethik, aus dem Bereich der angewandten Ethik, ist eine Subdisziplin der Sozialethik.[115] Sie wirft vor allem Fragen der Gerechtigkeit, insbesondere der Verteilungsgerechtigkeit auf. Die Wirtschaftsethik sollte als Ergänzung zur ökonomischen Vernunft gesehen werden, die sich auf profitorientiertes Handeln stützt. So sollten in erster Linie nicht nur ökonomische Überlegungen angestellt werden, um möglichst viel Geld zu verdienen oder zu sparen, sondern auch der Nutzen bzw. die moralischen Werte für die Menschen Beachtung finden.

Um Wirtschaftsethik in das Unternehmen einzubinden, werden Handlungsmaxime gebildet, die in so genannte ethischen Unternehmenszielen zum Tragen kommen. Mit Hilfe dieser Ziele sollen vor allem das ökonomische Handeln des Unternehmens legitimiert, gleichzeitig aber auch die ökonomischen Ziele unterstützt werden. Es ist fraglich, ob der Einzug der Ethik in die Wirtschaft, der seine Anfänge bereits im 20. Jahrhundert genommen hatte, moralische Gründe bzw. Absichten hat oder eher als Unterstützung der ökonomischen Vernunft und somit der Profitmaximierung gesehen wird. Managing Diversity stellt nach Ansicht der Autoren ein Management-Werkzeug dar, das die Spannbreite von Ethik und Gewinnmaximierung füllt und deren Zuordnung noch längst nicht ausdiskutiert ist. Für Johannes Paul II.[116] war der Gewinn nicht der einzige Faktor, der etwas über den Zustand des Unternehmens aussagt, denn hierzu kommen andere menschliche und moralische Faktoren, die auf lange Sicht ebenso entscheidend sind für das Leben und Überleben des Unternehmens.

Schließlich gewinnen Unternehmen, die einen besseren Ruf bzgl. Diversity Management genießen, Vorteile auf dem Arbeitsmarkt. In Broschüren, wie

114 Steppan, R., Diversity makes good business sense, in: Personalführung, 5/99, S. 5.

115 Thurnherr, U., a.a.O., S. 91 ff.

116 Johannes Paul II, Centesimus Annos, Sekretariat der Deutschen Bischofskonferenz, Bonn, 1991, S. 35.

z. B. „Die 100 besten Arbeitgeber" werden Unternehmen empfohlen, die die Grundsätze der Chancengleichheit in ihrer Unternehmenskultur verankert haben. Unternehmen, die erfolgreich Diversity Management betreiben, haben also auch Wettbewerbsvorteile bei der Rekrutierung von qualifizierten Mitarbeitern.

2.3.1 Trend zur Wirtschaftlichkeit

Die Autoren sind sich einig, dass die Themen Internationalisierung und Globalisierung nicht die Hauptthemenfelder für die Unternehmen Caritas und AOK sind, da beide Unternehmen einen extrem starken nationalen Bezug haben. Dafür ist das Thema „Trend zur Wirtschaftlichkeit" und der Wandel zu einem sozialen und betriebswirtschaftlich handelnden Dienstleister, den beide Unternehmen derzeit durchleben, umso aktueller.
Der Wertewandel in der Gesellschaft wird auf Dauer aus den traditionellen Empfängern sozialer Dienstleistungen mündige Konsumenten mit entsprechendem Nachfragepotenzial bilden. Diese Kunden erwarten zu Recht ein auf ihre Wünsche und Erwartungen hin zugeschnittenes Angebot an sozialen Dienstleistungen.
Ohne erfolgreiches Wirtschaften können Sachziele nicht oder nur eingeschränkt realisiert werden. Da Non-Profit-Organisationen fast ausschließlich im Dienstleistungsbereich agieren und gerade dort die Mitarbeiter die eigentlichen Produzenten des betrieblichen Erfolgs sind, kommt dem Management eine zentrale Bedeutung zu.
Die Diskussion um Management in sozialen Non-Profit-Organisationen sollte sich nicht ausschließlich auf die Wirtschaftswissenschaften bzw. die Betriebswirtschaftslehre beschränken, denn die Besonderheiten eines Managements in solchen Einrichtungen machen es notwendig, den Blick auch auf andere Formen des Wirtschaftens zu richten. Die Rede ist von einer lokalen Ökonomie, von Formen des ökonomischen Handelns jenseits des herrschenden Marktes und seiner Funktionsweisen.[117]

117 Bader, C., Der kleine große Unterschied – zu den Besonderheiten des Managements von Non-Profit-Organisationen, in: Sozialmagazin, 27. Jahrgang. 11/2002, S. 22.

Obwohl soziale Arbeit prinzipiell andere Ziele verfolgt und verfolgen muss, als das Verhältnis von Kosten und Ertrag zum absoluten Kriterium ihres Tuns zu erheben, lassen sich dennoch klar die Kosten dieses Prozesses darstellen und die Resultate bewerten. Es müssen Steuerungsmechanismen für ein Management in Non-Profit-Organisationen auf der Basis von ökonomischen Überlegungen entwickelt werden, die die Eigentümlichkeiten sozialer Arbeit berücksichtigen. Erreicht werden müsste, dass im Non-Profit-Bereich künftig nicht mehr bevorzugt Betriebswirte für die Leitungsfunktionen gesucht würden, sondern die Fach- und Leitungskräfte sich aus den sozialwissenschaftlichen Disziplinen herausbilden. Betriebswirtschaftler und Sozialarbeiter sprechen unterschiedliche Sprachen, so dass es organisationsintern zu kulturellen Problemen und Konflikten kommen kann. Wünschenswert ist eine Grundausbildung im Bereich der Sozialarbeit und ein folgendes sozialwirtschaftliches Sozialmanagement-Aufbaustudium, wie beispielsweise die postgradualen Bachelor- und Masterstudiengänge „Sozialmanagement/Sozialwirtschaft“, die berufsbegleitend studierbar sind.[118]

Themen wie Diversity müssten nach Auffassung der Autoren fester Bestandteil dieser Studiengänge sein, um eine Sensibilisierung vorzunehmen und Grundwissen zu vermitteln.

2.3.2 Wettbewerb

Wie nachfolgend am Beispiel von AOK und Caritas ausgeführt, ist das Thema Wettbewerb keineswegs nur ein Thema für Aktiengesellschaften oder privatwirtschaftliche Unternehmen, sondern auch für Non-Profit-Organisationen.

2.3.2.1 AOK zwischen Sozialpolitik und Wahlfreiheit

Durch die Einführung der Wahlfreiheit zum 01.01.1996 im Zusammenhang mit dem Gesundheitsstrukturgesetz kann jeder Versicherte (Versicherungspflichtige und Versicherungsberechtigte) seine Krankenkasse

118 Schwarz, G., Anforderungen an die Ausbildung, in: Sozialmagazin, 27. Jahrgang. 11/2002, S. 34.

frei wählen. Damit wurde der Wettbewerb zwischen den gesetzlichen Krankenkassen drastisch verschärft. Mehr denn je braucht die AOK ein eigenständiges, unverwechselbares Profil, mit dem sie sich von der Konkurrenz abgrenzen und auf dem Markt behaupten kann.[119]
Nach dem Willen des Gesetzgebers hat der Wettbewerb auf folgenden Wettbewerbsfeldern zu erfolgen:[120]

- Innovations- und Qualitätswettbewerb (Gesundheitsförderung/Krankheitsverhütung)
- Vertragswettbewerb
- Servicewettbewerb
- Beitragssatzwettbewerb

Im Bereich des Vertragswettbewerbs herrschen derzeit in den meisten Feldern noch monopolistische Zustände, die einen Wettbewerb kaum oder nur eingeschränkt zulassen. Der Kostendruck hinsichtlich des Beitragssatzwettbewerbs zwingt die gesetzlichen Krankenkassen dazu, Kosten einzusparen.
Außerdem sind aufgrund der unterschiedlichen Versichertenstrukturen nach wie vor Wettbewerbsverzerrungen vorhanden. Also spielt sich der Wettbewerb hauptsächlich in den anderen Bereichen ab.
In positiver Hinsicht hat der Wettbewerb dazu geführt, dass die Krankenkassen große Anstrengungen in Bezug auf Aufklärung und Information auch in Zusammenhang mit der Krankheitsverhütung und der Gesundheitsvorsorge unternommen haben. Der Gesetzgeber hat dies mit entsprechenden Vorschriften unterstützt.[121]
Zur unternehmenspolitischen Strategie der AOK gehört es deshalb, mit qualitativ hochwertigen Angeboten die Bedürfnisse der Versicherten zu erfüllen und damit Präferenzen für die AOK zu erzeugen.
Intensivierter Wettbewerb zwischen den Krankenkassen bedeutet in erster Linie verschärfte Konkurrenz um Versicherte. Die Unternehmenspolitik der

119 Eberle, G., a.a.O., S. 8.
120 Siehe Gesetzesbegründung zum Gesundheitsstrukturgesetz 1993.
121 Marburger, H., Öffentlichkeitsarbeit der Krankenkassen, Sankt Augustin, 1992, S. 13.

AOK richtet sich deshalb konsequent an den Präferenzen der Kunden aus. Die meisten Innovationen in der gesetzlichen Krankenversicherung wie z. B. Hausarztmodell, Integrierte Versorgung und Praxisnetze sind dem Wettbewerb und dem Druck der Budgetierung zu verdanken.[122]

Die Wettbewerbsorientierung der gesetzlichen Krankenkassen bietet sowohl Risiken als auch Chancen. In der Innovationsfreudigkeit des Wettbewerbs liegen die Chancen, die sich auch gesundheitspolitisch nutzen lassen. Das Risiko liegt in der Entsolidarisierung und in dem Kampf um „junge und gesunde" Mitglieder. Der heutige verzerrte Wettbewerb führt vor allem dazu, dass die so genannten guten Risiken unter den Versicherten umworben werden. Insgesamt kommt es dadurch zu einer unwirtschaftlichen Verwendung der Beiträge der Versicherten.

Das Spannungsfeld zwischen Sozialpolitik und Wettbewerb beherrscht die Kernbereiche der gesetzlichen Krankenversicherung. Ein reiner Wettbewerb ist mit dem Solidaritätsgedanken der gesetzlichen Krankenversicherung und mit dem grundgesetzlich garantierten Sozialstaatsprinzip nicht zu vereinbaren.[123]

Krankenkassen sind Dienstleistungsunternehmen, deren Ziel die Vergrößerung des Marktanteils ist. Diese Auffassung steht nicht im Widerspruch zum gesetzlichen Auftrag (Aufklärung, Beratung, Auskunft). Je größer und finanzkräftiger die jeweilige Versichertengemeinschaft ist, desto sicherer bzw. unproblematischer ist die Erfüllung des gesetzlichen Auftrages der Leistungserbringung.[124]

Nachdem auch die Mitarbeiter ein wichtiger Wettbewerbsfaktor sind, werden in der AOK Bayern große Anstrengungen im Bereich der Personalentwicklung unternommen, wie die einheitliche Einführung eines Förder- und Beurteilungswesens, Mitarbeiterbefragungen, Nachwuchsführungskräfteentwicklung und strukturierte Seminarkonzeptionen.

122 Friedrich Ebert Stiftung, Wettbewerb der Krankenkassen, Bonn, 1995, S. 29.

123 AOK Bundesverband, AOK-Positionen zur grundlegenden Erneuerung des Gesundheitswesens, Bonn, 1992, S. 31.

124 Marburger, H., a.a.O., S. 28.

2.3.2.2 Caritas zwischen Barmherzigkeit und Ökonomie

Enorme Kirchensteuerausfälle sind für die nächsten Jahre vorhergesagt. Die staatlichen Zuschussmodelle für Kirche und Soziales versiegen. Die Mitglieder der Kirchen und Kunden der kirchlichen Sozialorganisationen entwickeln ein immer höheres Anspruchsdenken – zunehmende Säkularisierung in fast allen Lebensbereichen und veränderte Normen und Werte der Menschen wirken auf Kirche und Religiosität ein. Fehlende Mitarbeiter und Nachwuchsmangel werden sich aufgrund der nun kommenden geburtenschwachen Jahrgänge extrem verschärfen.

Dieser Veränderungsprozess ist weitreichend und tiefgreifend und bedeutet auch eine Neubestimmung und Neubesinnung. Hinterfragt werden harte Faktoren wie Organisation, Rechtsformen, Rechnungswesen, Controlling und ebenso weiche Gestaltungselemente wie Leitbild, Moral, Ethik, Menschlichkeit und Führung.

Ein Management des Stillstands ist nicht mehr möglich. Vielmehr wird ein verändertes Management und Denken benötigt, damit sich Sozialbetriebe aus eigener Kraft den neuen geforderten Ansprüchen stellen können, statt zum Spielball von extern gesteuerten Veränderungen zu werden.[125]

Caritas-Organisationen unterliegen der besonderen Herausforderung und Chance, dass sie neben den wirtschaftlichen Vorgaben auch einer christlichen Unternehmensethik[126] verpflichtet sind. Ein Patentrezept, wie der „Königsweg“ zwischen dieser Barmherzigkeit und Ökonomisierung aussieht, kann nicht ausgestellt werden. Sicher ist jedoch, dass eine Barmherzigkeit ohne Ökonomie auf Dauer nicht realisierbar ist und eine Ökonomie ohne Barmherzigkeit dem kirchlich-sozialen Gedanken widerspricht. Der spezifische Charakter kirchlicher Einrichtungen könnte, etwa im Sinne eines besonderen Qualitätsmerkmals[127], als ein Wettbewerbsvorteil eingebracht werden. Nimmt man den Bekanntheitsgrad der Caritas, die jahrzehntelange Erfahrung in der Entwicklung, Konzeption und Bereitstellung

125 Decker, A., u.a., Organisations- und Personalentwicklung in Sozialbetrieben, Heidelberg, 2002, S. 4.

126 Meier-Gerlich, G., Organisationstheologie und Caritatives Management, Trier, 2001, S. 64 f.

127 Die Träger und deren Einrichtungen und Dienste sind zukunftsfähig, wenn sie bewusst das christliche Profil verdeutlichen und stärken und dieses ausdrücklich als Qualitätsmerkmal hervorheben. Batkiewicz, R., u.a., Zukunft und Identität der Caritas im Markt, in: Deutscher Caritasverband (Hrsg.), Caritas 2003 – Jahrbuch des Deutschen Caritasverbandes, Freiburg, 2002, S. 50.

sozialer Dienste und in der religiösen Betreuung durch Pfarrer, Diakone oder der große Anteil der ehrenamtlich Engagierten in diesen Diensten hat, ist das Gewicht auf den kirchlich-christlichen Wettbewerbsfaktor erkennbar – ein christlicher Mehrwert wird deutlich.
Die Herausforderungen einer steigenden Qualität zum halben Preis können die sozialen Organisationen nur meistern, wenn sie den Schritt hin zu mittelständischen Unternehmen mit modernem Management gehen. Unabhängig von staatlichen Regelungen wird die Wirtschaftlichkeit der Einrichtungen in Zukunft von der eigenen Leistungsfähigkeit abhängig sein. Die Rolle der Mitarbeiter wird sich in Zukunft verändern und das Bewusstsein schärfen, dass Menschen tatsächlich das zentrale Unternehmenskapital – das wichtigste Gut eines Unternehmens – sind. Sie bedürfen einer sorgfältigen Betreuung, denn nur dann fühlen sie sich toleriert, akzeptiert und angenommen und können ihr Leistungsoptimum einbringen.
Insgesamt verspricht Diversity Management eine Reihe von Vorteilen, die vor allem auch zum ökonomischen Erfolg von Unternehmen, also auch von Non-Profit-Unternehmen, beitragen können. Das Vorhandensein einer vielfältig zusammengesetzten Belegschaft allein bringt allerdings noch keinen dieser Wettbewerbsvorteile.

2.4 Stereotype, Vorurteile und Diskriminierungen

Die Reihenfolge der Überschrift soll ausdrücken, dass Vorurteile oftmals auf Stereotypen basieren bzw. aus ihnen entstehen und zu Diskriminierungen führen können.
Vorurteile, Stereotype und Diskriminierungen sind soziale Abgrenzungsmechanismen, die in zahlreichen Gemeinschaften täglich zum Ausdruck kommen. Sie sind ausgesprochen menschlich oder natürlich, insoweit sie vor allem im Rahmen der Erziehung und Sozialisation entstehen.[128]
Stereotyp ist die Bezeichnung eines Denkens und Verhaltens nach feststehenden Orientierungen, die häufig zu Vorurteilen, Starrheit und Vereinfachung bei der Beurteilung von Personen oder Sachen führen.[129]

128 Stuber, M., Diversity. Das Potenzial von Vielfalt nutzen – den Erfolg durch Offenheit steigern, München, 2004, S. 88.

129 Ebenda, S. 89.

Der Begriff „Stereotype“[130] lässt sich am besten anhand des Themas „Geschlecht“ erläutern. Stereotypische Ansichten haben z. B. einen großen Einfluss darauf, wie ein Verhalten bzw. eine Leistung bewertet wird.
Ein Beispiel soll die geschlechtsspezifische Einstellung und Verhaltensweisen von Frauen und Männern aufzeigen.[131]

Geschlechtsspezifische Einstellungen/Verhaltensweisen		
Einstellungen/ Verhalten	**Frauen**	**Männer**
Kommunikationsverhalten	offen, wortgewandt, mit hohem Bezug auf den Kommunikationspartner.	kontrolliert, wortärmer, mit wenig Bezug auf die Interessen des Kommunikationspartners, insbesondere, wenn es sich um Frauen handelt.
Machtorientierung	Macht- und Autoritätsansprüche eher abhängig von der Kompetenz.	erhebt Macht- und Führungsansprüche, sobald es die Funktion oder der/die Partner/in erlaubt.
Gruppenorientierung	teamorientiert, kooperationsorientiert.	strukturiert, hierarchieorientiert.
Flexibilität	geringe Flexibilität (kurzfristig betrachtet), bezogen auf grundlegende und langfristige Situationen, hohes Flexibilitätsvermögen, wenn es im eigenen Interesse liegt.	relativ hohe kurzfristige Flexibilität, wenn dies dem Interesse offensichtlich entgegen kommt; bzgl. grundlegender Werte geringere Fähigkeit umzudenken und Verhalten zu ändern, auch wenn es langfristig im eigenen Interesse läge.

Abbildung 6: Geschlechtsspezifische Einstellungen und Verhaltensweisen
Quelle: Barfi, N., u.a., a.a.O., Online in Internet: http://www.wu-wien.ac.at [24.11.2004].

130 Stereotype stellen verbreitete und allgemeine Annahmen über die relevanten Eigenschaften einer Personengruppe dar. Alfermann, D., Geschlechterrollen und geschlechtstypisches Verhalten, Stuttgart, Berlin, 1996, S. 9.

131 Barfi, N., u.a., Gleichstellung im Unternehmen, Frauen auf dem Weg an die Spitze, Online in Internet: URL: http://www.wu-wien.ac.at [24.11.04].

Geschlechtsstereotype Vorurteile hindern Frauen daran, hohe Positionen im Unternehmen einzunehmen. Männer werden eher mit erfolgsorientierten Eigenschaften beschrieben (aggressiv, energisch, unabhängig, entscheidungsfreudig) – Frauen eher mit sozialorientierten Eigenschaften (freundlich, hilfsbereit, sympathisch, besorgt).
Aus den Eigenschaften, mit denen die Geschlechter beschrieben werden, lassen sich die Verhaltensweisen ableiten, die sie zeigen sollen. Die typische Führungskraft ist immer männlich und wird mit typisch männlichen Eigenschaften beschrieben (unter anderem leistungsorientierte Aggressivität) – bei Frauen werden diese Eigenschaften negativ bewertet.
Für diese Theorie spricht nach Meinung der Autoren auch, dass die Managementlehre und -praxis zu über 90 Prozent männlich dominiert wird, Beförderungsentscheidungen im Personalbereich überwiegend von Männern gefällt werden und traditionelle Erwartungen an eine Frau nicht den Erwartungen an eine Führungskraft entsprechen.
Die Regeln und Denkschemata, nach denen die Mehrzahl der Frauen ihre Handlungen, Erfolge und Misserfolge bewertet, orientieren sich bis heute an den Vorstellungen und Erwartungen über Geschlechterrollen – ungeachtet aller gesellschaftlichen Veränderungen. So werden alte Schematisierungen verfestigt und gängige Vorurteile mittels Theorie konserviert, auch wenn bei Jüngeren ein Umbruch und Wandel dieser polaren Stereotypisierung sichtbar ist.[132]
Stereotype werden oft als ungenau, falsch und unangemessen betrachtet und erfüllen damit den Tatbestand eines Vorurteils, was eine negative Einstellung gegenüber Personen einer sozialen Kategorie aufgrund ihrer Zugehörigkeit zur Kategorie bedeutet. Dies bildet den Boden für zahlreiche Formen der Diskriminierung.[133]

132 Linde, L., Frauen im Management, Stuttgart, 1999, S. 41.

133 Eckes, T., Geschlechterstereotype: Frau und Mann in sozialpsychologischer Sicht, Pfaffenweiler, 1997, S. 21 ff.

„Wo Vorurteile herrschen,
kann sich keine Geistesfreiheit entfalten“.

Ottmar Capellmann[134]

Ein Vorurteil ist eine relativ starre und meist von zahlreichen Menschen positive oder negative Meinung ohne objektive Prüfung. Es gibt demnach positive oder negative Vorurteile, wobei die erstgenannte Form von geringerer sozialer Brisanz ist. Sie sind häufig aus den Normen einer Gruppe abgeleitet, die den Umgang mit Mitgliedern einer Außengruppe betreffen. In unserer heutigen komplexen Gesellschaft setzen Vorurteile häufig an bestehenden Stereotypen an.[135]

Unter Diskriminierung versteht man die soziale Ungleichbehandlung bzw. Benachteiligung anderer Menschen durch Verhaltensweisen und Einstellungen. Objekte sozialer Diskriminierungen sind vor allem soziale Minderheiten, z. B. bestimmte Rassen und Hautfarben, Frauen, religiöse Glaubensgemeinschaften. Diskriminierungen beruhen oft auf Vorurteilen und dienen der Erniedrigung anderer, um sich selbst zu erhöhen.[136]

Obwohl Vorurteile und Stereotype als Teil des Erziehungsprozesses entstehen und andererseits zur Strukturierung des Alltags hilfreich sind, werden sie von vielen strikt abgelehnt. Dennoch sind sie in der Realität ständig vorhanden und bestimmen wesentlich mit, wer nicht in eine Organisation oder Gemeinschaft aufgenommen wird. Sie bilden unausgesprochene Regeln, die in der Generalisierung früherer Erlebnisse, also einer Art Lerneffekt beruhen. Insoweit sind sie verständlich. Andererseits führen sie bewusst und unbewusst zu Aus- oder Abgrenzungen, die als Schutzmechanismen für sich selbst dienen. An diesem Punkt erscheint es entscheidend, dass existierende Vorurteile kritisch hinterfragt werden, da sie sonst dazu führen, dass Monokulturen entstehen bzw. gefestigt werden oder Menschen aufgrund ihres Andersseins diskriminiert werden.[137]

134 Cappelmann, O., zitiert in: Fichtl, G., Zitate für Beruf und Karriere, Planegg, 2001, S. 85

135 Stuber, M., Diversity. Das Potenzial von Vielfalt nutzen – den Erfolg durch Offenheit steigern, München, 2004, S. 89.

136 Ebenda, S. 88.

137 Ebenda, S. 89.

Der Abbau von persönlichen Vorurteilen trägt wesentlich zur Entstehung einer Diversity-Kultur und einer Diversity-Organisation bei.

2.5 Merkmale von Diversity

Das Diversity-Konzept umfasst nicht nur den fairen Umgang mit ausländischen Beschäftigten oder allein erziehenden Vätern. Es geht darum, generell jedem Menschen mit Offenheit gegenüber zu treten und Unterschiede als Bereicherung für das eigene Unternehmen zu verstehen.[138]
Im Vertrag zur Gründung der Europäischen Gemeinschaft ist in Artikel 13 folgendes geregelt:[139] Unbeschadet der sonstigen Bestimmungen dieses Vertrags kann der Rat im Rahmen der durch den Vertrag auf die Gemeinschaft übertragenen Zuständigkeiten auf Vorschlag der Kommission und nach Anhörung des Europäischen Parlaments einstimmig geeignete Vorkehrungen treffen, um Diskriminierungen aus Gründen des Geschlechts, der Rasse, der ethnischen Herkunft, der Religion oder der Weltanschauung, einer Behinderung, des Alters oder der sexuellen Ausrichtung zu bekämpfen.

Abgeleitet aus diesen Diskriminierungen werden in der Literatur am häufigsten folgende *Merkmale/Erscheinungsformen/Kerndimensionen* von Diversity genannt:

- Geschlecht
- Alter
- Nationalität und ethnische/kulturelle Prägung
- Behinderung/körperliche und geistige Befähigung
- Religionszugehörigkeit/religiöse Glaubensprägung
- Sexuelle Orientierung

138 Die Kraft der Vielfalt, Online in Internet: URL: http://www.vorgesetzter.de/themen-a-z/emotionale-intelligenz/topnews04372.html [07.01.05].

139 Vertrag zur Gründung der Europäischen Gemeinschaft, EGV, Online in Internet: URL http://europa.eu.int/comm/employment_social/equ_opp/treaty_de.html#13 [10.01.05].

Abbildung 7: Kerndimensionen und Vielfalt von Diversity nach Ungleich Besser Diversity Consulting

Daneben gibt es noch Dimensionen mit weiterreichenden Faktoren, die als *Diversity-Aspekte* betrachtet werden können, wie z. B.: Herkunft, Werte, Familienstand, Bildung, Sprache, Hierarchie, Fachkompetenz, Lebenserfahrung, Einkommen, Denkweisen und Kultur. Weiteren Erscheinungsformen sind keine Grenzen gesetzt. In Anlehnung an die beiden Wissenschaftler Miliken und Martins kategorisieren Payvand Sepehri und Dieter Wagner in wahrnehmbare und kaum wahrnehmbare *Diversity-Kriterien.* Eine andere Unterscheidung erfolgt nach primären und sekundären Dimensionen.[140]

140 Sepehri, P., u.a., Managing Diversity – Eine empirische Bestandsaufnahme, in: Personalführung 7/2000, S. 56.

Ein Unternehmen muss klären, aus welchen Gründen es Diversity Management für notwendig hält. Je nach Sichtweise über Sinn und Zweck von Heterogenität im Betrieb werden unterschiedliche Merkmale in den Mittelpunkt treten.

2.5.1 Geschlecht

Der kleine Unterschied, korrekter: geschlechtsspezifische Unterschiede zwischen Männern und Frauen beschäftigen die Menschheit seit Jahrhunderten. Er ist Gegenstand hochwissenschaftlicher Abhandlungen, populärwissenschaftlicher Werke und platter Witze. Nachdem Unterschiede in den Geschlechtern in den 70er Jahren aus ideologischen Gründen heruntergespielt wurden, geschieht zur Zeit das Gegenteil. Bücher wie „Warum Männer nicht zuhören und Frauen schlecht einparken" oder „Männer sind anders, Frauen auch" erreichen Spitzenplätze auf den Bestsellerlisten. Unterschiede gibt es tatsächlich. Im Verhalten, in der Hirnstruktur, in der Vernetzung der Hirnzellen, in der biologischen Prägung, im Hormonhaushalt und in vielen anderen Bereichen mehr. Meist liegt ein biologischer Sinn in diesen Unterschieden. Es ist gut darüber etwas zu wissen, um eigene Stärken und Schwächen besser erkennen zu können und vor allem, um dem anderen Geschlecht mit mehr Verständnis entgegen zu treten.[141]

Im Grundgesetz in Artikel 3 sind die Rechte von Frauen geregelt:[142]
Abs. (1) Alle Menschen sind vor dem Gesetz gleich.
Abs. (2) Männer und Frauen sind gleichberechtigt.
Der Staat fördert die tatsächliche Durchsetzung der Gleichberechtigung von Frauen und Männern und wirkt auf die Beseitigung bestehender Nachteile hin.
Kinder und Beruf sind für Frauen in Deutschland nach wie vor nur schwer unter einen Hut zu bekommen. Die Gründe hierfür sind mannigfaltig:

141 Schneider, R., Chefarzt an der Neurologischen Klinik in Aschaffenburg, in: Vorträge, Gespräche und Diskussionen zu interessanten Themen aus dem Gesundheitswesen und der Altenhilfe, Broschüre, 2004.

142 Grundgesetz, Online in Internet: URL: http://www://bundesrecht.juris.de/bundesrecht/gg/art_3.html [24.11.04].

fehlende Betreuungsmöglichkeiten für den Nachwuchs, starre Arbeitszeitmodelle und ein oft fehlendes Bewusstsein in der Wirtschaft für den Faktor Familie. Die Vereinbarkeit von Familie und Beruf ist kein Frauenthema mehr, sondern eine Frage unseres gesellschaftlichen Überlebens. Die Folgen – vom ausblutenden Arbeitsmarkt über die nachlassende Wirtschaftskraft bis hin zu den kollabierenden Sozialsystemen – sind bekannt.[143] Wir brauchen sowohl mehr Kinder als auch mehr Frauen, die dem Arbeitsmarkt zur Verfügung stehen.

Mehr Beschäftigungsmöglichkeiten für Frauen, weitere Aufstiegschancen sowie mehr Möglichkeiten, Beruf und Familie zu vereinbaren, sind nicht mehr nur Forderungen von Frauenverbänden und Gewerkschaften. So wurde auch seitens der Arbeitgeber die Förderung von Chancengleichheit „als wichtige Aufgabe betrieblicher Personalpolitik" gesehen (Bundesvereinigung der Arbeitgeberverbände 1989, Vereinbarung zwischen der Bundesregierung und den Spitzenverbänden der Wirtschaft 2001).[144]

Soweit die Theorie – interessant ist die praktische Umsetzung. Einer Unternehmensbefragung im Auftrag des DGB und der Hans-Böckler-Stiftung[145] nach, wurde die Vereinbarung der Bundesregierung und der Spitzenverbände der deutschen Wirtschaft zur Förderung der Chancengleichheit völlig unzureichend umgesetzt. In knapp drei Viertel der 500 befragten Unternehmen liegt der Frauenanteil nach wie vor unter 40 Prozent. Gleiches gilt für Frauen im Management in Positionen mit Personalverantwortung und Weisungsbefugnis. Auch hier bleibt es in sieben von zehn Unternehmen bei einem Frauenanteil von 15 Prozent. Darüber hinaus zeigt die Studie, dass mehr als 70 Prozent der Betriebe keine weiteren Maßnahmen zur Förderung der Chancengleichheit planen. Die Vereinbarung droht damit zu verpuffen. Bezeichnend ist auch, dass nur ein Achtel der befragten Unternehmen von den Wirtschaftsverbänden über die Vereinbarung informiert worden ist.

143 Klugkist, T., Das doppelte Versagen, in: quip 01/2004, S. 9.

144 Belinszki, E., u.a., Diversity Management, Best Practices im internationalen Feld, Münster, 2003, S. 79 f.

145 mi-st Diversity-Consulting (Hrsg.), Diversity-Newsletter 02, Köln, Juli 2004, S. 7.

Deutschland verfügt über ein großes Potenzial gut ausgebildeter weiblicher Arbeitskräfte, deren schulische und berufliche Qualifikation häufig besser sind als die ihrer männlichen Altersgenossen. Hierzu einige Daten: 50,6 Prozent aller Studienanfänger, 56,7 Prozent der Gymnasialabsolventen, 51,6 Prozent der Realschulabsolventen und 42,6 Prozent der Hauptschulabsolventen sind Frauen. Doch spiegelt sich dieses Qualifikations- und Leistungspotenzial in der Beschäftigung nicht adäquat wieder. Arbeitgeber sollten stärker als bisher Frauen in das Arbeitsleben integrieren, ihnen faire Karrierechancen bieten und ihre Potenziale voll nutzen. Bisher sind in Deutschland gerade 11 Prozent Frauen in Führungspositionen, im Topmanagement sind ca. 1 Prozent Frauen vertreten.[146]

In der täglichen Praxis, d. h. für Frauen in Unternehmen, bedeutet Diversity, dass man qualifizierte und kompetente Frauen stärker in Führungsaufgaben einsetzt, um eine neue Sichtweise, ein anderes Verhalten und mehr Emotionen einzubeziehen, die der Unternehmensentwicklung förderlich sind. Diversity öffnet Frauen eine weitere Tür, ihr „Anderssein" muss nicht versteckt werden, es wird gezielt gesucht und genutzt, weil es eine spezielle Erfahrungswelt und einen eigenen Blickwinkel integriert. Diversity darf von Frauen nicht als Forderung missbraucht werden, sondern soll den Unternehmen als Chance vermittelt werden, effektiver zu arbeiten und schneller am Markt zu reagieren.[147]

Die deutsche Tochter des Pharmaunternehmens Lilly[148] bekommt im Wettbewerb „Great Place to Work Deutschland" in diesem Jahr den Sonderpreis „Chancengleichheit der Geschlechter". Ein Grund dafür ist die Nachfolgeregelung: Führungskräfte sind aufgefordert, konsequent weibliche Nachwuchspotenziale zu benennen. Frauen stellen mittlerweile in den ersten beiden Führungsebenen mehr als 20 Prozent des Personals.

Im ganzen gesehen hat sich der Anteil von Frauen in Führungspositionen in Deutschland zwar leicht verbessert, zu gravierenden strukturellen Änderungen ist es aus der Sicht der Autoren bislang aber noch nicht gekommen. Eine

146 Ebenda, S. 7.

147 Schmitz, C., Diversity – Vielfalt als Unternehmensprinzip, Köln, 2002, S. 61.

148 Fröhlich, A., u.a., Die besten Arbeitgeber, in: Capital Nr. 4/2005, S. 57.

mögliche Ursache liegt hier in der nach wie vor bestehenden traditionellen Vorstellung über Aufgabenverteilung zwischen Frauen und Männern und den männlich strukturierten Karrierenormen.
Im Bereich der personalwirtschaftlichen Systeme und Instrumente ist nach Ansicht der Autoren auch noch genügend Spielraum für Handlungsmöglichkeiten, beispielsweise Beurteilungssysteme, Arbeitszeitsysteme (Telearbeit), Gehaltsanreize und Sozialleistungssysteme. Welchen Weg ein Unternehmen wählt, um sich mit den Fragen des fairen Miteinanders von Frauen und Männern zu befassen, hängt letztlich mit der jeweiligen Unternehmenskultur zusammen. Insgesamt sind sicherlich noch große Optimierungspotenziale gegeben, hauptsächlich in Bezug auf die Verbesserung der strukturellen Rahmenbedingungen für Frauen.
Erwähnenswert ist hier die Organisation „Total-E-Quality", die Unternehmen, Wissenschaftsbetriebe und öffentliche Verwaltungen für eine an Chancengleichheit ausgerichtete Personalpolitik mit einem Prädikat auszeichnet.

2.5.1.1 Total-E-Quality

Bisher wurden mehr als 90 Organisationen mit fast zwei Millionen Mitarbeitern für ihre an Chancengleichheit orientierte Personalpolitik ausgezeichnet. Dieser Weg erscheint richtig und Erfolg versprechend.[149]
Für die Realisierung von Chancengleichheit ist es von großer Bedeutung, im Reformprozess frühzeitig Strategien zu integrieren. Total-E-Quality bietet ein aussagekräftiges Instrument, um den Grad von Chancengleichheit in den Handlungsfeldern einer Organisation zu überprüfen. Untergliedert in die sieben Kriterien oder Aktionsfelder eignet es sich gleichzeitig als Leitfaden, um die *Genderperspektive*[150] in den einzelnen Handlungsfeldern einzubringen:[151]

149 Rühl, M., a.a.O., S. 63.

150 Soziales Geschlecht (gender). Mit Gender werden gesellschaftlich, religiös und kulturell geprägte Rollen, Rechte, Pflichten, Ressourcen und Interessen von Frauen und Männern bezeichnet.

151 Mit Total E-Quality zum Gender Mainstreaming, Online in Internet: URL: http://www.total-e-quality.de/teq/files/66/de/news_7.pdf [24.11.04].

- Beschäftigungssituation von Frauen
- Personalbeschaffung, Einstellung, Nachwuchsförderung
- Personalentwicklung und Weiterbildung
- Vereinbarkeit von Familie und Beruf
- Partnerschaftliches Verhalten am Arbeitsplatz
- Institutionalisierung von Chancengleichheit
- Chancengleichheit als Unternehmensphilosophie und Ziel innovativer Managementstrategie

Um die in der betrieblichen Praxis mittelbar oder unmittelbar bestehenden Hemmnisse zu überwinden, wurden vom überwiegenden Teil der prämierten Betriebe Maßnahmen institutionalisiert, um die faktische Umsetzung von Chancengleichheit bei der Personalrekrutierung und damit den produktiven Personaleinsatz zu fördern.
Durch Überprüfung und Neuorientierung der auf männliche Karrieren zugeschnittenen Auswahlkriterien (z. B. Entmystifizierung von Dienstalter), Schulung von Beurteilern mit revidierten Prüfkatalogen (gender training) und Einrichtung von *Assessmentcentern*[152] sowie mit Hilfe paritätisch besetzter Personalauswahlkommissionen schneiden Frauen erfolgreicher als vorher ab. Bei den analysierten Großbetrieben hat sich gezeigt, dass die dauerhafte Umsetzung personalpolitischer Unternehmensziele und die Umgehung innerbetrieblicher Widerstandspotenziale erfolgreich war, wenn die an Chancengleichheit orientierte Personalpolitik vom Management aktiv mitgetragen und nach unten verbindlich weitergegeben, die personalpolitischen Aktivitäten durch betriebliche Vereinbarungen oder Leitlinien institutionalisiert und eine dafür verantwortliche Stabsstelle eingerichtet wurde.[153]
Neben der Wirkung betrieblicher Personalpolitik für die Erschließung neuer Mitarbeiterpotenziale, geht auch ein Teil der prämierten Unternehmen von externen Effekten für die Nachfrage ihrer Produkte oder Dienst-

152 (engl.) psychologisches Testverfahren, Einstufungstest. Duden – Das Fremdwörterbuch, Software, a.a.O.

153 Belinszki, E., u.a., a.a.O., S. 88 ff.

leistungen aus. Dies sind derzeit vor allem kundenorientierte Betriebe im Weiterbildungsbereich sowie Unternehmen, die stark von öffentlichen Aufträgen abhängen. Aber auch Unternehmen mit überwiegend auf weibliche Verbraucher ausgerichteten Produkten nehmen die Personalpolitik in ihre Public-Relations[154]-Strategien auf.[155]

Diversity Management kann und soll Gleichstellungspolitik und Gender Mainstreaming ergänzen, nicht aber ersetzen. Insofern sollten diese Konzepte nicht als Alternativen diskutiert werden. Fruchtbar erscheint vielmehr, aus den Erfahrungen von Frauenförderung und Gleichstellungspolitik zu lernen, um diese Erfahrungen im Diversity Management zu nutzen und zusätzlich neue Wege zur Herstellung von Geschlechtergerechtigkeit zu entwickeln.[156]

Alle Diskussionen sind nur von theoretischem Wert, wenn sich nicht die Rahmenbedingungen ändern. Es reicht nicht aus, Karrierewege zu entwickeln und zu etablieren, wenn sie nicht den Wertesystemen und den Lebensbedingungen der Zielgruppe Frauen entsprechen. Karriere-orientierte Frauen haben erhebliche Herausforderungen bei der Vereinbarkeit von Beruf und Privatleben, der so genannten „Work-Life-Balance", zu bewältigen. Nachdem das Thema „Work-Life-Balance" immer mehr als Schlüsselbegriff in diesem Zusammenhang genannt wird, wollen die Autoren hier kurz auf diesen Begriff eingehen.

2.5.1.2 Work-Life-Balance

Work-Life-Balance reduziert Stress für Arbeitnehmer und führt so zu einer höheren Produktivität. Die Vereinbarkeit von Beruf und Freizeit sei damit nicht nur im Interesse der einzelnen Arbeitnehmer, sondern auch von strategischer Bedeutung für die Wirtschaft, so Irlands Premierminister Bertie Ahern[157], in seiner Rede zum Foundation Forum in Dublin. Work-Life-Balance soll ein Werkzeug sein, den Herausforderungen wie dem demogra-

154 (amerik.) „öffentliche Beziehungen", Öffentlichkeitsarbeit, Kontaktpflege. Duden – Das Fremdwörterbuch, Software, a.a.O.

155 Belinszki, E., u.a., a.a.O., S. 96.

156 Ebenda, S. 54 f.

157 mi-st Diversity-Consulting, Diversity-Newsletter 09, Köln, November 2004, S. 4.

phischen Wandel und einem Fachkräftemangel entgegenzutreten. Es soll den Anteil von Frauen sowie älteren und damit erfahrenen Arbeitnehmern am Arbeitsmarkt erhöhen.
Die Chancengleichheit von Frauen und Männern am Arbeitsplatz hat Tradition in der Schering AG[158], deren Frauenanteil bei ihren Beschäftigten bei 40 % liegt. Markante Schritte in Richtung Chancengleichheit waren die Einrichtung der betriebseigenen Kita in Berlin schon 1973, sowie die Betriebsvereinbarung zur Teilzeitarbeit 1984. Heute steht Chancengleichheit dafür, dass Rahmenbedingungen im Unternehmen so gestaltet werden, dass Mitarbeiter persönliche Chancen und Potenziale am Arbeitsplatz entfalten, verwirklichen und im Sinne einer gesunden Balance mit ihrem Privatleben verbinden können (Work-Life-Balance).
Schon der Ausdruck Work-Life-Balance an sich verdeutlicht die Zusammengehörigkeit von Arbeit und Leben. Nur wer das Leben in Balance lebt, kann die unzähligen Herausforderungen des Lebens und der Arbeit meistern.
Eine eindimensionale Sicht auf Beruf und Erfolg ist aus Sicht der Autoren problematisch. Das Leben eines Menschen ist dann ausgeglichen, wenn man keinen Lebensbereich auf Dauer vernachlässigt. „Leben um zu arbeiten" oder „Arbeiten um zu leben"? Den goldenen Mittelweg zu finden, wird immer schwieriger.
Eine weitere Entwicklung lässt sich bei jüngeren Frauen und Männern erkennen, die ein verändertes Bewusstsein für Erfolgsmodelle im Leben zeigen. Nicht nur das Streben nach Karriere und hoch dotierter Bezahlung steht im Vordergrund. Der Wunsch, eine anspruchsvolle Tätigkeit mit einer qualitativ guten Lebensführung zu verbinden, die angemessenen Raum für andere Lebensbereiche lässt, wird mit Lebensqualität assoziiert. Dieser Anspruch beinhaltet das Anliegen, Arbeitszeiten und -formen mit individuellen Bedürfnissen zu vereinbaren und Berufs- und Karriereplanung entspre-

158 Engel, R., Praxisbeispiel Schering AG: Work/Life-Balance in: Krell, G., Chancengleichheit durch Personalpolitik, Wiesbaden, 2004, 4. Auflage, S. 293 ff.

chend darauf abzustimmen. Insbesondere jüngere Führungskräfte fragen konkrete Modelle zur Lebensarbeitszeit, zu Arbeitszeitkonten und Sabbaticals[159] nach. Es interessieren Ansätze zur Karriereplanung, die den persönlichen biographischen Veränderungen Rechnung tragen. Das können Phasen sein, in denen eine Weiterbildung, ein Forschungsprojekt, gesellschaftliches, politisches Engagement oder die Familie mehr Raum einnehmen und Berufstätigkeit reduziert oder zeitweise ausgesetzt wird. Von gleicher Bedeutung und gleichem Interesse sind Konzepte für den Einsatz von älteren Mitarbeiter/innen und Führungskräften.[160]

Und schließlich ist es erforderlich, diejenigen Frauen und Männer, die von den gesetzlich und betrieblich eröffneten Möglichkeiten zur Erleichterung der Vereinbarkeit von Beruf und Privatleben auch wirklich Gebrauch machen, nicht zu benachteiligen. Hierzu gibt es bereits unterschiedliche Initiativen.

Der Unternehmenswettbewerb „Erfolgsfaktor Familie 2005" zeichnete Unternehmen aus, die sich für die Balance von Beruf und Familie in besonderem Maße engagieren – mit dem Ziel möglichst große Nachahmungseffekte zu erreichen. Zwischen September und Dezember 2004 hatten sich 366 Unternehmen aller Branchen und Größen am Wettbewerb beteiligt, im Mai 2005 wurden die Preise verliehen.

Bundesfamilienministerin Ursula von der Leyen hat am 05. Juli 2006 den Startschuss für das neue interaktive Unternehmensnetzwerk „Erfolgsfaktor Familie" gegeben. Unter www.erfolgsfaktor-familie.de/netzwerk bietet das Portal Unternehmen, die eine familienbewusste Personalpolitik praktizieren oder dies planen, eine Wissens-, Themen- und Kooperationsbörse sowie exklusive Veranstaltungen.

Eine weitere Initiative ist der Zusammenschluss von namhaften Vertretern aus der deutschen Wirtschaft und Politik, mit dem Ziel, die Potenziale von Work-Life-Balance zu erschließen. Unter dem Titel „Work-Life-Balance als Motor für wirtschaftliches Wachstum und gesellschaftliche Stabilität" wer-

159 [neben dem jährlichen Erholungsurlaub gewährte] längere Freistellung. Duden – Das Fremdwörterbuch, Software, a.a.O.

160 Engel, R., in: Krell, G., a.a.O., S. 294.

den gesamtgesellschaftliche Effekte und Potenziale ermittelt sowie Entscheidungs- und Umsetzungshilfen für Unternehmen erarbeitet. Ziel ist es auch, eine Strategie für mehr Wachstum und eine nachhaltige Nutzung des Humankapitals zu entwickeln. Die mit der Projektdurchführung beauftragte Firma „Prognos AG" resümiert schon jetzt, dass Work-Life-Balance-Maßnahmen unerschlossene Potenziale für Wirtschaftswachstum und die Sicherung von Wettbewerbs- und Innovationsvorteilen in den Unternehmen bergen. Work-Life-Balance-Initiativen sind eine Antwort auf die gesellschaftlichen Herausforderungen wie demographischer Wandel und niedrige Erwerbsbeteiligung in Deutschland. Die Vereinbarkeit von Berufs- und Privatleben müssen dabei als ökonomische Chance begriffen und der wachsenden Bedeutung des Humankapitals für die Wettbewerbsposition Rechnung getragen werden.[161]
Hinzuzufügen ist, dass nicht nur Mütter und Väter Vereinbarkeitsprobleme haben. Das Thema Work-Life-Balance betrifft ebenfalls Beschäftigte, die für die Pflege von Erwachsenen (mit-)verantwortlich sind, Beschäftigte, die in Partnerschaften leben und last but not least auch Singles. Denn auch für die zuletzt Genannten ist ihr „Privat"-Leben nicht identisch mit Freizeit. Wenn Programme und Maßnahmen zur Work-Life-Balance nur auf die Vereinbarkeit von (traditioneller) Familie und Beruf beschränkt sind, kann dies deshalb zu Akzeptanzproblemen führen.[162]
Die veränderte Einstellung hat zur Folge, dass Führungskräfte in Zukunft in der Lage sein müssen, verschiedene Wertesysteme nicht nur zuzulassen, sondern sich mit dem Thema Work-Life-Balance auseinanderzusetzen und ihren Mitarbeitern die Möglichkeit zu geben, ihr Leben in Balance zu halten.

2.5.2 Alter

In der IT-Branche gilt man schon mit 35 Jahren als alt. Bei anderen technischen Berufen scheint das Alter um ca. 50 Jahre kritisch zu sein. Bei Politikern und Professoren hingegen wird mit zunehmendem Alter eher ein

161 mi-st Diversity-Consulting (Hrsg.), Diversity-Newsletter 01, Köln, Juni 2004, S. 4.
162 Krell, G., a.a.O., S. 19 f.

wachsender „Wert“ des Humankapitals unterstellt. Allererste Problematisierungen der noch vorherrschenden Jugendorientierung in Arbeits- und Bildungsorganisationen sind in der öffentlichen Diskussion erkennbar.[163]
Überall schreitet die Alterung[164] der Bevölkerung voran.[165] Die OECD-Länder, so auch Deutschland, vergreisen. Die Wachstumskräfte verlagern sich auf die asiatischen Länder, deren Bevölkerung noch jung ist und nach wie vor mit hoher Rate wächst. Gerade Deutschland ist vom Problem der Alterung und Überalterung überdurchschnittlich stark betroffen. So ist das Durchschnittsalter in Deutschland mit 41 Jahren schon recht hoch und liegt über dem in Frankreich mit 38 Jahren oder dem in den USA mit 36 Jahren. Im Jahr 2020, so die Vorausberechnungen, wird dieser Wert auf 46,7 Jahren ansteigen. Somit würde Deutschland zu den Völkern mit dem höchsten Durchschnittsalter gehören und weit über dem Durchschnitt der alten EU-Länder von 44,8 Jahren liegen.[166]
Durch diese demographische Entwicklung werden die Unternehmen in Deutschland mit einem alternden Arbeitskräftemarkt konfrontiert. Bereits heute sind immer weniger Berufstätige jünger als 30 Jahre und der Anteil der älteren Beschäftigten am Gesamtarbeitsmarkt wird, wie die Gesamtentwicklung der Bevölkerung, weiter ansteigen. Das erfordert in Personalfragen ein vorausschauendes Handeln.
Erfahrene ältere Mitarbeiter besitzen ein fundiertes, berufsspezifisches Wissen, verfügen über eine ausgeprägte Urteilsfähigkeit und haben Sinn für das Machbare. Ziel sollte nach Ansicht der Autoren ein Fordern und Fördern von Jung und Alt gleichermaßen hin zum lebenslangen Lernen sein. Die Unternehmen haben die Aufgabe, die Zusammenarbeit von Arbeitnehmern aller Altersstufen konsequent voranzutreiben.
Als Vorbild ist hier aktuell die Sensortechnikfirma Sick[167] zu nennen, die die-

163 Belinszki, E., u.a., a.a.O., S. 53.

164 Das Altern der Bevölkerung beschreibt den Wandel in der Altersstruktur der Bevölkerung, die beschleunigte Zunahme des Anteils der Älteren gegenüber den Jüngeren. Es geht also nicht nur um eine Zunahme der Zahl älterer Menschen, sondern um Anteilsverschiebungen. Eine Bevölkerung altert, wenn die jüngeren Altersgruppen zahlenmäßig kleiner werden oder langsamer wachsen als die älteren. Bundesinstitut für Bevölkerungsforschung, Bevölkerung: Fakten, Trends, Ursachen, Erwartungen, Wiesbaden, 2004, S. 9.

165 Bundesministerium für Familie, Senioren, Frauen und Jugend, Vierter Bericht zur Lage der älteren Generation, Bonn, 2002.

166 Sinn, H. W., Ist Deutschland noch zu retten?, München, 2003, S. 338 f.

167 Fröhlich, A., u.a., a.a.O., S. 57.

ses Jahr im Wettbewerb „Great Place to Work Deutschland“ den Sonderpreis „Lebenslanges Lernen“ erhalten hat für ihr Weiterbildungskonzept vom Eintritt ins Unternehmen bis zum Ruhestand.

Wie aber sieht die Realität in deutschen Unternehmen aus? Gerade einmal 39,4 % der älteren Menschen, im Alter von 55 bis 64 Jahren, gehen einer erwerbswirtschaftlichen Tätigkeit nach. Das heißt, nur vier von zehn älteren Bürgern sind berufstätig. Deutschland reiht sich somit ins Mittelfeld der 25 Länder der Europäischen Union ein. Eine besonders hohe Beschäftigungsintegration in diesem Alterssegment weisen Schweden und Dänemark mit 68,6 % und 60,7 % auf.[168] Arbeitsmarkpolitische Gründe wie Vorruhestands-Regelungen und Altersteilzeit, als auch der Gesichtspunkt einer vermeintlich verringerten Leistungsfähigkeit älterer Mitarbeiter gegenüber jungen, günstigen und leistungsfähigeren Mitarbeitern, haben zu einer frühen Ausgrenzung dieser Personengruppe aus dem Erwerbsleben geführt.[169]
Die Verschiebung der Altersstruktur[170] der beschäftigen Mitarbeiter und ein absehbares Fachkräftedefizit sind Auswirkungen des demographischen Wandels. Insbesondere vor diesem Hintergrund ist es wichtig, die Motivation, Leistungsbereitschaft und besonders das Know-how erfahrener Mitarbeiter gezielt zu fördern und zu nutzen. Innovation mit altersgemischten Belegschaften und die Weichenstellung hin zu einer Altersgerechtigkeit im Arbeitsalltag werden zum Tragen kommen müssen.

168 mi-st Diversity-Consulting (Hrsg.), Diversity-Newsletter 08, Köln, November 2004, S. 5.

169 Großjohann, K., u.a., Gewährleistung der vollen Integration im späteren Leben, in: Pohlmann, S., Der demografische Imperativ, Von der internationalen Sozialpolitik zu einem nationalen Aktionsplan, Hannover, 2003, S. 52.

170 Bundesinstitut für Bevölkerungsforschung, BiB-Mitteilungen, 25. Jahrgang, September 2004, S. 28.

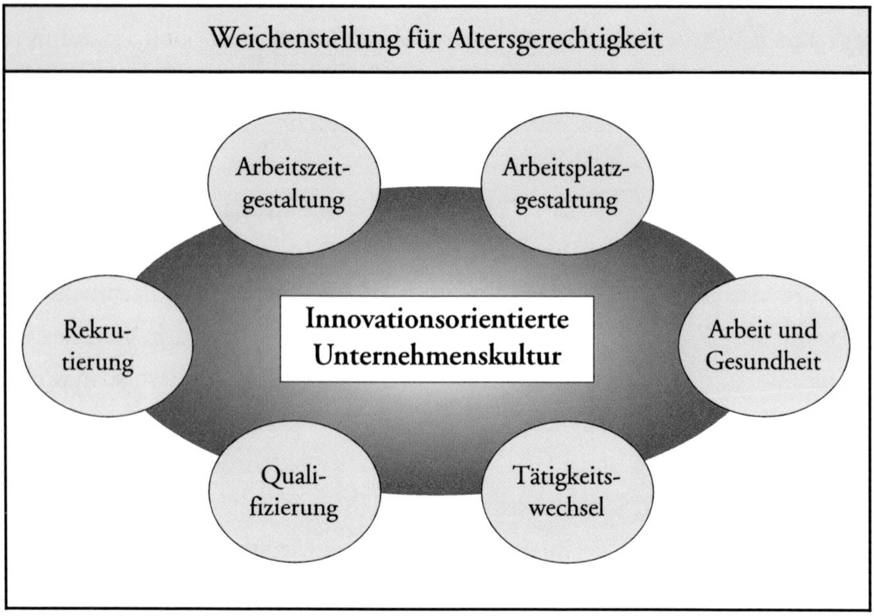

Abbildung 8: Weichenstellung für Altersgerechtigkeit
Quelle: Kistler, E., Gehen der Arbeitsgesellschaft die Arbeitskräfte aus? in: Zukunft der Arbeit V, a.a.O., S. 53.

Welche Ziele verfolgt ein Unternehmen, wenn es sich mit dem Generationenwandel beschäftigt? Wichtig ist nach Meinung der Autoren die Wertschätzung denjenigen entgegenzubringen, die bisher maßgeblich zum Erfolg beigetragen haben. Darüber hinaus hat natürlich das jeweilige Unternehmen Ziele, die mit denen der älteren Mitarbeiter ebenso in Einklang stehen sollten. In Anlehnung an die Ziele der Deutschen Bank[171] können dies sein:

- Leistungs- und Veränderungsbereitschaft für die Zukunft erhalten,
- Zusammenarbeit der Generationen zum gegenseitigen Gewinn gezielt fördern,
- Know-how, Erfahrungsspektrum und Netzwerke erhalten und gezielt für die Entwicklung von Nachwuchskräften nutzen,

171 Deutsche Bank, Generationen in der Deutschen Bank, Frankfurt, 2004.

- Lebenslanges Lernen umsetzen, d. h. die ständige Weiterentwicklung der Kenntnisse während des gesamten Berufslebens,
- Aufzeigen neuer Perspektiven, die den individuellen Fähigkeiten und Kenntnissen entsprechen.

2.5.3 Nationalität

„Er ist ein Däne mit spanischem Pass,
aber das spielt keine Rolle,
er ist einfach ein Bochumer"

Peter Neururer[172]

In Europa erleben wir das Zusammenrücken durch die Erweiterung der EU und durch die Zuwanderung nach Deutschland. In diesem Zusammenhang wird deutlich, wie wenig die Idee der *Leitkultur* mit den Grundsätzen von Diversity vereinbar und wie überholt sie ist. Durch das Zusammenwachsen in Europa werden wir unterschiedliche Kulturen und Sprachen nebeneinander erleben: Vielfalt mit gleichen Rechten, ohne „Leitkultur".[173]
Gefördert wird dieser Prozess auch durch die fortschreitende Globalisierung sowie zunehmende Fusionen und Zusammenschlüsse auf internationaler Ebene. Das Thema „Kulturelle Vielfalt" wird deshalb nach Meinung der Autoren zukünftig noch an Bedeutung zunehmen. Damit verbunden ist der Umgang mit unterschiedlichen Werten und Verhaltensweisen.
Verstärkt wird der Trend noch durch die bereits erläuterte demographische Entwicklung in Deutschland. Wegen des Rückgangs der Erwerbsbevölkerung werden Unternehmen künftig stärker um qualifizierte Mitarbeiter konkurrieren.
Der Engpass auf dem Arbeitsmarkt wird sich nur durch eine höhere Erwerbsbeteiligung von Frauen und älteren Arbeitnehmern sowie durch die Zuwanderung von Arbeitskräften aus anderen Kulturkreisen ausgleichen

172 Peter Neururer, Trainer des VfL Bochum, in der Saison 2002/2003 über den Stürmer Thomas Christiansen, der als gebürtiger Däne unter spanischem Pass geführt wird, in: Wächter H., u.a., Anwendungsfelder des Diversity Management, München, u.a., 2004, S. 110.

173 Ostler, V., Diversity Management, Online in Internet: URL: http://www.ostler-management.com/aktuelles01.html [07.01.05].

lassen. Die Belegschaften der Unternehmen werden dadurch weiblicher, älter und internationaler.[174]
Interessant ist auch die Frage: „Kommt es im Rahmen der Globalisierung zu einer kulturellen Homogenisierung (McWorld) oder eher zu einer Diversifizierung lokaler Kulturen (MultiKulti)?“ Die „McWorld“-These der Kulturschmelze vertreten nur zwei Autoren, während wesentlich mehr Quellen die „Multikulti“-These unterstützen.[175]

2.5.3.1 Interkulturelle Organisationstypen

Ein wichtiger Einflussfaktor im Bereich Nationalität ist auch die Form des Unternehmens. *Global Players* mit internationalen Kunden und Zulieferern werden sicherlich durch Diversity mehr betroffen sein als mittelständische Unternehmen. Aber auch dort hat Diversity in Form einer multi-kulturellen Belegschaft sowie jüngeren und weiblichen Vorgesetzten längst Einzug gehalten.[176] Cox[177] hat eine Typologie von Organisationen entwickelt, die es ermöglicht, nach kulturellen und demographischen Unterschieden in Organisationen zu differenzieren. Es werden monolithische, pluralistische und *multikulturelle* Organisationen unterschieden.
Die monolithische Organisation ist durch eine demographisch und kulturell homogene Belegschaft geprägt. Die pluralistische Organisation ergreift die Initiative, Mitarbeiter aus Minderheitsgruppen zu suchen und einzustellen, allerdings sind diese noch nicht proportional im Unternehmen vertreten. Es gibt hier eine dominante Gruppe, die die Organisationskultur mit ihren Werten, Normen und Regeln prägt. Zu einer kulturellen Integration und proportionalen Beteiligung an Führungspositionen kommt es also nicht, es gibt Konflikte. Die multikulturelle Organisation dagegen hat Diversity nicht nur akzeptiert, sondern es stellt sich auch als wichtigster Wert für das Unternehmen dar.[178]

174 Hauke, C., u.a., Vielfalt als Erfolgsfaktor, Frankfurter Rundschau, 4. September 2004.

175 Vedder, G., a.a.O., S. 30.

176 Henkel, R., Mehr als schöne Worte, Tagesspiegel vom 19.05.2002, Online in Internet: URL: http://premium-link.net/$44926$1453447602$/19.05.2002/ak-so-ka-4417382.html [22.01.2005].

177 Cox, T., a.a.O., 1994, S. 45.

178 Blom, H., u.a., a.a.O., S. 259.

	monolithisch	pluralistisch	multikulturell
Kultur	Diversity wird geleugnet oder entmutigt	Diversity wird geleugnet oder toleriert	Diversity wird als positiver Wert gesehen
Eingewöhnungs-prozess	Assimilierung	Assimilierung	Pluralismus
Strukturelle Integration	minimal	teilweise	völlig
Informelle Integration	minimal	beschränkt	völlig
Kulturelle Verzerrung des HRM-Systems	völlig	üblich	minimal
Intergruppen-konflikt	minimal	öfter	minimal

Abbildung 9: Interkulturelle Organisationstypen
Quelle: Blom, H., u.a., a.a.O., S. 249.

Typische Anzeichen für multikulturelle Kriterien in einer Organisation sind unter anderem:[179]

- Kultur: es wird angenommen, dass eine multikulturelle Zusammenarbeit zu einem besseren Produkt oder besseren Dienstleistungen führt.
- Eingewöhnungsprozess: Findet eine gegenseitige Anpassung statt? Indizien: Ferienregelung, getrennte Räumlichkeiten für Muslime, Anti-Diskriminierungs-Initiativen, Trainings für die Alteingesessenen.
- Strukturelle Integration: Werden Mitglieder von Minderheitsgruppen gefördert und in höheren Positionen eingestellt? Sie sollten eine Vorbildrolle erfüllen und die Identifikation von allen Mitarbeitern mit der Organisation vergrößern.

179 Ebenda, S. 259.

- Informelle Integration: Die Beteiligung an informellen Netzwerken ist für den Berufserfolg sehr wichtig. Beispielsweise kann durch den Einsatz von Mentoren die Isolation von Mitarbeitern eingeschränkt werden.
- Kulturelle Verzerrung des HRM-Systems: Die kulturelle Verzerrung macht sich schon bei der Briefauswahl, die der Einladung für die Bewerbungsgespräche vorangeht, bemerkbar. Auch während des Gespräches und bei der Durchführung von Tests sind entsprechende Maßnahmen unbedingt erforderlich, um kulturelle Verzerrungen entgegenzustreben.
- Intergruppenkonflikt: Konflikte sind nicht schlimm. Wie werden Sie behandelt, um als Quelle neuer Lerneffekte zu fungieren?

Nach diesen Kriterien dürften die beiden Unternehmen Caritas und AOK am ehesten im monolithischen Bereich anzusiedeln sein. Durch die Veränderungen, die beide Unternehmen derzeit erleben, wird sich dies nach Meinung der Autoren allerdings hin zu einem pluralistischen Unternehmen verschieben. Gründe sind unter anderem der demographische Wandel und die Globalisierung. Bei der AOK werden z. B. gezielt Auszubildende eingestellt, die auch eine Fremdsprache (ggf. als Muttersprache) beherrschen, um ausländischen Kunden einen besonderen Service bieten zu können.

Sicherlich ist die Einführung von Diversity Management auch kulturell bedingt und von Land zu Land verschieden. Länder wie die USA sind den Umgang mit Minderheiten durch tägliche Erfahrungen und Medien eher gewohnt als manche europäischen Länder. Die Schweiz z. B. hat eine relativ geringe Ausländerquote, während Länder wie Deutschland „schon immer über eine Einwanderungstradition verfügen.“[180]

180 Ebenda, S. 243.

2.5.3.2 Interkulturelles Personalmanagement

Die Abstufung von der monolithischen (oder monokulturellen) Organisation zur multikulturellen (oder interkulturellen) Organisation lässt sich auch aus „Hoogsteder's 7-Stufenmodell des Interkulturellen Personalmanagements“[181] entnehmen. Das Modell von Hoogsteder wurde anhand von Forschungsergebnissen aus dem Sozialbereich in den Niederlanden entwickelt, dürfte aber einen größeren Gültigkeitsbereich haben.
Das Modell bezieht sich vorrangig auf Organisationen im Non-Profit-Sektor wie Verwaltung, Krankenhäuser und Pflegeeinrichtungen.
Nachdem das Modell von Hoogsteder[182] sowohl für die AOK als auch für Caritas als Non-Profit-Unternehmen Gültigkeit hat, wird es hier näher beleuchtet, auch wenn es viele Gemeinsamkeiten mit dem Modell von Cox[183] gibt. Im Folgenden werden auch jeweils Vergleiche zu dem Modell von Cox gezogen.

Abbildung 10: Das 7-Stufen-Modell – Interkulturelles Personalmanagement
Quelle: Blom, H., u.a., a.a.O., S. 261.

181 Besamusca-Janssen, M., Interkulturelles Management in Beruf und Betrieb, Frankfurt, 1998, S. 27.
182 Die Stufen wurden inhaltlich übernommen aus Blom, H., u.a., a.a.O, S. 262 und Cox, T., a.a.O., 1994, S. 45.
183 Ausführliche Beschreibung siehe Punkt 2.5.3.1.

Stufe 1: Die monokulturelle Organisation
Das Unternehmen hat noch keine oder nur sehr wenige Kunden oder Mitarbeiter aus ethnischen Minoritätsgruppen. Die Belegschaften sind homogen zusammengestellt. Minderheitsvertreter auf leitenden Positionen gibt es in der Regel kaum. Das Human Ressources Management (HRM) wird von der Mehrheit dominiert. Demzufolge werden kulturelle Vorurteile bei der Suche, Auswahl und Förderung der Mitarbeiter beibehalten. Cox nennt diesen Organisationstyp die monolithische Organisation.

Stufe 2: Dienstleistung an Kunden aus Minoritätsgruppierungen
Es werden Dienste von Krankenhäusern oder Einzelhandelsketten genutzt. Grundschulen z. B. werden mit der Aufnahme von ausländischen Kindern konfrontiert. Vor diesem Hintergrund wird verständlich, warum gerade der Schulbereich in der Integration in Westeuropa eine Vorreiterrolle gespielt hat.

Stufe 3: Interkulturelles Management der Dienstleistungen
Das Unternehmen entdeckt das neue Kundensegment und versucht, es in der Produktwahl und dem Umgang mit Kunden aus Minoritätsgruppen zu berücksichtigen. Die Mitarbeiter werden für den Umgang mit Kulturunterschieden sensibilisiert. Beispiel hierfür sind die Produkt-Markt-Strategien hochwertiger Konsumgüter für die Zielgruppe der Homosexuellen.

Stufe 4: Eingliederung der Mitarbeiter aus Minoritätsgruppen
Das Bewusstsein wächst, dass zur besseren Bedienung neuer Kundensegmente die Einstellung von Mitarbeitern aus diesen Bevölkerungsgruppen nützlich ist. Wenn die Zusammenstellung der Belegschaft proportional die gesellschaftliche Vielfältigkeit widerspiegelt, werden Rahmenbedingungen für eine effektive Dienstleistung geschaffen.

Stufe 5: Interkulturelles Management von Personal
Die Bekämpfung von Diskriminierung, Mobbing und anderen Ungleichheitsproblemen wird als eine getrennte personalpolitische Aufgabe gesehen. Die Belegschaft ist sehr heterogen. Es werden gezielt Mitarbeiter aus Minoritätsgruppen eingestellt. Die Kultur wird von Toleranzstreben geprägt. Die Beteiligung von Minderheitsgruppen an Führungspositionen bleibt aber noch unterproportional, so wie deren Beteiligung an informellen Netzwerken zu wünschen übrig lässt. Zwischen den Gruppen bestehen unterschwellig viele Konflikte. Cox spricht hier von der pluralistischen Organisation.

Stufe 6: Integrales Kulturelles Management oder Diversity Management
Unterschiede zwischen Mitarbeitern werden anerkannt und genutzt. Unterschiede in Lebensstil, Bedürfnissen, kulturgebundenen Charakteren oder Lebensphasen beeinflussen das Management der Qualitäten der Mitarbeiter. Die im Unternehmen vorhandene Vielfalt wird aktiv genutzt.

Stufe 7: Interkulturelle Organisation
Kulturelle Vielfalt ist zum Mehrwert geworden. Produktentwicklung und Dienstleistung orientieren sich an den Bedürfnissen einer multikulturellen Kundschaft. Die Begabungen der Mitarbeiter werden so genutzt, dass die Produktivität und das Wachstum des Unternehmens oder die Effektivität und Effizienz einer Organisation deutlich gesteigert werden. Die Minderheiten passen sich den Mehrheiten nicht an, ihre Normen und Werte sind gleichberechtigt. Die Minoritätsgruppen sind auf allen Funktionsebenen vertreten. Formelle und informelle Machtquellen, wie Führungspositionen und Betriebsrat sind über die Gruppen verteilt. In vielen Fällen sind klare Mehrheiten nicht mehr vorhanden, stattdessen besteht die Organisation aus mehreren Minderheiten, die sich ergänzen und einander brauchen. Cox spricht hier von der „multikulturellen Organisation“.

Das Modell von Hoogsteder ist auch im Bereich der Organisationsentwicklung zu finden, weil es den Weg bzw. den möglichen Entwicklungsprozess eines Unternehmens aufzeigt. Diese Entwicklung kann nach Meinung der Autoren auch als Modell für den Entwicklungsprozess in den Unternehmen AOK und Caritas herangezogen werden.
Das Aufeinandertreffen von Menschen verschiedener Nationalitäten mit unterschiedlichen Kulturen, Verhaltens- und Denkmustern führt oft zu Missverständnissen und Konflikten. Für die Veränderung von Unternehmen in eine multikulturelle Organisation ist die Verankerung von Diversity-Bekenntnissen in den Unternehmensleitlinien unabdingbar.[184]
Um die interkulturelle Zusammenarbeit erfolgreich umzusetzen, ist es nach Auffassung der Autoren wichtig, dass alle Mitarbeiter der betreffenden Unternehmen über entsprechende Qualifikationen verfügen. Zur Erlangung interkultureller Kompetenz sind Fähigkeiten verschiedener Bereiche notwendig. Dazu gehören vor allem sprachbezogene Fähigkeiten, die eine wichtige Voraussetzung für eine interkulturelle Kommunikation darstellen. Außerdem sind auch Kenntnisse über die jeweilige Kultur erforderlich, um Hintergründe nachvollziehen zu können. Nicht zuletzt sind soziale Fertigkeiten notwendig, die sich auf den Umgang mit den Menschen beziehen und eine konstruktive Kommunikation ermöglichen.
Das Institut für InterkulturellesKommunikationsManagement GmbH (IKM)[185] hat folgende Leitlinien/Dimensionen zur methodisch-didaktischen[186] Vorgehensweise bei der Vermittlung interkultureller Kompetenz erarbeitet:

- Die informative Dimension bedeutet die Vermittlung von Informationen und historischen Fakten über interkulturelle Kommunikation im Allgemeinen oder im Besonderen.
- Die kognitive Dimension bezieht sich auf das Kennenlernen, Hintergründe und Zusammenhänge von Struktur, Funktionalität etc. der jeweiligen Eigen- und Fremdkultur.

184 Hauke, C., u.a., a.a.O.

185 Leitlinien zur methodisch-didaktischen Vorgehensweise zur Vermittlung interkultureller Kompetenz, Online in Internet: URL: http://www.ikm-institut.ch/methodisch.htm [09.01.2005].

186 Für Unterrichtszwecke geeignet. Duden – Das Fremdwörterbuch, Software, a.a.O.

- Die affektive Dimension beinhaltet die Förderung der Fähigkeit, sich emotional in die Lage der Angehörigen einer Fremdkultur hineinzuversetzen, um sie besser verstehen zu können.
- Die kommunikativ-verhaltensbezogene Dimension soll schließlich den Willen der Teilnehmer zum Handeln entwickeln, um mit der jeweiligen Fremdkultur bzw. Zielkultur umzugehen.

Einen kritischen Blick nach innen richtet eine vom Deutschen Caritasverband herausgegebene Studie[187] zur Situation ausländischer Beschäftigter innerhalb der Caritas.
Die Erhebung befasst sich unter anderem mit den Fragestellungen, inwieweit die Chancengleichheit für Personen mit Migrationshintergrund innerhalb des Verbandes bereits verwirklicht ist und wie der Verband mit Mitarbeitern ausländischer Herkunft umgeht. Die Ergebnisse waren überraschend. So haben lediglich 4,9 % der Migranten ohne deutschen Pass ein Beschäftigungsverhältnis im Vergleich zu einem Anteil von 8,9 % an der Wohnbevölkerung. Insgesamt zeigt die Studie, dass Caritas im Umgang mit Fremden in den eigenen Reihen zwar keine hochgradigen Defizite aufweist, aber bis zur vollen Umsetzung des Gleichstellungsgrundsatzes gibt es noch einiges zu tun.
Erwähnenswert ist an dieser Stelle noch, dass es für spezielle Literatur zum Thema „Interkulturelles Management“ einen eigenen Verlag gibt. Unter www.iko-verlag.de hält der „Verlag für Interkulturelle Kommunikation“[188] verschiedenste Literatur bereit.

2.5.4 Behinderung

Behinderte Menschen haben im Berufsleben auch heute noch häufig mit Vorurteilen zu kämpfen. Viele Arbeitgeber glauben, dass Menschen mit einer Behinderung den geforderten Leistungen nicht gewachsen sind. Dabei können auch Menschen, die in bestimmten Bereichen beeinträchtigt sind, in

187 Umgang mit Fremden, Blick nach innen, Zum Stand der Umsetzung des Gleichbehandlungsgrundsatzes ohne Unterschied der „Rasse“ oder der ethnischen Herkunft im Deutschen Caritasverband. Deutscher Caritasverband e.V, Freiburg, 2003.

188 IKO-Verlag für interkulturelle Kommunikation, Online in Internet: URL: http://www.iko-verlag.de/ [22.01.2005].

anderer Form Höchstleistungen erbringen. Die Beschäftigung von Behinderten kann auch eine Bereicherung darstellen. Auf diesem Weg wird die Vielfalt der Belegschaft vergrößert und damit auch die Anzahl von Beiträgen zum Arbeitsalltag. Ein weiterer wichtiger Aspekt hierbei ist aus Sicht der Autoren auch die Förderung der sozialen Fähigkeiten der Mitarbeiter, was den Abbau von Vorurteilen und die Art des Umgangs mit andersartigen Menschen betrifft. In der externen Umwelt des Unternehmens können ebenfalls positive Effekte erzielt werden. Gerade am Absatzmarkt wird häufig auch darauf geachtet, wie im jeweiligen Unternehmen mit so genannten Minderheiten umgegangen wird.

Im Zusammenhang mit dem „Europäischen Jahr der Menschen mit Behinderung 2003" erschien der neue Medienkatalog des Vereins Landesmediendienste Bayern mit dem Titel „Gleichberechtigt – Leben mit Behinderung"[189].
In einem einleitenden Artikel schrieb Dr. Peter Radtke[190]: Was der Durchschnittsbürger über den so genannten „Behinderten" weiß, wird ihm in der Regel über die Medien vermittelt. Das daraus resultierende Menschenbild ist eine Mischung aus jahrhundertelang überlieferten Klischees, eigenen tiefen-psychologischen Ängsten und mehr oder minder korrekten journalistischen Informationen. In den Bereichen Architektur und Zugänglichkeit öffentlicher Verkehrsmittel wurden erhebliche Integrationsfortschritte erzielt, doch der persönliche Kontakt zwischen behinderten und nicht behinderten Bürgern ist noch immer eine Ausnahme.[191]

Nach Mitteilung des statistischen Bundesamtes lebten zum Jahresende 1999 in Deutschland 6,6 Mio. schwer behinderte Menschen, d. h. in Deutschland war somit jeder 12. Einwohner (8,1 %) schwer behindert. 51 % der Schwerbehinderten waren 65 Jahre und älter, weitere 24 % gehörten der Altersgruppe zwischen 55 und 65 Jahren an, lediglich 2,5 % waren unter 18

189 Bestellung möglich unter info@landesmediendienste-bayern.de.

190 Dr. Peter Radtke ist Schauspieler, Autor und Journalist. Seit 1984 Gründer und Leiter der „Arbeitsgemeinschaft Behinderung und Medien e.V.". Neben vielen anderen Auszeichnungen erhielt er zuletzt 2002 den Medienpreis „Bobby" der Bundesvereinigung Lebenshilfe.

191 Konerding, P., Gleichberechtigt – Leben mit Behinderung, München, 2003, S. 4 f.

Jahre. In den weitaus meisten Fällen (86 %) wurde die Behinderung durch eine Krankheit verursacht.[192]

Beruf und Arbeit stellen wichtige Aspekte der Identität eines jeden Menschen dar und bieten die Möglichkeit zur Existenzsicherung sowie zur sozialen Anerkennung und Integration. Arbeit hat eine Sozialisationsfunktion und wirkt durch ihre Formen auf die soziale Lebenswelt ein. Sie hat Auswirkungen auf die Entwicklung der Persönlichkeit und soll zur Selbstverwirklichung beitragen. Ein Leben ohne Beruf und/oder ohne Arbeit hat vielfältige – meist negative – Auswirkungen auf Menschen in ihrer persönlichen und sozialen Lebenspraxis.[193]

Aufgrund einer Behinderung ist es häufig nicht oder nur schwer möglich, eine Beschäftigung auf dem ersten (allgemeinen) Arbeitsmarkt, also in der freien Wirtschaft oder im öffentlichen Dienst, zu finden oder aber der Betroffene bedarf einer besonderen Förderung oder spezieller Hilfen, nämlich so genannter Leistungen zur Teilhabe am Arbeitsleben.[194]

Diese erforderlichen Leistungen werden erbracht, um die Erwerbsfähigkeit behinderter oder von Behinderung bedrohter Menschen entsprechend ihrer Leistungsfähigkeit zu erhalten, zu verbessern, herzustellen und ihre Teilhabe am Arbeitsleben möglichst auf Dauer zu sichern.[195]

In der Gesellschaft stellen Berufsausbildung und Arbeit ein generelles Problem dar. Da es seit Jahren zu wenige Ausbildungs- und Arbeitsplätze gibt, findet hier ein Verdrängungswettbewerb statt, bei dem Menschen mit Beeinträchtigungen benachteiligt werden.

Bei der Durchführung der Unterstützung arbeiten das zuständige Arbeitsamt und das Integrationsamt bzw. Integrationsfachdienste[196] eng zusammen. Aufgabe der Integrationsfachdienste ist es, geeignete Arbeitsplätze auf dem allgemeinen Arbeitsmarkt zu erschließen, den schwer behinderten Menschen auf die vorgesehenen Arbeitsplätze vorzubereiten, ihn dort zu

192 Hoffmann, G., u.a., Behinderung, München, 2004, S. 17.

193 Wüllenweber, E., Soziale Probleme von Menschen mit geistiger Behinderung, Stuttgart, 2004, S. 335.

194 Die zentrale Bestimmung zur Förderung der Teilhabe behinderter Menschen am Arbeitsleben findet sich im § 33 SGB IX.

195 Hoffmann, G., u.a., a.a.O., S. 136 f.

196 Bei Integrationsfachdiensten handelt es sich um Dienste Dritter, die im Auftrag der Bundesanstalt für Arbeit, der Rehabilitationsträger und der Integrationsämter mit der Durchführung der Maßnahmen zur Teilhabe am Arbeitsmarkt beteiligt werden.

begleiten und zu „trainieren“. Dies umfasst z. B. Nachbetreuung, Krisenintervention und psychosoziale Betreuung sowie als Ansprechpartner für die Arbeitgeber zur Verfügung zu stehen.[197] Erwähnenswert ist hier auch die Gesellschaft „RE-INTEGRA Informations- und Beratungsstelle zur beruflichen Integration von Schwerbehinderten GbR“[198], auf deren Broschüren nachfolgend zurückgegriffen wird. Mit dem Motto „Mensch und Wirtschaft verbinden“ ging die RE-INTEGRA 1994 als bundesweit einmaliger Modellversuch an den Start.
Für den Bereich „Behinderung und Arbeit, Rehabilitation“ wollen die Autoren noch auf interessante Internetseiten verweisen:

www.rehadat.de	Das Informationssystem zur beruflichen Rehabilitation, gefördert durch das Bundesministerium für Gesundheit und soziale Sicherung
www.kein-handicap.de	Job und Arbeit für behinderte oder chronisch kranke Menschen. Unter „Wissen“ findet man eine Linkliste zum Thema Arbeit und Behinderung.
www.zb-net.de	Online-Version der Zeitschrift für behinderte Menschen im Beruf, jeweils mit Artikeln der aktuellen Ausgabe und Zugang zu älteren Artikeln im Archiv.
www.integrationsaemter.de	Auf der Homepage findet man neben anderen wichtigen Infos das Fachlexikon Behinderung und Beruf (von A wie Abfindung bis Z wie Zusatzurlaub).

197 Hoffmann, G., u.a., a.a.O., S. 140.

198 RE-INTEGRA ist eine von Wirtschaftsverbänden und Kammern (HWK und IHK) getragene Informations- und Beratungsstelle zur Integration von Schwerbehinderten und ist vom Landesarbeitsamt Rheinland-Pfalz-Saarland offiziell als Personalvermittlungsagentur anerkannt.

www.arbeitundbehinderung.at	Die Initiative der Industriellenvereinigung in Österreich. Macht anhand vielfältiger Beispiele deutlich, wie sie Menschen mit Behinderungen leichter beschäftigen können.

Viele Unternehmer und Führungskräfte ziehen es vor, die Ausgleichsabgabe[199] zu bezahlen, statt Behinderte zu beschäftigen. Man befürchtet, der Umgang mit behinderten Kollegen sei belastend für die Mitarbeiter, die notwendigen Anpassungen zu aufwendig, die Einarbeitung zu zeitintensiv etc. – die Praxis beweist das Gegenteil.
Zahlreiche Untersuchungen attestieren behinderten Mitarbeitern:[200]

- Hohe Motivation und Leistungsfähigkeit
- Ausgeprägte Kundenorientierung
- Krankheitsquote unter dem Durchschnitt
- Positive Impulse auf das Betriebsklima

Lässt man es vorurteilsfrei zu, dass jede Arbeit auf unterschiedliche Art und Weise getan werden kann, dann ist eine Behinderung kein Handicap, sondern im Gegenteil häufig Auslöser für neue kreative Lösungen.
Die Fähigkeit, mit Neuem umzugehen und Anderssein als Teil der Lebensvielfalt zu akzeptieren, ist uns nicht in die Wiege gelegt. Heute sind wir jedoch aufgefordert, umzudenken – wir brauchen neue Lösungen. Dabei können wir die Fähigkeit von Menschen gut gebrauchen, für die „Anderssein" Normalität ist: Menschen mit Behinderung. Vielleicht ist Diversity Management die Antwort der Wirtschaft gegenüber dem Thema „Behinderung" – denn auch Behinderung ist ein Teil der Vielfalt.[201]

199 Nach dem Sozialgesetzbuch (SGB) IX müssen derzeit Arbeitgeber, die über durchschnittlich mindestens 20 Arbeitsplätze verfügen, 5 % ihrer Arbeitsplätze mit schwer behinderten Mitarbeitern besetzen.

200 RE-INTEGRA, Mensch und Wirtschaft verbinden, Ratgeber für den Umgang mit Kollegen, Mitarbeitern oder Kunden mit Behinderung, Mainz, 2002, S. 1.

201 RE-INTEGRA, Mensch und Wirtschaft verbinden, Diversity Management – eine Chance für mehr Integration, Mainz, 2002, S. 1.

Der neue EU-Kommissar für Beschäftigung, Soziales und Chancengleichheit, Vladimir Spidla, fordert ein Umdenken, so dass die Chancen für Menschen mit Behinderung, einen Arbeitsplatz zu finden und zu behalten, verbessert werden. Lediglich 40 Prozent der Menschen mit Behinderung hatten im Jahr 2003 einen Arbeitsplatz im Vergleich zu 64,2 Prozent der Menschen ohne Behinderung.[202]

Auch das Bundesministerium für Gesundheit und Soziale Sicherung hat eine neue Initiative mit dem Titel „Jobs ohne Barrieren" gestartet. Menschen mit (Schwer-) Behinderung(en) soll es ermöglicht werden, auch in wirtschaftlich und konjunkturell schwierigen Zeiten am Arbeitsleben teilnehmen zu können.

„Jobs ohne Barrieren" verfolgt daher drei Kernziele: Erstens eine Förderung der Ausbildung behinderter und schwer behinderter Jugendlicher, zweitens eine Verbesserung der Beschäftigungschancen schwer behinderter Menschen, insbesondere in kleinen und mittelständischen Betrieben und drittens, eine Stärkung der betrieblichen Prävention, um die Gesundheit und Leistungsfähigkeit der Beschäftigten langfristig zu erhalten und zu fördern.[203]

Ein interessantes Projekt ist nach Auffassung der Autoren auch der „Ability-Service" des Autobauers Ford, der sich um die spezifischen Bedürfnisse der beschäftigten Behinderten kümmert, während die Diversity-Abteilung des Unternehmens darauf achtet, dass Stellen so ausgeschrieben werden, dass sie nicht bestimmte Gruppen von vornherein ausschließen.[204]

Eine Studie von Eurobarometer[205] mit Hinblick auf das „Europäische Jahr der Menschen mit Behinderungen 2003" ergab, dass sechs von zehn Europäern in ihrem persönlichen Umfeld jemanden kennen, der von einer Langzeiterkrankung, Behinderung oder Invalidität betroffen ist und 25 % der befragten Europäer ein behindertes Familienmitglied, jedoch nur 4 % Kolleginnen oder Kollegen mit einer Behinderung haben.

202 mi-st Diversity-Consulting (Hrsg.), Diversity-Newsletter 11, Köln, Februar 2005, S. 3 f.

203 mi-st Diversity-Consulting (Hrsg.), Diversity-Newsletter 06, Köln, September 2004, S. 4.

204 Stuber, M., Diversity Management – Alle Fähigkeiten nutzen, in: Uni 1/2002, S.52.

205 RE-INTEGRA,. Mensch und Wirtschaft verbinden, Diversity Management – eine Chance für mehr Integration, Mainz, 2002, S. 3.

Etwa drei Millionen behinderte Menschen sind also im arbeitsfähigen und aktiven Alter zwischen 25 und 65 Jahren und sie alle haben Verwandte und Freunde. Behinderte Menschen und ihr soziales Umfeld sind eine wirtschaftlich interessante Zielgruppe, eine Zielgruppe freilich, die auf Diskriminierungen sensibel reagiert. Für Europa ermittelte die EU-Kommission beispielsweise, dass der Markt für Sonderprodukte und -dienstleistungen derzeit pro Jahr zehn Milliarden Euro beträgt – Tendenz kontinuierlich steigend um jährlich 10 bis 20 %![206]
Das Kriterium „Soziales Image"[207] wird künftig viel stärker als heute vorstellbar den Erfolg von Unternehmen beeinflussen, wie z. B. bei Kaufentscheidungen bestehender oder potenzieller Kunden, Ratings wie Basel II, Investorenentscheidungen und internationalen Aufträgen. Mit dem Satz „PR begins at home" verweisen Kommunikationsfachleute darauf, welch zentrale Rolle die Einstellung der Mitarbeiter für das Unternehmens-Image spielt. Unternehmen mit der Vision und dem Willen, eine barrierefreie Umwelt für alle zu schaffen, werden die Märkte der Zukunft bestimmen.

2.5.5 Religionszugehörigkeit

Systeme, so auch Unternehmen, leben von den in ihnen wirkenden Menschen. Mitarbeiter bringen nicht nur ihre professionelle Rolle in Form von Arbeitsvertrag und Fachlichkeit in die tägliche Arbeit, sondern dies wird durch ihre individuelle Persönlichkeit, ihre Werten und Normen ergänzt. Auch ihre Religiosität, ihren Glauben, ihre Spiritualität und ihr Verhältnis zur Kirche bringen sie mit, wenn sie die Arbeitsstätte betreten. Sie gibt dem gesamten Verhalten einer Einrichtung oder eines Unternehmens, einen persönlichen Charakter und ist damit eine wichtige Voraussetzung für den Dienst, gerade auch im Umgang mit anvertrauten Menschen oder Kunden.[208]

206 Ebenda, S. 4.

207 RE-INTEGRA, Mensch und Wirtschaft verbinden, Der Integrationsfachdienst – Dienstleister für die Wirtschaft, Mainz, 2004, S. 12.

208 Meier-Gerlich, G., a.a.O., S. 67 f.

Wie aber ist die Meinung der Kirche als Tendenzbetrieb[231] zur Homosexualität ihrer Mitmenschen? Und wie hat sich vielleicht auch diese Sichtweise in den letzten Jahren geändert? Ist Homosexualität noch immer Sünde? Katholische Geistliche und andere kirchliche Mitarbeiter mit homosexueller Veranlagung werden zunehmend wahrgenommen, wobei ein homosexueller Lebensstil jedoch meist als nicht mit dem christlichen Glauben vereinbar angesehen wird. Homosexualität wird von der Arbeitgeberin Kirche soweit als möglich tabuisiert, wenngleich die Kirche vor allem in den letzten Jahren immer intensiver mit dem Thema Homosexualität konfrontiert wird und die Zeiten des Totschweigens vorbei sind.[232] In der jüngsten Stellungnahme des Apostolischen Stuhles[233] wurde schriftlich Stellung zum Thema Homosexualität bezogen. Hierin wird dargelegt, dass eine Verpartnerung eines im kirchlichen Dienst stehenden homosexuellen Mitarbeiters zur fristlosen Kündigung führt – unabhängig davon, ob es die Buchhalterin eines Krankenhauses, der EDV-Profi in der Serververwaltung oder der Arzt am Operationstisch ist.

Die Katholische Amtskirche hält somit nach wie vor an ihrer Ablehnung von Homosexualität fest. Weihbischof Laun[234] spricht hierbei von „... Last von den Schultern nehmen ...", „...die an gleichgeschlechtlichen Neigungen leiden ...". Auch in Veröffentlichungen der katholischen Kirche in Rom ist immer wieder von „... Mitleid haben mit Homosexuellen ..." die Rede. Der Vatikan sieht die homosexuelle Veranlagung selbst nicht als sündhaft an, wohl aber das homosexuelle Verhalten. Der Weltkatechismus nennt gleichgeschlechtliche Handlungen eine „Abirrung", die „in keinem Fall zu billigen" sei.[235] Nicht mehr alle katholischen Theologen, Priester und Bischöfe wollen der harten Haltung des Papstes folgen.

231 Tendenzbetrieb: Ein Unternehmen mit überwiegend politischen, konfessionellen oder ähnlichen Zwecken (z.B. ein konfessionell geführtes Krankenhaus, die katholische Kirche). LEXicon, Online in Internet, http://www.legamedia.net [15.12.2004].

232 Englisch, A., Die Wahrheit unterm Feigenblatt, Hamburger Abendblatt, Online in Internet: URL: http://lsbk.ch/articles/die_wahrheit_unterm_feigenblatt.asp [15.12.2004]. Marco Politi, einer der handverlesenen Journalisten, die den Papst bei zahlreichen Veranstaltungen und auch im Flugzeug begleiten dürfen, berichtet in seinem neusten Buch über die homosexuellen katholischen Priester im Kirchenstaat.

233 Sekretariat der Deutschen Bischofskonferenz (Hrsg.), Verlautbarungen des Apostolischen Stuhls Nr. 162, Kongregation für die Glaubenslehre, Bonn, 3. Juni 2003.

234 Laun, A., Homosexualität aus katholischer Sicht, Eichstätt, 2001, S. 18.

235 LSVD (Hrsg.), Kann denn Liebe Sünde sein?, Online in Internet: URL: http://www.homosexualität.de/glaube.htm [01.08.2004]. Die Abkürzung für LSVD steht für Lesben- und Schwulenverband Deutschland. Ausführliche Informationen hierzu sind Online in Internet: URL: http://www.lsvd.de [10.08.2004].

Basisbewegungen haben sich gegründet und wenden sich gegen die Verurteilung von Homosexualität. Huk e.V. [236] – Homosexuelle und Kirche – ist eine der großen Gruppierungen, die sich für mehr Offenheit der Kirche und für die Akzeptanz und Toleranz der homosexuellen Mitarbeiter und Mitglieder innerhalb der Kirche einsetzt. Auch der Dachverband der katholischen Jugendverbände[237] hat sich gegen die Ausgrenzung und Diskriminierung homosexueller Menschen ausgesprochen: „Was für Heterosexuelle selbstverständlich ist, müsse auch Homosexuellen ermöglicht werden. Ziel einer homosexuellen Spiritualität ist die Erkenntnis, dass Homosexualität kein Zufallsprodukt oder schlimmer noch Fehltritt ist, sondern dass damit besondere Berufungen, Qualitäten und Aufgaben für homosexuelle Menschen in ihrer Entfaltung und am Dienst an der Welt impliziert sind. Gott hat einen Plan für uns Menschen – und homosexuelle Menschen sind ein Teil davon".

In der Evangelischen Kirche hat die Diskussion über Homosexualität einen anderen Stellenwert. Zwar gibt es auch dort noch Stimmen, die Homosexualität als Verstoß gegen „Gottes Wort" betrachten, die Tendenz geht aber in eine andere Richtung.[238]

Die Evangelische Kirche im Rheinland hat sich ausdrücklich von „zwei Jahrtausenden schlimmster Verfolgung homosexuell liebender Menschen durch die Kirche" distanziert. Sie hat zudem beschlossen, „Mitarbeiterinnen und Mitarbeiter, Pfarrerinnen und Pfarrer wegen ihrer Homosexualität nicht zu benachteiligen". Die Synode der Evangelischen Kirche von Westfalen formulierte es als „Aufgabe der Kirche", dazu „beizutragen", dass „Lesben und Schwule ihre besondere Prägung ohne Furcht öffentlich machen können und dass homosexuelle Beziehungen nicht versteckt werden müssen." [239] Heinz-Georg Henning[240], Pfarrer der Evangelischen Kirche von Kurhessen-

236 Huk e.V., Homosexuelle und Kirche, Online in Internet: URL: http://www.huk.org [10.08.2004].

237 Auszug aus der Stellungnahme des BDKJ, dem Dachverband der katholischen Jugendverbände zum Thema „Keine Ausgrenzung und Diskriminierung homosexueller Menschen" – Eine offene Kommunikation als Chance und Gewinn für alle!

238 Evangelischer Pressedienst für Österreich (Hrsg.), Homosexualität und Kirche, Wien, 2002, S. 18. Baschang, K., Zusammenfassender Überblick, in: Idea-Dokumentation (Hrsg.), Kirche-Kultur-Homosexualität, Jahrgang: 02/2003, S. 4.

239 LSVD (Hrsg.), Kann denn Liebe Sünde sein?, Online in Internet: URL: http://www.homosexualität.de /glaube.htm [01.08.2004].

240 Hessisches Sozialministerium,. Da fiel ich aus allen Wolken ... Informationsschrift für Eltern lesbischer und schwuler Kinder, April 2003, S. 17.

nisational). Die größten externen Vorteile erwarteten sich die Befragten in den Bereichen Personalbeschaffung und Kundennähe. Die am häufigsten genannten internen Nutzen sind die Verbesserung von Teamarbeit und die erhöhte Produktivität der einzelnen Mitarbeiter.

Ein gut installiertes Diversity Management bietet die Chance, das Unternehmen und insbesondere dessen Kommunikation zu „vitalisieren" und damit den Anforderungen eines dynamischen Unternehmensumfeldes besser entsprechen zu können. Insofern liefert Diversity Management einen Beitrag zur Steigerung des Unternehmenserfolges. Schwierig ist es nach wie vor, *Diversity-Effekte* in ihren Wirkungen auf die betriebswirtschaftliche Situation des Unternehmens zu quantifizieren bzw. die betriebswirtschaftlichen Effekte einer speziellen Ursache zuzuschreiben. Unterstützen kann hierbei die Balanced Scorecard, mit deren Hilfe über die Analyse von Wirkungszusammenhängen auch weiche Faktoren berücksichtigt werden können. Diversity-Effekte lassen sich so systematisieren, um darauf aufbauend Leitfragen für die Zielerarbeitung zu entwickeln. Bei jedem Ziel sind Erfolgsindikatoren, Maßnahmen und Messzeitpunkte zu bestimmen und im Rahmen von Zielvereinbarungsgesprächen zu bearbeiten.

Voigt[244] sieht den potenziellen Nutzen von Diversity Management wie nachfolgend aufgeführt:

- Senkung des Konfliktpotenzials bei den Mitarbeitern[245]
- Effizienzsteigerung des Managements
- Loyalitätssteigerung
- Erfolgreiche Teamarbeit
- Erhöhung der internen Kooperationsbereitschaft
- Motivationssteigerung
- Kostengünstigere Personalrekrutierung
- Reduzierung der Fehlzeiten

244 Voigt, B., Work-Group "Measures & Benchmarks", 3. Internationale Managing Diversity Konferenz, 2001, Potsdam siehe Anhang A.11: Internationale Diversity Konferenz.

245 Der Personaleinsatz muss genauso zu einem Return on Investment führen wie Maschineneinsatz. Solange das Humankapital durch Konflikte und Missverständnisse Reibungsverluste erleidet, ist das Optimum nicht erreicht. Diversity Management ist eine Möglichkeit, diese Reibungen zu reduzieren.

Die Argumente für Diversity Management lassen sich den in Wechselbeziehung stehenden internen und externen Funktionen bzw. Beziehungen eines Unternehmens zuordnen. Ivancevich/Matteson[246] sortieren die Vorteile auf alternative Weise und zwar nach dem Bedürfnis, das damit abgedeckt wird. Argumente, die sich auf Kosten und Vorhandensein von Ressourcen beziehen, sind Themen, die Diversity schlichtweg als Notwendigkeit darstellen. Daneben gibt es Argumente in Bezug auf Marketing, Kreativität, Problemlösungspotenzial und Systemflexibilität. Diversity ist mehr als ein notwendiges Übel, es bringt einen Mehrwert für das Unternehmen.
Die Begründung für Diversity geht in zwei Richtungen:[247]

- Man will ein attraktiver Arbeitgeber für die Besten aus allen denkbaren Bewerber- bzw. Mitarbeitergruppen sein und
- man steht vor äußerst vielfältigen Kunden und glaubt, deren Erwartungen besser entsprechen zu können, wenn sich die Kundenstruktur in der Mitarbeiterstruktur widerspiegelt.

Die Firmen verstehen Diversity nicht als Sozialthema: „Damit verfolgen wir handfeste wirtschaftliche Interessen", sagt Birgit Gantz-Rathmann[248], Bereichsleiterin Gesundheit, Soziales und Chancengleichheit bei der Deutschen Bank.
In der Diskussion um Vorteile, Nutzen und Begründungen wird allzu häufig übersehen, nach der eigentlichen Zielsetzung von Diversity zu fragen. Aber Vielfalt an sich stellt kein Ziel oder keinen Wert dar, oder anders ausgedrückt, Diversity ist kein Selbstzweck. Aus wissenschaftlichen Untersuchungen heterogener Teams ist nämlich bekannt, dass Vielfalt allein noch kein Garant für Erfolg ist. Zusätzlich bedarf es einer Kompetenz im Umgang mit Unterschiedlichkeiten – oder übertragen auf Organisationen: eine Kultur, die der Vielfalt von Menschen positiv begegnet.

246 Blom, H., u.a., a.a.O., S. 249.
247 Institut für Interkulturelles Management, Presse-Service 2/2000, S. 2.
248 Mauch, T,. a.a.O., S. 1.

Insofern verfolgt Diversity auch das Ziel, Menschen mit allen ihren Unterschieden wertzuschätzen, als Bürger, Mitarbeiter, Kunden, Lieferanten usw. Ziel einer *Diversity-Initiative* ist in dieser Hinsicht, nicht irgendeine Vielfalt zu erreichen, sondern eine Vielfältigkeit, die den Arbeits- oder Absatzmärkten (oder der Gesellschaft) möglichst entspricht. Das Erreichen von diesen Zielelementen soll schließlich dazu dienen, den Erfolg einer Organisation zu steigern. Hierin ist gewissermaßen ein übergeordnetes Ziel von Diversity zu verstehen.[249]
Bei diesem Ansatz steht das wirtschaftliche Interesse im Vordergrund. Aus Sicht der Autoren kann dies allerdings auch auf Non-Profit-Unternehmen übertragen werden, da die unternehmerische Zielsetzung z. B. für die Kunden- oder Marktorientierung, die sowohl AOK als auch Caritas aufweisen, analog anzuwenden ist.

Diversity Management[250]

- verbessert die Marktabdeckung und die Kundennähe,
- dient der Kurspflege und steigert das öffentliche Ansehen,
- stärkt Unternehmen im Wettbewerb um die besten Mitarbeiter,
- steigert Produktivität (quantitativ und qualitativ) und
- senkt Abwesenheit sowie Fluktuation,
- verbessert die Zusammenarbeit im Unternehmen und
- lässt Veränderungen reibungsloser durchführen.

Zusammenfassend kann man sagen, Diversity Management schafft eine Reihe von Vorteilen für die Kunden, die Mitarbeiter und das Unternehmen. Es tritt eine *Win-win-Situation* für alle Beteiligten ein.

Die nachfolgende Abbildung soll als Zusammenfassung einen kurzen Überblick über den möglichen internen bzw. externen Nutzen von Diversity bieten.

249 Stuber, M., Diversity. Das Potenzial von Vielfalt nutzen – den Erfolg durch Offenheit steigern, München, 2004, S. 71.

250 Stuber, M., Die Vorteile von Diversity, Online in Internet: URL: http://www.ungleich-besser.de/4-companies/2-3.html [11.08.04].

Vorteile und Verbesserungen durch Diversity

Extern	
Kunden & Märkte	▪ Höhere Marktanteile ▪ Neue Marktsegmente ▪ Bessere Kundenbeziehung
Shareholder	▪ Verbessertes Rating ▪ Höhere Attraktivität
Arbeitsmarkt	▪ Besserer Zugang zu breiteren Marktsegmenten ▪ Verbessertes Personal-Image
Umfeld	▪ Höheres Ansehen

Intern	
Persönlich, Individuell	▪ Verbesserte Produktivität (quantitativ und qualitativ) ▪ Erhöhte Loyalität, Motivation
Zwischen-menschlich	▪ Verbesserte Gruppenarbeit und Zusammenarbeit ▪ Besseres Zusammenspiel neuer Kollegen
Organi-sational	▪ Höhere Offenheit gegenüber Veränderungen (M&A, OE) ▪ Effektivere Re-organisation

Copyright: Ungleich Besser Diversity Consulting

Abbildung 13: Vielfalt als Erfolgsfaktor nach Ungleich Besser Diversity Consulting

2.7.1 Begründungsansätze nach Thomas und Ely

Auf der Suche nach einer Begründung für Diversity Management haben David Thomas und Robin Ely[251] drei Begründungsansätze/Verständnisansätze entwickelt:

- Diskriminierungs- und Fairness-Ansatz (Fairness & Discrimination Paradigm)
- Marktzutritts- und Legitimitätsansatz (Access & Legitimacy Paradigm)
- Integrativer Ansatz/Lern- und Effektivitätsansatz (Learn & Effectiveness Paradigm)

Der Fairness- und Diskriminierungsansatz kommt einer juristischen Betrachtung sehr nahe. Antidiskriminierungspolitik als Grundlage der

251 Sepehri, P., u.a., a.a.O.,1999, S. 18.

Personalpolitik ist ebenso Inhalt wie Einstellungs- und Beschäftigungsquoten. Betrachtet man die Debatte zu Quotenregelungen und die Struktur des Rechtssystems in Deutschland, verwundert es nicht, dass diese erste Perspektive von deutschen Führungskräften und den meisten Wissenschaftlern abgelehnt wird. Das Hauptaugenmerk liegt auf der Überprüfung der Auswahl-, Beurteilungs- und Beförderungsverfahren im Hinblick auf diskriminierende Elemente. Der Schwerpunkt wird hier auf Chancengleichheit gelegt.

Deutlich höhere Akzeptanz findet der Marktzutritts- und Legitimitätsansatz. Bei diesem Ansatz wird Diversity Management in erster Linie als Instrument zur Markteroberung gesehen (Marktanteile, neue Markterschließung). Ein Forschungsprojekt bei der Siemens AG kam zu dem Ergebnis, dass 80 % der Führungskräfte hinter Diversity Management primär Markteroberungsgründe sehen.[252] Dabei wird versucht eine Mitarbeiterstruktur im Unternehmen abzubilden, die dem eigenen Markt entspricht, d. h. die Mitarbeiterstruktur wird entsprechend der Struktur des Zielmarktes angepasst. Damit entsteht im Unternehmen Wissen, welches vor allem im Marketingbereich und bei der Problemlösungskompetenz und Innovationsfähigkeit Vorteile gegenüber Mitbewerbern verspricht.

Einen sehr umfassenden und ganzheitlichen Ansatz verkörpert der Lern- und Effektivitätsansatz. Dieser Ansatz verbindet die beiden ersten Ansätze und weitet diese noch auf weitere Bereiche, wie z. B. Wettbewerbsvorteile bei der Personalbeschaffung, aus. Dieser Ansatz stellt den Menschen in den Mittelpunkt der Überlegungen. Die Vielfalt der Individuen wird geschätzt. Es wird auch besonderer Wert auf Image gelegt, denn qualifizierte Minderheiten bevorzugen Unternehmen, in denen ihre „Andersartigkeit" akzeptiert und gezielt gefördert wird.

252 Ebenda, S. 18.

2.7.2 Gründe für Managing Diversity

Michael Stuber[253] hat in seinem Basistext Diversity jeweils sieben wirtschaftliche, gesellschaftliche und kulturelle Entwicklungen herausgestellt, die belegen sollen, warum Diversity Management oder Managing Diversity für Unternehmen so wichtig ist. Die aussagekräftigsten davon sind nachfolgend aufgeführt.

Wirtschaftliche Entwicklungen:

- Globalisierung
- Europäische Integration
- Umstrukturierung in Unternehmen
- Wachsende Kunden- und Marktorientierung
- Unternehmenszusammenschlüsse und -übernahmen
- Strategische Allianzen, Kooperationen
- Qualitätssteigerungen

Gesellschaftliche und politische Entwicklungen:

- Integration von Frauen
- Immigration von ethnischen Minderheiten
- Behinderungen sind aufgrund des technischen Fortschrittes weniger Hindernis
- Homosexuelle sind keine Randgruppe mehr
- Altersstrukturveränderung
- Glaubens- und Religionsfragen nehmen aufgrund der Mobilität zu

Kulturelle Entwicklungen:

- Individualisierung der Gesellschaft
- Veränderung von Wertestrukturen und Verhaltensmustern
- Wachsende Bedeutung der Vereinbarkeit von Familie und Beruf
- Schnellere, umfassendere Information und Kommunikation durch neue Medien

253 Anhang A.10: Basistext Diversity – Die große Vielfalt.

Zur Entkräftung sollen lediglich einzelne Aussagen aus der Studie herangezogen werden:

- Die Erreichung von Diversity-Zielen, wie z. B. die Wertschätzung der Individualität von Mitarbeitern kann z. B. durch Mitarbeiter- oder Kundenbefragungen ermittelt werden. Die Zusammenhänge von Zufriedenheit, Produktivität sowie Markterfolg sind bereits erforscht.
- Diversity zahlt sich vor allem dann aus, wenn es konsequent umgesetzt wird. Ohne Diversity drohen Opportunitätskosten, zum Beispiel als Folge von Diskriminierungsklagen.
- In den USA gewinnt das Thema auch nach 15 Jahren noch an Bedeutung, dieser Zeitraum ist zu lange für ein Modethema.
- Diversity im Sinne von Unterschiedlichkeit, kann man mit Vielfalt übersetzen. Diversity beschreibt eine Geisteshaltung von Offenheit, Aufgeschlossenheit, Respekt und Neugier. Diversity steht für eine Unternehmensführung, nach dem alle Beschäftigten ihr gesamtes Potenzial einbringen können und dies auch wollen.
- Natürlich hat das operative Geschäft erste Priorität. Was könnte angesichts sinkender Mitarbeiterzahlen und Budgets wichtiger sein, als bewusst und gezielt alle zur Verfügung stehenden Ressourcen vollständig auszuschöpfen?
- Diversity ist nicht in erster Linie additiv zu verstehen, stattdessen bietet es Möglichkeiten zur Effizienzsteigerung. Außerdem relativiert und neutralisiert Diversity die ungerechtfertigten Bevorzugungen, die im Rahmen mancher Förderprogramme entstanden sind. Diversity versteht sich hierbei nicht als Programm, sondern strebt die nachhaltige Nutzung der gesamten Vielfalt innerhalb und außerhalb des Unternehmens an.

Die Umwandlung einer homogenen in eine heterogene Organisation ist ein langer Weg, dessen Verlauf schwer zu planen und zu steuern ist. Es handelt sich um einen Change-Management-Prozess, in dem die Transformation und der Wandel Befürworter aber auch Gegner haben können. Abwehrhaltung, Kritik und Sabotage sind häufige Antworten auf die Veränderungsinitiativen.[264]

Durch ein falsch verstandenes und angewendetes Diversity Management (einseitige Konzeptionen und Implementierungsstrategien) können auch Risiken entstehen, wie z. B. Forcieren sozialer Desintegrationsprozesse, zunehmende Kommunikationsprobleme und Fragmentierung der Unternehmenskultur und -identität.

Diesen Problemen kann nach Auffassung der Autoren durch ein gezieltes und den Funktionen nach ausgewogenes Diversity Management entgegengesteuert werden, um die o.g. Zielsetzungen zu erreichen bzw. nicht zu gefährden. Außerdem kommt es auch darauf an, Diversity nicht Top down[265] „verkaufen" zu wollen, sondern Kritik und Ablehnung anzuhören und sensibel darauf einzugehen, um so einen unternehmensspezifischen Umgang mit Diversity zu finden. Der Vorbildfunktion der Führungskräfte kommt hier besondere Bedeutung zu.

2.9 Erfolgsfaktoren

Als Erfolgsfaktoren für Diversity in Unternehmen identifizieren empirische Untersuchungen europäischer Best-Practises die folgenden Aspekte, die hier interpretiert und mit sinnvollen Maßnahmen verknüpft werden:[266]

- Akzeptanz von Unterschiedlichkeit
- Business Fokus
- Ganzheitlichkeit des Diversity Management
- Kohärenz zwischen Mitarbeiterinteressen und Unternehmensführung
- Wertschätzung und Nutzung von Diversity als gemeinsamer Wert
- Verschiedene, situativ angemessene Formen des Umgangs mit Diversity

264 Ivanova, F., a.a.O., S. 23.

265 Wird unter Punkt 6.3 noch detailliert beschrieben.

266 Hansen, K., Diversity Management in PersonalManagement-Box, Grundwerk, München u.a., 2003, S. 7.

Akzeptanz von Unterschiedlichkeit fällt den meisten Menschen sehr schwer. Wir lieben, was uns ähnlich ist und müssen erst lernen, das „Andere" als gleichwertig anzusehen. Ein Schritt auf diesem Weg besteht darin, Unterschiedlichkeit in uns selbst zu entdecken und zu akzeptieren (Awareness-Training).
Ein klarer Bezug zu Unternehmenszielen muss vorhanden sein. Diversity Management ist aus seiner Bedeutung für das Unternehmen heraus zu begründen (Business-Fokus), um nicht als „Schönwetter-Projekt" in wirtschaftlich schwierigen Zeiten abgebrochen zu werden.
Wichtig ist auch die Ganzheitlichkeit des Diversity Management, es darf nicht auf Trainings reduziert werden, sondern muss die Funktionen, Integration, Identität, Zielerreichung und Ressourcenmobilisierung abdecken.
Kohärenz zwischen Mitarbeiterinteressen und Unternehmensführung bedeutet, wirtschaftliche Ziele und Bedürfnisse der Mitarbeitergruppen (z. B. Frauen, ältere Mitarbeiter) zu beachten, auf Kompatibilität hin zu überprüfen und ins Gleichgewicht zu bringen.
Diversity ist in der Unternehmenskultur zu verankern. Es bietet sich an, es als Wert in das Leitbild zu übernehmen und in Zielvereinbarungen zu integrieren. Erfolgskritisch ist das Verhalten der Führungskräfte.
Es gibt kein Idealkonzept, sondern Erfolg versprechend sind verschiedene, situativ angemessene Formen des Umgangs mit Diversity. Sowohl von den Dimensionen her, die das Unternehmen in den Mittelpunkt stellt, als auch in Hinblick auf die Maßnahmen muss Diversity Management den Zielen und dem Entwicklungsstand der Organisation sowie den Mitarbeiterbedürfnissen entsprechend, situationsspezifisch gestaltet werden. Der Umgang mit personeller Vielfalt wird sich über die Zeit hin verändern.

Stuber hat in der folgenden Abbildung die häufigsten Fehler und Erfolgsfaktoren zusammengefasst.[267]

267 Stuber, M., Diversity. Das Potenzial von Vielfalt nutzen – den Erfolg durch Offenheit steigern, München, 2004, S. 256.

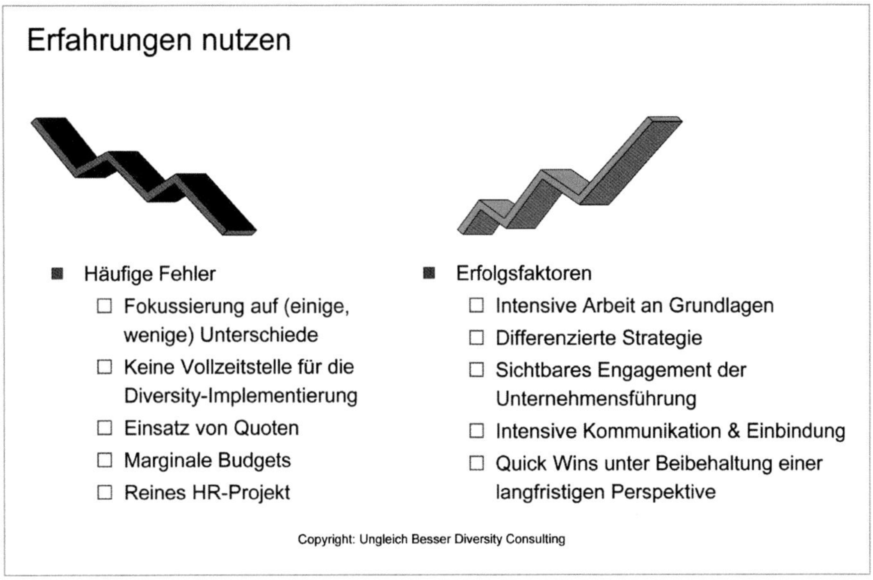

Abbildung 14: Fehler und Erfolgsfaktoren bei der Einführung von Diversity nach Ungleich Besser Diversity Consulting

Einige dieser Erfolgsfaktoren müssen sowohl bei Caritas als auch bei der AOK zunächst einmal hergestellt werden. Insbesondere die wirkliche Akzeptanz der Unterschiedlichkeit, die Wertschätzung von Diversity als gemeinsamer Wert und die Fähigkeit aller Organisationsmitglieder zum situativ angemessenen Umgang mit diesem Ansatz müssen aus Sicht der Autoren unterstützt werden.

Eine Reihe von Maßnahmen, die sich in US-amerikanischen Unternehmen bereits bewährt haben, sollten auch in Europa berücksichtigt und zu unternehmensindividuellen Konzepten integriert werden.[268] Zu denken ist beispielsweise an die Überprüfung von Beurteilungs- und Anreizsystemen, Trainings und Supervision, Feedbackprozesse, Mentorenprogramme und Netzwerkbildung.

268 Cox, T. H., a.a.O., 1994, S. 147.

2.10 Zusammenfassung

Wurde bislang vor allem von „Equal Employment Opportunities“ (gleichen Beschäftigungsmöglichkeiten) und „Non-discrimination“ (Nichtdiskriminierung) gesprochen, benutzt man nun mit Diversity Management einen Begriff, der nicht die Abwehr von Schaden, sondern die Realisierung von Möglichkeiten verspricht.[269]
Aktivitäten im Diversity Management machen sowohl aus gesellschaftlich-sozialen als auch aus ökonomischen Gründen Sinn. Die Resultate sind schwer quantifizierbar, aber qualitativ sind mindestens die folgenden positiven Veränderungen zu nennen:[270]

- eine stärkere Position in der Konkurrenz um knappe Humanressourcen;
- flexiblere Reaktionsmöglichkeiten auf Veränderungen auf den Absatz- und Beschaffungsmärkten;
- eine konkurrenzfähigere Position im Wettbewerb und
- die Vermittlung des Bildes einer das Individuum schätzenden Institution.

Vielfalt statt Gleichheit ist ein neues Leitbild, das die Erkenntnis vermitteln soll, dass es den Mitarbeitern und den Betrieben besser geht, wenn die verschiedenen Interessen und Lebenswelten aller anerkannt und rücksichtsvoll behandelt werden, so Lehner[271]. Managing Generation X, also die heute Dreißig- und Vierzigjährigen, Frauen und Männer, Schwarze und Weiße, Mütter und Väter und Singles würden dann ihren vollen Einsatz zeigen, wenn es dem Unternehmen gelänge, ihre Wünsche ans Leben und nicht nur an das Gehalt, möglichst optimal zu respektieren.
Doch die bisherigen Erfahrungen zeigen, dass heterogene Teams keineswegs automatisch aufgrund ihrer Vielfalt zu höherem Leistungsniveau gelangen als homogene Gruppen. Über die gewünschten positiven Auswirkungen und Synergieeffekte einer multikulturellen Organisation werfen häufig Kommunikationsschwierigkeiten, interne Konflikte, Prozessverluste und

269 Institut für Interkulturelles Management, Presse-Service 2/2000, S. 3.
270 Köhler-Braun, K., a.a.O., 04/1999, S. 188 f.
271 Lehner, M., u.a., a.a.O., S. 75.

Veränderungswiderstände ihren Schatten. Damit sich die Vorteile einer multikulturellen Organisation nutzen lassen, bedarf es eines Umfeldes, in dem Diversität gelebt werden kann.[272]

Angesichts der Komplexität von Diversity und des damit verbundenen hohen Aufwandes stellt sich die Frage, ob ein Unternehmen durch die Einführung von Diversity ausreichend Vorteile ziehen wird. Verbesserungen werden nicht allein durch die Auseinandersetzung mit diesem Thema erzielt. Um den Nutzen von Diversity voll auszuschöpfen, erfordert die Implementierung viel Zeit, echte Überzeugung und die Integration des Konzeptes in die Unternehmensstrategie. Jedes Unternehmen muss gründlich abwägen, welche Diversity-Aktivitäten für das eigene Unternehmen sinnvoll sind und wie hoch die Kosten und der Aufwand sind, diese umzusetzen. Umfangreiche Aktivitäten führen nicht zwangsläufig in jedem Unternehmen zum Erfolg. In Unternehmen, in denen eine stark ausgeprägte Monokultur herrscht und in denen gerade diese Monokultur als Grundlage für den Erfolg dient, kann es zu Reibungen führen, wenn sich das Unternehmen auf Vielfalt ausrichtet.[273]

Der viel beschworene Wertewandel verlangt zudem von Unternehmen, moderne Unternehmenskulturen, Arbeitsplätze und -modelle sowie flexible Vergütungssysteme und Karrierewege anzubieten. Standen früher noch Sicherheit, Gehalt und Statussymbole hoch auf der Prioritätenliste des Nachwuchses, so wurde dies vom Wunsch nach interessanten Tätigkeiten, einem aufgeschlossenen Umfeld und durchlässigen Organisationen abgelöst. Ein durch Vielfalt geprägtes Unternehmen berücksichtigt somit die Werte der heutigen und künftigen Arbeits- und Absatzmärkte.[274]

Obwohl Diversity ein ganzheitliches Konzept ist und den Rahmen bildet, kann es nach Meinung der Autoren gerade bei AOK und Caritas sinnvoll sein, erst einmal die bestehenden Aktivitäten zu überprüfen und nach und nach weitere Schritte zu unternehmen. Ein Anfang sind einzelne *Diversity-Programme*, wie z. B. Initiativen zur Vereinbarkeit von Familie und Beruf oder interkulturelles Training.

272 Ivanova, F., a.a.O., S. 27 f.

273 Stuber, M., Diversity Management – Alle Fähigkeiten nutzen, in: Uni 1/2002, S.52.

274 Stuber, M., Diversity Management – Alle Fähigkeiten nutzen, in: Uni 1/2002, S.52 f.

3 Diversity als Unternehmens- und Führungsstrategie

„Wir können die Windrichtung nicht bestimmen,
aber wir können die Segel richtig setzen.
Allerdings werden wir auch gegen den Strom segeln!

CBT[275]

Die Realisierung eines Diversity Managements ist unternehmensindividuell zu gestalten. Allgemein muss die Unternehmenskultur die Diversity-Anerkennung durch verschiedene Aktivitäten konsistent[276] und langfristig zum Ausdruck bringen. Wie ein geeigneter Umgang mit Vielfalt im Unternehmen konkret aussehen wird, hängt von dem spezifischen Diversity Mix ab, den jedes Unternehmen individuell ermitteln muss. Sinnvolle Maßnahmen sind in der Literatur inzwischen dokumentiert und einige Vorschläge, die sich in US-amerikanischen Unternehmen bewährt haben, sollten auch in Europa berücksichtigt und in unternehmensindividuellen Konzepten integriert werden.[277]

Diversity Management stellt eine Querschnittsaufgabe dar. Das bedeutet für ein Unternehmen, dass sowohl Führungskräfte, Personalverantwortliche als auch Betriebsräte und Mitarbeiter daran beteiligt werden müssen. Diversity ist eine Aufgabe für die Personalentwicklung genauso wie für die Organisationsentwicklung. Die Ressource Mensch ist in einem modernen Human Resources Management mehr als nur ein Produktionsfaktor. Diversity Management ist aber auch eine Aufgabe für den Bereich Marketing und ggf. Produktentwicklung, denn genauso wie die Struktur der Mitarbeiter ist der Kunde ebenfalls ein Mensch mit Vielfalt. Auch als Aufgabe für ein Qualitätsmanagement eignet sich Diversity Management und kann insofern Bestandteil eines Total Quality Managements im Rahmen eines Change Management Prozesses sein.

275 CBT gGmbH, CBT-Lagebericht 2002/2003, Köln, S. 25.

276 (lat.) in sich stabil, widerspruchsfrei. Duden – Das Fremdwörterbuch, Software, a.a.O.

277 Aretz, H.-J., u.a., Diversity Management – ein Konzept für den Umgang mit Vielfalt und Komplexität, in: zfo 04/2003, S. 193.

Um als Unternehmen anpassungs- und wettbewerbsfähig zu sein, kommt der Führung der Mitarbeiter eine besondere Bedeutung zu. Das Thema Personalstrategie ist aus diesem Grund verstärkt in das Bewusstsein von Wirtschaft, Politik und Wissenschaft gelangt. In den Umsetzungsstrategien der Personalabteilung bzw. des Personalmanagements sollten sich die Prinzipien der Personalpolitik entsprechend wiederfinden. Die Frage nach dem Ziel der Unternehmens- und Führungsstrategie ist aus Sicht der Autoren klar zu beantworten: Es geht darum, das unternehmerische Verhalten der Mitarbeiter zu nutzen und zu fördern und die Unternehmensinteressen mit den Interessen der Beschäftigten in Einklang zu bringen.

3.1 Evolution des Unternehmertums

Interessant sind in diesem Bereich auch die folgenden Ausführungen von Katharina Köhler-Braun[278]: Eine Entwicklung eines Unternehmens von der bloßen Beachtung der geltenden gesetzlichen Regelungen hin zu einem Unternehmen, das Diversity als Wettbewerbsparameter einsetzt, ist ein Kontinuum.

Stufe 0: Unternehmen empfinden die Integration von Frauen in die Berufswelt als überflüssig und als Bedrohung der traditionellen Strukturen (Unternehmen als Traditionalisten und Pessimisten).

Stufe 1: Unternehmen erkennen die Notwendigkeit von Frauenförderung nur indirekt. Ihre Förderung endet mit der mindestnotwendigen Beachtung gesetzlicher Regelungen (Unternehmen als Skeptiker).

Stufe 2: Unternehmen haben die Vorteile der Integration von Frauen in das unternehmerische Geschehen auf allen Hierarchieebenen erkannt. Sie sind allerdings nicht in der Lage, selbstständig Konzepte zu entwickeln, sondern lassen sich durch die Vorgabe staatlicher Stellen und die Programme anderer Unternehmen leiten (Unternehmen als Pragmatiker).

278 Köhler-Braun, K., a.a.O., 04/1999, S. 191 f.

Stufe 3: Unternehmen sehen Frauenförderung als ein Mittel zur Durchsetzung von Diversity im Unternehmen an. Sie haben sich von staatlicher Hilfe und Anleitung emanzipiert und entwickeln selbstständig unternehmensindividuelle Programme, die zum Teil über die gesetzlichen Vorgaben hinausgehen (Unternehmen als Change Agents).

Stufe 4: Der Kreis der integrierten Arbeitnehmer wird immer weiter gespannt: Berücksichtigt werden nicht nur Frauen, sondern auch andere Gruppierungen, die zu einer ganzheitlichen Diversity beitragen (Unternehmen als aktive Innovatoren).
Der Zeitpunkt der Realisierung der Stufe 3 bzw. 4 ist bisher noch nicht erreicht. Den Mitarbeitern kommt bei Dienstleistungsunternehmen wie AOK und Caritas eine besondere Bedeutung zu. Entscheidend ist hierbei, wie mit den Mitarbeitern umgegangen wird und wie die Mitarbeiter miteinander umgehen, also eine Frage der Unternehmenskultur.

3.2 Unternehmenskultur

Unternehmenskulturen sind komplexe, schwer fassbare Phänomene, die sich aus der Entstehung von gemeinsamen Sinn- und Orientierungsmustern, aus Werten, Normen, Symbolen und spezifischen Überzeugungen zusammensetzen. Sie sind im Wesentlichen implizit, sind gemeinsam geteilte Überzeugungen, die das Selbstverständnis und die Eigendefinition der Unternehmung prägen. Sie liegen wie selbstverständlich dem täglichen Handeln zugrunde und werden, in der Regel ohne viel Nachdenken, in der vertrauten Alltagspraxis gelebt.[279]
Obwohl die multikulturelle Organisation als Ideal dargestellt wird, kann eine monokulturelle Organisation mit ihrer starken Organisationskultur, nach Aussage von Schreyögg[280], nicht pauschal als nachteilig gelten. Auch sie bietet Vorteile für die Organisation, wie zum Beispiel eine rasche Entscheidungsfindung, reibungslose Kommunikation und eine hohe Motivation und Teamfähigkeit.

279 Schreyögg, G., Organisation, Grundlagen moderner Organisationsgestaltung, Wiesbaden, 1999, S. 463.

280 Ebenda, S. 437 ff.

Starke Unternehmenskulturen erfüllen hierbei eine Art Kompassfunktion und erzeugen für das einzelne Unternehmensmitglied eine überschaubare und verständliche „Welt", verbunden mit einheitlicher und reibungsloser Kommunikation. Jedoch stehen diesen Vorzügen eine Reihe negativer Effekte gegenüber. Hierzu zählt unter anderem die Tendenz zur Abschließung, was bedeutet, dass starke Kulturen Gefahr laufen, sich zu geschlossenen Systemen zu entwickeln, die Signale von außen nicht an sich heran lassen und sich verstärkt nur auf ihre Tradition und Rituale konzentrieren. Die Abwertung neuer Orientierungen und der Aufbau von Barrieren gegen jeglichen Wandel sind weitere gravierende Gefahren.[281] Diese starken monokulturellen Organisationen sind nach Meinung der Autoren zu einem strategischen Wandel fast nicht mehr in der Lage, wenn die Weichen jetzt nicht rechtzeitig gestellt werden.

Positiv ist den Autoren die Firma Motorola[282] aufgefallen, die schon bei ihrer Gründung 1928 Grundpfeiler der Unternehmenskultur gesetzt hat, die noch heute verbindlich für alle Mitarbeiter als so genannte „Management Principles" gelten: Respekt („Constant respect for people") und Integrität („Uncompromising integrity").

Die Verwirklichung dieser unternehmensspezifischen Grundwerte wird seit mehreren Jahrzehnten durch Diversity Management umgesetzt. Diversity beinhaltet hier das Erkennen und das Wertschätzen individueller Unterschiede und ist ein wichtiger Bestandteil der strategischen Unternehmensführung mit dem Ziel der Erhaltung der Innovations- und Zukunftsfähigkeit.

Ziel von Managing Diversity ist die Entwicklung zu einer multikulturellen Organisation. Diese Entwicklung kann nur gelingen, wenn ein kultureller Wandel der Organisation stattfindet. „Managing Diversity is not a program, not an orchestrated set of actions designed to „do" something. It calls for more than changing individual behaviours. It requires a fundamental change in the corporation's way of life."[283]

281 Ebenda, S. 464.

282 Allner, B., u.a., Praxisbeispiel Motorola: Diversity-orientierte Vergütung, in: Krell, G., a.a.O., S. 351.

283 Thomas, R. R., Beyond Race and Gender: Unleashing the Power of Your Total Work force by Managing Diversity, New York, 1991, S. 12.

3.3 Organisationsentwicklung

„Organisationsentwicklung lebt von der Einsicht
in das notwendige Balancieren
von Bewahren und Verändern."

Andreas Heller[284]

Die Organisationsentwicklung ist ein geplanter und schrittweise vollzogener Entwicklungs- und Veränderungsprozess, bezogen auf die Organisation selbst und die darin tätigen Mitarbeiter.[285] Hagen[286] beschreibt die Organisation als ein abstraktes Gebilde, welches selbst nicht lernen kann. Wenn sie aber doch lernt, dann sind es die Menschen in dieser Organisation, die sich, um in der veränderten Umwelt zu überleben, selbst verändern und weiterentwickeln müssen. Die Ziele der Organisationsentwicklung umfassen die Erhöhung der Leistungsfähigkeit der Organisation (Effektivität) und die Verbesserung der Qualität des Arbeitslebens für die im Unternehmen beschäftigten Menschen (Humanität). Die Organisationsentwicklung will also Produktivität und Menschlichkeit in Einklang bringen. Im fast identischen Wortlaut, wie gerade von Mentzel[287] dargestellt, formuliert Junker[288] das Begriffspaar „Produktivität und Menschlichkeit" und schließt mit der Feststellung: „Nur durch die Verknüpfung dieser Aspekte ist eine sinnvolle Organisationsentwicklung möglich." Für beide Dimensionen nennt Junker handlungsleitende Kriterien. Die Effektivität beinhaltet die Erhaltung oder Steigerung der Flexibilität, die Förderung der Innovationsbereitschaft und das Fördern der Lernfähigkeit des Systems. Für umsetzbare Kriterien der Humanität stehen die Verbesserung der Entfaltungs- und Entwicklungsmöglichkeiten, die Vergrößerung des Handlungs- und Entwicklungsspielraumes und die Verbesserung der Mitwirkung an Beratungs- und Entscheidungsprozessen. Personalentwicklung und Organisationsentwick-

284 Heller, A., u.a., OrganisationsEthik, Organisationsentwicklung in Kirchen, Caritas und Diakonie, Freiburg im Breisgau, 2003, S. 11.

285 Mentzel, W., Personalentwicklung, München, 2001, S. 4.

286 Hagen, R., in: Geißler, K., u.a., Handbuch Personalentwicklung, Köln, 1990, Kap. 3.9, S. 5.

287 Mentzel, W., a.a.O., S. 4.

288 Junker, P., u.a., Arbeitslogistische Verfahren im Pflegebereich, Stuttgart, 2001, S. 85.

lung[289] müssen hierbei Hand in Hand gehen und neben den Zielen der Unternehmung immer auch die Interessen der Mitarbeiter berücksichtigen.[290]

Stoffer[291] hat diesen Veränderungsprozess sehr bildhaft dargestellt: „Wir arbeiten in Strukturen von gestern mit Methoden von heute an Problemen von morgen, vorwiegend mit Menschen, die die Strukturen von gestern gebaut haben und das Morgen innerhalb der Organisation nicht mehr erleben werden." Die Verantwortlichen in Unternehmen müssen lernen, ihre Organisation als ein komplexes soziales System zu sehen. Dieses System besteht aus Personen, die in Wechselbeziehungen zueinander stehen und deren Verhaltensweisen durch Prozesse zustande kommen. Gleichzeitig stehen solche sozialen Systeme in vielfältigen Austauschbeziehungen zu anderen Systemen ihrer Umwelt. Somit sind sie Teile einer vernetzten und dynamischen Gesamtheit. Es ist zu erkennen, dass Unternehmen keineswegs nur aus Strukturen, Aufbau- und Ablauforganisationen bestehen, sondern dass Menschen die unternehmerische Tätigkeit ihren werteorientierten Handlungsweisen entsprechend beeinflussen.

Comelli[292] schreibt von lebendigen Organisationen, die in Wechselbeziehungen zu der sie umgebenden Umwelt stehen. Unter dem Begriff Organisationen fasst er Wirtschaftsunternehmen gleich wie öffentliche Institutionen, Kirchen und Verbände zusammen. Institutionen können groß oder klein sein, jung oder reif, flexibel oder unbeweglich, innovativ oder verknöchert. Dies sind sie aber nicht von Natur aus, sondern sie haben sich dorthin bewegt. Organisationen entwickeln und verändern sich und dann könnte es passieren, dass „von Zeit zu Zeit der Anzug nicht mehr passt" und es notwendig wird, eingeschliffene Verhaltensmuster der Organisationsmitglieder und des Organisationsablaufes zu überprüfen.

289 Guldin, A., in: Schuler, H., Lehrbuch der Personalpsychologie, Göttingen, Bern, 2001, S. 294, sieht die Grenzen der Personal- und Organisationsentwicklung fließend.

290 Mentzel, W., a.a.O., S. 4 f.

291 Stoffer, F., Sozial Management 2000, Overath, 1995, S. 284.

292 Comelli, G., Organisationsentwicklung, in: Rosenstiel, L. v., u.a., a.a.O., 1999, S. 632 f.

- Veränderte Menschen mit neuen Einstellungen und Wertsystemen erwarten eine andere Art des Umgangs und der Führung.
- Die zu bewältigenden Aufgaben werden immer komplexer und der zur Verfügung stehende Zeitrahmen zu deren Bewältigung immer geringer. Dies erfordert neue Denk- und Entscheidungstechniken.
- Marktverhältnisse ändern sich und Kunden, Wettbewerb, Produkte und Dienstleistungen, Service und Vertriebsformen setzen neue Standards und Maßstäbe.
- Der Einsatz neuer Techniken verändert ganze Betriebsstrukturen.
- Die Zeittakte werden kürzer. Die Lebenszyklen von Produkten[293] nehmen ab, die Reaktionszeit des Wettbewerbs verringert sich. Dies alles erfordert schnelles Reagieren und Flexibilität.
- Neue und zusätzliche gesellschaftliche Impulse, gesetzliche Vorschriften und gewandelte Ansprüche der Öffentlichkeit (Umweltschutz, Ethik) nehmen Einfluss auf die Unternehmensausrichtung.
- Veränderte demographische Verhältnisse haben Auswirkungen auf den Personalmarkt. Neue Personalbeschaffungsformen sind zu diskutieren und eine Veränderung der bisherigen Arbeitsgestaltung zu überdenken.

Die Beispielauflistung verdeutlicht sehr stark, dass es nicht mehr nur um die Frage „Veränderung – ja oder nein“ geht, sondern folgende zwei Kernfragen auftreten:[294] „Auf welche Veränderungssignale soll bzw. muss das Unternehmen eingehen und (rechtzeitig) reagieren?“ „Wie und in welcher Form sollen die als notwendig erachteten Anpassungs- und Veränderungsprozesse betrieben werden?“
Ziel der Durchführung eines organisatorischen Wandels sollte daher der Einbezug möglichst vieler Betroffener sein, gemäß der Devise „Viele Lokomotiven des Wandels!“, und nicht nur „Viele Anhänger des Wandels!“[295]

293 Nehmen wir hier ein Beispiel aus der Modebranche. Gab es noch vor wenigen Jahren lediglich die Frühjahr-, Sommer-, Herbst- und Winterkollektion, hat sich die Modebranche zu einer monatlich wechselnden Kollektion, also zwölf Kollektionen pro Jahr, hinbewegt. S. Oliver, Würzburg, Vorstellung des Firmenprofils in einer Firmenpräsentation im Rahmen des IHK-Ausbilderforums, Würzburg, 2001.

294 Comelli, G., in: Rosenstiel, L. v., u.a., a.a.O., 1999, S. 633.

295 Reiß, M., in: Rosenstiel, L. v., u.a., a.a.O., 1999, S. 662.

In den Bereich der Organisationsentwicklung gehört auch das unter Punkt 2.5.3.2 dargestellte Modell von Hoogsteder.

„Wir müssen Diversity unmittelbar in das Organisationsgeflecht einfügen,
so dass die entsprechenden Regeln und Verfahren
zum selbstverständlichen Bestandteil des Geschäftsalltags werden."

Michael Diekmann[296]

3.4 Führung und Management

Der nationale und internationale Wettstreit um die besten, qualifiziertesten und motiviertesten Arbeitnehmer hat in den letzten Jahren deutlich an Bedeutung gewonnen. Die aktuelle Situation mit einem Überangebot an qualifizierten Arbeitnehmern erscheint lediglich als kurzfristige Episode. Stellt man die demographische Entwicklung in den Mittelpunkt, ist heute schon sicher, so die Meinung der Autoren, dass sich der Wettbewerb der Zukunft auf den Personalmärkten entscheidet. Klare Vorteile haben diejenigen Unternehmen, denen es gelingt, besonders attraktive Arbeitsplätze für ihre Mitarbeiter zu schaffen und die auf dem Personalmarkt und in der Öffentlichkeit als attraktive Arbeitgeber präsent sind. Great Place to Work[297] und Capital Deutschland veranstalten einen jährlichen Wettbewerb um die Prämierung der besten Arbeitgeber Deutschlands. Fairness ist einer von fünf Clusterpunkten, der sich mit den folgenden Unterpunkten beschäftigt:

- Gleichheit: ausgewogene Behandlung aller im Hinblick auf Vergütung und Anerkennung
- Neutralität: Keine Bevorzugungen im Rahmen von Einstellung und Beförderung
- Gerechtigkeit: Keine Diskriminierung und Möglichkeiten der Beschwerde

296 Michael Diekmann, Vorstandsvorsitzender der Allianz Group.

297 Great place to work, Die Studie, Online in Internet:
URL: http://www.greatplacetowork.de/die_studie_main.html [06.07.2003].

In Detailfragen geht es um Themen wie Work-Life-Balance und die Förderung von Vielfalt.
„Ein Unternehmen, das ohne eine Vision arbeitet, kann möglicherweise kurzfristig Erfolg haben – aber schon nach kurzer Zeit Probleme bekommen".[298] Pater Anselm Grün[299] führt weiter aus und ist sich sicher, dass ein Unternehmen, das einen Sinn im Wirtschaften erkennt und seine Mitarbeiter inspiriert, auch wirtschaftlich floriert. Pater Anselm Grün wendet hierbei die 1500 Jahre alte Regel des Benedikts von Nursia an. Für ihn ist Führen eine spirituelle Aufgabe, in der der Vorgesetzte dem Leben dient und in seinen Mitarbeitern Leben weckt.
Vor allem in der Kreativität und der Phantasie, die sie beim Umgang mit Menschen entwickelt, zeigt sich die Kunst jeglicher Führung. Schon die alte Regel des Benedikt verlangt vom Abt, dass er der Eigenart vieler dient und sich gleichzeitig auf jeden einzelnen einlässt. Führung bedeutet in diesem Sinne, Überlegungen anstellen, welche Fähigkeiten in dem einzelnen Mitarbeiter stecken, was seine Begrenzungen und Gefährdungen sind, was ihn fördern und was ihn behindern könnte. Ziel ist hierbei das Wachsen des einzelnen und der ganzen Gemeinschaft.[300]

3.5 Change Management

Die Durchführung eines Diversity Management soll nach van Twuyver[301] in einem Change-Management-Prozess durchgeführt werden. Folgende Akzente sollten in der Gestaltung des Change Managements von Seiten der Unternehmensführung sowie bei der Involvierung der unterschiedlichen Organisationsebenen berücksichtigt werden:

- Die Unternehmensführung erkennt die Notwendigkeit an, die Organisation multikulturell zu gestalten.

298 Grün, A., Menschen führen – Leben wecken, Aus dem Inhalt, Münsterschwarzach, 2003, 5. Auflage.

299 Pater Anselm Grün, geboren 1945, ist als Cellerar der Benediktinerabtei Münsterschwarzach verantwortlich für über 20 Betriebe. Er gehört zu den meistgelesenen christlichen Autoren der Gegenwart und wird von vielen deutschen Topmanagern als geistlicher Berater geschätzt.

300 Grün, A., a.a.O., S. 97.

301 Blom, H., u.a., a.a.O., S. 265.

- Die Unternehmensführung hat eine deutliche Vorstellung, wie mit einer multikulturellen Organisation die strategischen Zielsetzungen erreicht werden können.
- Die Unternehmensführung hat diese Vorstellungen in praktische Maßnahmen umgesetzt.
- Diese Unternehmenspolitik besteht aus einer Vielzahl von Human-Resources-Management-Konzepten und Instrumenten, die miteinander vernetzt sind. Aktionismus in Form vereinzelter Aktionen, die positive Diskriminierung anstreben, führt am Ziel vorbei.
- Die Führungskräfte sollen langfristig planen, weil die Durchführung eines Diversity Managements über den Prozess von „trial and error" verläuft. Die Lerneffekte sollten in den Verfahrensweisen der Organisation eingebaut werden.
- Die Unternehmenspolitik sollte auf drei Ebenen (1) der strategischen Ziele, (2) was die Maßnahmen betrifft, (3) hinsichtlich der Hintergründe der neuen Politik in die ganze Organisation kommuniziert werden.
- Die Verantwortlichkeiten sollten bei den Führungskräften auf mittlerer Ebene oder möglichst noch tiefer liegen, damit das „commitment[302]" auf allen Organisationsebenen erhöht wird.
- Das Unternehmen sollte sich auf eine multikulturelle Belegschaft vorbereiten und den Führungsnachwuchs mit seiner künftigen Rolle vertraut machen.
- Die Unternehmenspolitik sollte in die Organisationskultur integriert werden und von der Bereitschaft der „Alteingesessenen" und der „Neuankömmlinge" voneinander zu lernen, geprägt sein.
- Die Führungskraft sollte Sensibilität für die Alteingesessenen entwickeln und zeigen, weil diese sich möglicherweise bedroht oder benachteiligt fühlen.

302 (engl.) Verpflichtung. Langenscheidt, a.a.O.

Nach Meinung der Autoren sind in diesen so genannten „Akzenten" viele nützliche Hinweise für die Praxisumsetzung enthalten. Spannend ist die Frage, wie man diese gewünschten Effekte erzielt und mit welchen Maßnahmen, Methoden und Instrumenten der Prozess begleitet werden kann.

3.6 Die besten Mitarbeiter durch Individualität

Nur diejenigen Unternehmen werden auf dem Markt Erfolg haben, die auf die neuen veränderten individualisierten Kundenanforderungen eingehen können.[303] Hierzu braucht es Führungspersönlichkeiten, die mit fremden Kulturen, mit Andersartigkeit, mit den verschiedenen Werten, Vorstellungen und Lebensstilen sensibel, einfühlsam und mit Fingerspitzengefühl umgehen können.

Ohne soziale Kompetenz, globalen Weitblick und überfachliche Diskussionen lassen sich heute kaum noch Produkte entwickeln und vermarkten, denn auch die Konsumenten sind nicht einfach eine homogene Masse von Produktabnehmern.[304]

Je unterschiedlicher die Kunden sind, desto unterschiedlicher muss der Mitarbeiterstamm werden, um den Kundenbedürfnissen gerecht zu werden. Die Ertragskraft von Diversity kann somit in neuen Geschäftsfeldern, leichteren Restrukturierungen, breiterer Kundenbasis und stärkerem Kundenvertrauen liegen.

Diversity sorgt zum einen dafür, dass Produkte für die Ansprüche der vielfältigen Kundschaft entwickelt werden, zum anderen aber auch dafür, dass Mitarbeiter sich in ihrer Individualität respektiert fühlen und deshalb auch produktiver arbeiten. Diese Produktivität ist eine zweite entscheidende Säule des Konzeptes, auch für Monika Rühl[305], Diversity Managerin bei der Lufthansa: „Wenn Sie überlegen, dass nur 19 Prozent aller Mitarbeiter in den

303 Sepehri, P., a.a.O., 2002, S. 10.

304 Vielfalt als Chance – Internationale Konferenz „Managing Diversity", Online in Internet: URL: http://premium-link.net/$44926$1453447602$07.07.2004/1229690.pnn [22.01.2005].

305 Lueg, A., Interview: Vom Umgang mit den Unterschieden – Diversity Management in deutschen Unternehmen, Online in Internet: URL: http://www.dradio.de/klf/sendungen/hiwi/289781/ [07.01.2005].

Unternehmen engagiert mitarbeiten und die restlichen 81 % entweder Dienst nach Vorschrift machen oder die Zeit absitzen oder sogar annähernd 20 % massive Behinderer in Unternehmen sind. Wenn Sie sich das mal volkswirtschaftlich überlegen, was da für Produktivitätsreserven noch drin sind, dann müsste jedes Unternehmen losrennen und Diversity Management machen."

In Personalanzeigen für Fach- und Führungskräfte suchen viele Unternehmen noch immer hauptsächlich gezielt junge, motivierte, mobile, belastbare und flexible Mitarbeiter mit hervorragendem Studienabschluss und Berufserfahrung. Bei der heutigen Arbeitsmarktsituation wird die Beschaffung von Mitarbeitern mit einem solchen Profil immer schwieriger. Sich an bisher nicht direkt angesprochene Zielgruppen zu wenden, wird vor diesem Hintergrund zur Notwendigkeit. Zu diesem Zweck können durch die Personalbeschaffung verschiedenste Arbeitsmärkte erschlossen werden.

Durch geeignete Diversity-Maßnahmen können sich Unternehmen bei der Personalrekrutierung profilieren und ihre Attraktivität für potenzielle Bewerber steigern:[306]

- Homosexuelle wollen am Arbeitsplatz anerkannt und akzeptiert werden.
- Ältere Menschen wollen Berufs- und Privatleben in Einklang bringen, ohne auf der Ersatzbank sitzen zu müssen.
- Ausländer wollen als volle Arbeitnehmer mit ihrer Kultur und Religion einbezogen werden.
- Behinderte wollen ohne Mitleid als Menschen mit vollem Potenzial angesehen werden.
- Jüngere Frauen wollen Beruf und Karriere meistern.

Es liegt am Unternehmen, die Besonderheiten dieser und vieler anderer Menschen herauszufiltern, zu verstehen und in Konzepte einzubeziehen, die diesen Menschen persönlichen und beruflichen Erfolg und damit dem Unternehmen Vorteile verschaffen. Diversity ist hierbei nicht nur für die

306 Perrier, J., a.a.O., S. 32.

Personalsuche interessant, sondern auch für die Personalauswahl und die Personalentwicklung.
Diversity Management hilft den Unternehmen also neben anderen Zielsetzungen, für die besten Köpfe attraktiv zu sein. Denn die finden sich nicht nur unter den jungen deutschen Männern und der Kampf um die so genannten High Potentials, die viel versprechenden Nachwuchstalente, ist hart – auch in wirtschaftlich schlechten Zeiten.[307]
Gerade in einer konjunkturell eher schlechten Zeit, „suchen einzelne Unternehmen daher nach ungewöhnlichen Lebensläufen, vielseitigen Persönlichkeiten, die anschlussfähig und sozial kompetent sind", sagt Michael Stuber[308] von der Unternehmensberatung mi.st. In den USA haben Unternehmen längst erkannt, dass sich aus den Eigenheiten von Individuen ökonomische Vorteile ziehen lassen.[309]
Voraussetzung für die erfolgreiche Rekrutierung und Bindung von vielfältigen Menschen ist nach Meinung der Autoren deren Akzeptanz und Wohlbefinden im Unternehmen. Arbeitsbedingungen und Arbeitsatmosphäre sind dementsprechend zu gestalten. Es geht dabei nicht um Toleranz im Sinne von „Duldsamkeit", denn es soll nicht zwischen „Normalen" und „Nicht Normalen" unterschieden werden. Im idealen Diversity-orientierten Unternehmen gibt es keine „Normalen" oder „Exoten", es gibt nur einzigartige Menschen, die sich gegenseitig respektieren.

3.7 Personalstrategie

Die Personalabteilung gibt häufig den Impuls für die Einführung des Diversity Managements. Dabei ist allerdings sicherzustellen, dass dieses Konzept durch das Top-Management getragen wird und in das tägliche Handeln aller Akteure in der Organisation Eingang findet.[310] In der

307 Lueg, A., Interview: Vom Umgang mit den Unterschieden – Diversity Management in deutschen Unternehmen, Online in Internet: URL: http://www.dradio.de/klf/sendungen/hiwi/289781/ [07.01.2005].

308 Stuber, M., Presseinformation, Deutsche Wirtschaft blockt ab, Bloß keine Vielfalt, Trotz Flaute nutzen wenige Unternehmen das Potenzial von „Diversity", Köln, 18. September 2003.

309 Globert, Y., Diversity Management: Auf den Unterschied kommt es an, Online in Internet: URL: http://zeus.zeit.de/text/chancen/jobletter/html [07.01.2005].

310 Hansen, K., Diversity Management, in: PersonalManagement-Box, Grundwerk, München u.a., 2003, S. 18.

Unternehmensstrategie (z. B. im Rahmen von Unternehmensleitlinien oder Personalleitlinien) können Richtlinien und Diversity-Politik formuliert werden. Auch kann in der Personalabteilung organisatorisch eine spezielle Diversity-Beratung installiert werden, die im Sinne einer Qualitätssicherung, Diversity-Strategien initiiert und steuert. Aufgaben für diese Funktion können z. B. sein:

- Diversity-Kulturanalyse im Unternehmen durchführen (Bestand, Arbeitsbedingungen, Vergütung, Karrierewege),
- Sensibilisierung des Personalmanagements und der Linien-Führungskräfte für das Thema Diversity,
- Individueller neutraler Ansprechpartner sein für Mitarbeiter, die sich diskriminiert fühlen,
- Interkulturelles Coaching, Beratung und Moderation durchführen und
- Interkulturelle Organisationsprozesse initiieren und begleiten.

Diversity sollte sich nach Meinung der Autoren als wichtiger Bestandteil der Unternehmenskultur und -ziele auch in den Personalführungsinstrumenten wiederfinden, z. B. in der individuellen Zielvereinbarung sowie der Leistungsbeurteilung und dem darauf aufbauenden unternehmensweiten leistungsorientierten Vergütungssystem.

Bei Motorola[311] ist eines der übergeordneten globalen Unternehmensziele die Steigerung des „Shareholder Values“[312]. Die Wertschätzung von Diversity ist ein wesentlicher Bestandteil dieser Zieldefinition. Insbesondere die Führungskräfte des Unternehmens in allen Funktionen und auf allen Ebenen werden hierzu besonders verpflichtet, um den Wettbewerbsvorteil Diversity gleichzeitig global und lokal umzusetzen.

Die Förderung von Diversity ist eingebettet in die für alle Führungskräfte verbindlichen Management-Prinzipien und gilt daher als wichtige Kernkompetenz einer erfolgreichen Führungskraft. Der sichtbare praktische und erfolgreiche Einsatz dieser Kompetenz ist z. B. ein – an alle Führungs-

311 Allner, B., u.a., in: Krell, G., a.a.O., S. 352.

312 Unternehmenswert für den Eigentümer/Aktionär. – Das Fremdwörterbuch, Software, a.a.O.

kräfte des Unternehmens kommuniziertes – relevantes Kriterium für eine mögliche Beförderung einer Führungspersönlichkeit.
Insgesamt ist auf eine Ausgewogenheit des Gesamtkonzeptes zu achten, das folgende Funktionen beinhalten sollte:[313]

- Sammlung von Informationen über internationale Konzepte und Best-Practise aus Inlandsunternehmen, Auswertung und Bericht an das Top-Management
- Erarbeitung und Kommunikation des spezifischen Nutzens für das Unternehmen
- Entwicklung von unternehmensspezifischen Instrumentarien für das Management von Vielfalt unter Einbeziehung von Dominanz- als auch Minoritätengruppen (Fokusgruppen, Workshops)
- Ressourcenmobilisierung für Diversity Management unter Beachtung der Unternehmensziele
- Integration von Aktivitäten des Diversity Management in die Unternehmenskultur und die Betriebsgemeinschaft
- Identität des Diversity Management durch dessen Verzahnung mit dem Leitbild des Unternehmens.

In der Personalabteilung sollten dabei gleichzeitig Instrumente der Steuerung und Erfolgsmessung entwickelt werden, die anschlussfähig an die im Unternehmen bereits genutzten Systeme sind (Balanced Score Card[314], Zielvereinbarungssysteme, Beurteilungssysteme). Die Implementierung des Instrumentariums muss ständig begleitet und in einen Prozess der kontinuierlichen Verbesserung überführt werden.

313 Hansen, K., Diversity Management, in: PersonalManagement-Box, Grundwerk, München u.a., 2003, S. 18.

314 Die Balanced Score Card (BSC) ist ein Konzept zur Umsetzung einer Unternehmensstrategie. Eine BSC beginnt bei einer Vision und Strategie des Unternehmens und definiert auf dieser Basis die kritischen Erfolgsfaktoren. Ein ausgewogenes Kennzahlensystem wird dann so aufgebaut, dass es die Zielsetzung und Leistungsfähigkeit in kritischen Bereichen der Strategie fördert und alle für die strategische Entwicklung wichtigen Geschäftsprozesse eines Unternehmens erfasst.

3.8 Personalmanagement und Personalmarketing

Im Hinblick auf die zukünftigen Herausforderungen der Unternehmen ist Personalmanagement[315] ein erfolgsrelevantes Thema geworden. Die Zeiten, in denen die Personalabteilung lediglich Aufgaben wie das Einstellen von Mitarbeitern, Lohn- und Gehaltsabrechnung sowie Personalbuchhaltung wahrgenommen hat, gehören der Vergangenheit an. Neben der umfangreichen Erweiterung des Aufgabenbereichs der Personalabteilung ist der Personalbereich angetreten, die individuelle Mitarbeiterentwicklung bis hin zur Ausarbeitung strategischer Personalkonzepte zu übernehmen.[316] Ganzheitliches Personalmanagement ist die Zusammenfassung einzelner funktionaler Bereiche. In der Literatur wird dieser Verbund sehr unterschiedlich zusammengefügt. Nach Auffassung von Heister[317] besteht Personalmanagement aus den Bereichen:

- Personalbeurteilung,
- Personaleinsatz,
- Personalentwicklung,
- Personalführung,
- Personalgewinnung,
- Personalhonorierung,
- Personalwirtschaft.

Unabhängig von der Zusammenstellung besteht die Notwendigkeit der Integration der einzelnen Funktionen.
Personalmarketing wird definiert als die Anwendung des Marketinggedankens auf den Personalbereich, vor allem auf die Personalbeschaffung. Beim Personalmarketing wird also das ursprünglich für den Absatzmarkt entwickelte Konzept auf den Personalbereich übertragen. Anstelle des Kunden steht der Mitarbeiter und statt Produkte und Dienstleistungen werden Arbeitsplätze angeboten.

315 Kleinmann, M., u.a., a.a.O. Im Vorwort spricht Kleinmann von Personalmanagement als ein Instrument, das längst zur entscheidenden Einflussgröße für den Unternehmenserfolg geworden ist.

316 Krater, K., Quo vadis – Human Ressources als Businesspartner?, in: Riekhof, H., a.a.O., S. 301.

317 Heister, W., Die 360-Grad-Beurteilung – Ein innovatives Instrument der Personalbeurteilung in sozialen Unternehmen, in: Beck, M., a.a.O., Kap. C 2.7, S. 17 f.

Das Personalmarketing zielt darauf ab, die Arbeitsplätze so attraktiv zu gestalten, dass die Mitarbeiter dem Unternehmen beitreten und dem Unternehmen eine beständige Treue aufweisen. Die Personalentwicklung leistet hierzu einen wesentlichen Beitrag, damit den Mitarbeitern sichtbare Chancen zur Weiterbildung und zum beruflichen Fortkommen geboten werden.[318]
Folgt man der Auffassung von Hartmann[319], so verstehen viele Unternehmer unter Personalmarketing oft nur Personalwerbung und -beschaffung (mit dem Fokus auf künftige Mitarbeitende); wobei gleichzeitig das interne Personalmarketing vernachlässigt wird. Hartmann versteht unter Personalmarketing die Verknüpfung der beiden Elemente Personal und Marketing. Mit "Personal" sind alle Mitarbeiter gemeint, mit ihrem individuellen Wissen und Können, ihren Fähigkeiten, Persönlichkeitsmerkmalen, Bedürfnissen, Motiven und Zielen, sowie mit ihren Einstellungen, Werthaltungen und ihrem Verhalten. „Marketing" beinhaltet eine markt- und kundenorientierte Denkhaltung. Dazu bedarf es gezielter und systematischer Aktivitäten.

Eine zentrale Rolle spielen dabei Aspekte wie Zielgruppen, Kundenbedürfnisse und -nutzen, Kundenzufriedenheit und -bindung. Das Personalmarketing umfasst als Wettbewerbsfeld den internen und externen Arbeitsmarkt, in dem der Mitarbeitende als Kunde des Unternehmens zu betrachten ist. Vergleicht man die Definitionen von Mentzel und Hartmann, so spiegeln sich hier eindeutig die gleichen Grundsätze wieder. Bei beiden Konzepten wird der Mitarbeiter als Kunde gesehen und die Führungskraft als Dienstleister, der für seinen Mitarbeiter da ist. Die Verfasser sehen gerade bei diesem Ansatz den Start einer Positivkette und einer Win-win-Situation[320] für Mitarbeiter, Kunden, Führungskraft bzw. Unternehmer, also für alle Beteiligten. Hartmann[321] untermauert dies mit der in der Praxis häu-

318 Mentzel, W., a.a.O., S. 3.

319 Hartmann, R., Mitarbeiter sind Kunden – Personalmarketing als Erfolgsfaktor, in: Köhler, A., Personalmarketing, Online in Internet:
URL: http://www.hrgate.ch/files/de/archive/list1/sp_personalmarke-ting.pdf [05.01.2003].

320 (Engl.) es profitieren alle beteiligten Gruppen. Duden – Das Fremdwörterbuch, Software, a.a.O.

321 Hartmann, R., a.a.O.

fig geschilderten Kausalkette: Mitarbeiterzufriedenheit ermöglicht Mitarbeiterbindung. Dies ermöglicht Kundenzufriedenheit, was wiederum Kundenbindung ermöglicht. Kundenbindung ermöglicht Profit.
Der Personalbereich und die Unternehmenskommunikation stellen gemeinsam die zentrale Funktion für die Einführung von Diversity Management dar. Möglichkeiten in diesem Bereich sind z. B. interkulturelle Trainings, Sprachkurse, Frauenförderung durch Stipendien oder Mentoring, Kinderbetreuung, Weiterbildung von älteren Mitarbeitern, Netzwerke und Freizeitangebote.
Die Personalbeschaffung spielt hierbei eine Schlüsselfunktion, weil sie die Vielfalt der Mitarbeiter durch Neueinstellungen aktiv bestimmt. Ein positives Image durch Diversity Management kann sich hierbei nach Meinung der Autoren nur positiv auswirken.
Vielfalt im Unternehmen wird dann gelebt, so Koall[322], wenn sie nicht mehr auffällt, wenn die Begeisterung für die Tätigkeit wichtiger ist als die Unterschiede zwischen den Einzelnen.
Problematisch wird das Verständnis von „Vielfalt als Unterschiede", wenn es nicht um Individuen geht, sondern um Gruppen, deren Mitgliedern verallgemeinernd Identitäten, Eigenschaften und Verhaltensweisen zugeschrieben werden. Damit werden stereotype Annahmen über die Angehörigen solcher Gruppen getroffen, und es wird ausgeblendet, dass es auch innerhalb der Gruppe Unterschiede gibt. Die Variante „Vielfalt als Unterschiede und Gemeinsamkeiten" lenkt den Blick darauf, dass alle Individuen nicht nur einer Merkmalsgruppe angehören, sondern immer zugleich mehreren dieser Gruppen. Hinsichtlich Werten, Einstellungen und Verhaltensweisen gibt es einerseits Unterschiede innerhalb der Beschäftigtengruppen und andererseits Gemeinsamkeiten zwischen den Beschäftigungsgruppen.[323]
Will man Diversity Management bereits bei der Personalplanung berücksichtigen, bildet das Anforderungsprofil oft die Grundlage für Personalentscheidungen. Eine Abweichung des Anforderungsprofils kann z. B. Ursache dafür sein, dass „uneigentliche" Kriterien bei der Vorauswahl oder

322 Behnke, A., Abbau von Diskriminierung durch diversity management, Online in Internet: URL: http://www.news.jugendsozialarbeit.de/010917diversity.htm [19.04.2004].

323 Krell, G., a.a.O., S. 42.

Einstellung und weiteren Beurteilung und Förderung von Mitarbeitern und insbesondere Bewerbern/Mitarbeitern von Minderheitengruppen vorhanden sind.
Typische personalpolitische Probleme spielen hier eine Rolle, z. B.: [324]

- Doppelungseffekt: Führungskräfte tendieren bei den Nachfolgeentscheidungen oft dazu, Mitarbeiter, die ihnen selbst ähnlich erscheinen, zu bevorzugen.
- Das Ausbildungsniveau der Minderheitengruppen ist ggf. niedriger als bei anderen Bewerbern.
- In jeder Organisation sind Wertvorstellungen und Verhaltensweisen vorhanden, die Normen und Regeln prägen.
- Die Definition von Professionalität im Umgang mit Kollegen, z. B. wie Vorgesetzte und Mitarbeiter sich begegnen, die kollegialen Umgangsformen und wie Konflikte und Kritik geäußert werden, ist oft an informelle Regeln gebunden, die als Selbstverständlichkeiten gelten. In Bewerbungs- und Mitarbeitergesprächen kommen auch solche informellen Selbstverständlichkeiten oft als unbewusster Maßstab zur Anwendung.

Bereits diese vier Beispiele zeigen, dass die Berücksichtigung von Diversity-Grundsätzen im Bereich der Personalpolitik viele Facetten hat und deren Berücksichtigung eine sorgfältige und differenzierte Vorgehensweise erfordert.

3.9 Personalentwicklung

Die Personalentwicklung ist noch eine recht junge Wissenschaftsdisziplin, die sich in hohem Maße an die benachbarten Wissenschaften wie Volks- und Betriebswirtschaftslehre sowie Pädagogik und Psychologie[325] anlehnt. Kurz[326]

324 Blom, H., u.a., a.a.O., S. 270.

325 Sonntag, K., Personalentwicklung in Organisationen, Göttingen, 1992, 2. Auflage, S. 19, setzt Personalentwicklung in engen Bezug zur Psychologie und unterscheidet hierbei Pädagogische Psychologie, Persönlichkeits-, Sozial-, Organisations- und Entwicklungspsychologie.

bezeichnet die Personalentwicklung als „Management by Polaroid: Jeder entwickelt sich selbst!"
Dieser Slogan zeichnet sicherlich ein idealtypisches Bild, zumal es von dem Ansatz ausgeht, dass jeder Mitarbeiter am besten wisse, welche Qualifikation er erwerben soll und kann. Vordringliche Aufgabe der Personalentwicklung[327] ist es, die vorhandenen Fähigkeiten und Neigungen der Mitarbeiter zu erkennen, zu entwickeln und zu fördern, um sie mit den jeweiligen Erfordernissen der Arbeitsplätze in Übereinstimmung zu bringen. Personalentwicklung liefert eine professionelle Unterstützung, um den Lern- und Veränderungsprozessen im Unternehmen zu begegnen.
Personalentwicklung nimmt im Zeitalter des Wissenskapitals eine Schlüsselfunktion[328] im Unternehmen ein und Bedarf daher einer systematischen und strategischen Planung und Ausrichtung. Pollack[329] stellt einige grundlegende Strategien seiner Vorstellung der Personalentwicklung dar:

Wir sagen:	Wir wissen:	Wir erkennen:
Wir bauen auf unsere Mitarbeiter als eine tragende Säule unseres Erfolges.	Unternehmen, die sich eine führende Rolle in der Attraktivitätsskala als Arbeitgeber erarbeitet haben, belegen auch die Spitzenplätze bei Wachstum, Profitabilität und Innovationskraft.	Dass die Mitarbeiter eines Unternehmens nicht mehr nur als Kostenfaktor gesehen werden dürfen, sondern ein Aktivum darstellen, in welches investiert werden muss.

Abbildung 15: Strategien der Personalentwicklung
Quelle: Pollack, W., u.a., a.a.O., S. 23.

326 Kurz, J., u.a., Qualifizierungs- und Weiterbildungsberatung im Kontext der Personalentwicklung, Frankfurt am Main, 1991, S. 47.

327 Sonntag, K., a.a.O., S. 99, stellt im Vergleich zur gängigen Literatur eine Vielzahl von Definitionen von Personalentwicklung dar. Diese differenzieren sich lediglich darin, was das Wort „Personalentwicklung" ohnehin impliziert. Sonntag selbst spricht bei der Personalentwicklung von Wissensvermittlung, Verhaltensmodifikation und Persönlichkeitsentwicklung.

328 Sattelberger, T., u.a., Wissenskapitalisten oder Söldner?, Personalarbeit in Unternehmensnetzwerken des 21. Jahrhunderts, Wiesbaden, 1999, S. 271.

329 Pollack, W., u.a., Personalentwicklung in lernenden Organisationen, Wiesbaden, 2001, S. 23.

Personalentwicklung richtet sich nicht nur an Führungs- und Nachwuchsführungskräfte, sondern an alle Mitarbeiter des Unternehmens. Der Einbezug aller Mitarbeiter in die Personalentwicklung schließt jedoch nicht aus, dass die Häufigkeit und der Umfang bestimmter Entwicklungsmaßnahmen variieren können. An der Personalentwicklung sind darüber hinaus mehrere Stellen im Unternehmen beteiligt. Diesem Verbund gehören die Unternehmensleitung, die Personalabteilung oder auch Bildungsabteilung, der Vorgesetzte, der Betriebsrat und der Mitarbeiter an.
Die Personalentwicklung versucht, die persönlichen Entwicklungs- und Karriereziele des Einzelnen in die allgemeinen Unternehmensziele zu integrieren. Die Herausforderung der Personalentwicklung liegt darin, die unterschiedlichen Interessenlagen zwischen Unternehmens- und Individualzielen in Einklang zu bringen. Mentzel[330] stellt einige denkbare Einzelziele aus Sicht des Unternehmens zur Auswahl vor:

- Sicherung des notwendigen Bestands an Fach- und Führungskräften,
- Anpassung der Qualifikationen der Mitarbeiter an veränderte Gegebenheiten,
- Vorbereitung auf höherwertige Tätigkeiten,
- Verbesserung des Leistungsverhaltens der Mitarbeiter,[331]
- Vermittlung von Schlüsselqualifikationen,
- Verbesserung der Chance zur Selbstverwirklichung durch anspruchsvolle Aufgaben,
- Motivation der Mitarbeiter,
- Erhöhung der Bereitschaft, Änderungen zu verstehen oder herbeizuführen.

Eine exemplarische Aufzählung möglicher Einzelziele des Mitarbeiters stellt Mentzel[332] wie folgt dar:

330 Mentzel, W., a.a.O., S. 10.

331 Thurau, C., Die Kundenorientierung von Mitarbeitern – Schlüsselgröße für den Unternehmenserfolg, Lohmar, Köln, 2002, S. 202 f.

332 Mentzel, W., a.a.O., S. 11.

- Anpassung der persönlichen Qualifikation an die Ansprüche des Arbeitsplatzes,
- Grundlage für den beruflichen Aufstieg (Karriereplanung),
- Erhöhung der individuellen Mobilität am Arbeitsmarkt,
- Arbeitsplatzsicherheit und Arbeitszufriedenheit,
- Persönlichkeitsentwicklung und -bildung,
- Übernahme größerer Verantwortung,
- Erschließung und Vervollkommnung bisher ungenutzter persönlicher Fähigkeiten,
- größere Chance der Selbstverwirklichung am Arbeitsplatz durch Übernahme anspruchsvollerer Aufgaben.

Die Personalentwicklung muss für die einzelne Organisation konzipiert sein. Es kommt nicht darauf an, das umzusetzen, was in der Personalentwicklungs-Szene der „letzte Schrei" ist, sondern es ist unumgänglich, die Vorgehensweise der Personalentwicklung auf die jeweilige Organisation und deren Bedürfnisse abzustimmen.
Um die Qualität und den Erfolg von Personalentwicklungsmaßnahmen sicherzustellen, kommt es nicht nur auf die Auswahl und methodische Gestaltung des Verfahrens an; der Erfolg hängt darüber hinaus in hohem Maße von einer gründlichen Bedarfsermittlung ab.[333] Um diesen Bedarf zu ermitteln, gibt es eine Reihe von möglichen Instrumenten. Eine übergeordnete Maßnahme stellt die Erforschung des Marktumfeldes und dessen Entwicklung dar. Der Wertewandel der Bevölkerung verändert Wünsche und Bedürfnisse und führt zu einem neuen und veränderten Nachfrageverhalten. Unternehmen müssen sich diesem Wandel anpassen, immer wieder Ideen und Strategien entwickeln und die zukünftige Entwicklung abschätzen, um den Wettbewerbern einen Schritt voraus sein zu können.
Dies verlangt von der Organisation und ihren Mitgliedern, sich den neuen Herausforderungen zu stellen und sich dorthin zu entwickeln. Ohne Kenntnis der Marktentwicklung ist dieser Anpassungsprozess nicht möglich.

333 Sonntag, K., u.a., Wissensorientierte Verfahren der Personalentwicklung, in: Schuler, H., a.a.O., S. 256 f.

Das Unternehmen muss sich aus dem Rahmen der Marktentwicklung Segmente herausgreifen, die es auf das eigene Unternehmen und dessen Weiterentwicklung überträgt. Das Mitarbeitergespräch, die Mitarbeiterbeurteilung, Stellenpläne, Stellenbeschreibungen und Anforderungsprofile sind ganz konkrete Maßnahmen im Unternehmen, um den Anforderungsbedarf des Unternehmens mit den Vorstellungen und Wünschen des Mitarbeiters abzugleichen, Differenzen zu erkennen und dann die nötigen Handlungs- und Entwicklungsschritte einleiten zu können.
Sowohl Unternehmensführung als auch Personalmanagement wird in den nächsten Jahren viel daran gelegen sein, Instrumente von der Einstellung bis zur Mitarbeiterförderung von Mitarbeitern aus bislang wenig beachteten Minderheitengruppen zu entwickeln. Zum erfolgreichen Diversity Management sind kreative und auch unkonventionelle Methoden notwendig, die Rücksicht auf die spezifischen Merkmale und Probleme dieser Gruppen nehmen. Die Faktoren, die die Personalsuche beeinträchtigen können (siehe Punkt 3.8), sind auch in der Personalentwicklung oft wirksam. Vor allem Karrierechancen für Mitarbeiter aus Minderheitengruppen sind teilweise weit unterentwickelt.[334]
Zukünftig sollte nach Auffassung der Autoren bei der Personalentwicklung vermehrt darauf geachtet werden, dass z. B. bei Personalbeurteilungen, Beförderungen und Vergütungen die vertikale und horizontale Durchlässigkeit der Organisation für alle Mitarbeiter gewährleistet ist. Dazu gehört ebenfalls eine Überprüfung der Mechanismen auf ihre Neutralität in Bezug auf Vielfalt. In Beurteilungsbögen kann unter anderem „Umgang mit Vielfalt“ als erforderliche Kernkompetenz aufgenommen werden, um nur ein Beispiel zu nennen.

334 Blom, H., u.a., a.a.O., S. 278.

3.10 Zusammenfassung

Diversity ist unstrittig darauf ausgerichtet, bestehende Mono-Kulturen zugunsten offener, in vielerlei Hinsicht multikultureller Organisationen grundlegend zu verändern. Dieser zunächst unbequem anmutende Change-Prozess verspricht zahlreiche Verbesserungen und Vorteile.[335]

Das gelungene Zusammenspiel verschiedener Diversity-Maßnahmen bildet die Basis für erfolgreiches Diversity Management im Sinne des Erkennens, Benennens und Wertschätzens individueller Unterschiede im Unternehmenszusammenhang.

Märkte und Umwelten von Unternehmen werden immer vielfältiger und komplexer. In einer globalisierten, vernetzten Welt bestimmt Verschiedenheit unseren Alltag. Die vermeintliche Sicherheit, sich in homogenen sozialen Kontexten zu finden, weicht der Gewissheit, dass unser Arbeitsalltag durch Ausdifferenzierungen von Normen, Bewertungen, Arbeitsteilungen und Arbeitsstilen geprägt ist.

Die Förderung von Diversity als integraler Bestandteil des täglichen Lebens im Unternehmen muss durch ein vielseitiges Maßnahmenpaket getragen und weiter entwickelt werden.

Auch Non-Profit-Unternehmen müssen aufbrechen in ein neues Dienstleistungs-Zeitalter. Es sind innovative Ideen, neue Konzepte, Individualität, selbst bestimmtes Denken und Handeln gefragt und somit nicht lediglich eine Normierung. Für diesen Umbruch braucht es Instrumente und Techniken, die dem Mitarbeiter Räume eröffnen, in denen er sich frei und selbstbestimmt bewegen kann. Starre Normierung führt nur dazu, dass Leistungen schematisch erbracht werden, die vielleicht gerade gar nicht nötig sind, während persönliche Wünsche oder ein aktueller Bedarf unerfüllt bleiben.

Die Herausforderung für die Geschäftsführung und das Personalmanagement besteht darin, die ganzheitliche Umgestaltung von Beurteilungs- und Belohnungssystemen, von Personalauswahlkriterien und Personalentwicklungsmethoden voranzutreiben.

335 Stuber, M., Diversity Mainstreaming, in: Personal 03/2002, S. 52.

Wohl in keinem anderen Unternehmen steht der wirtschaftliche Erfolg in so engem Zusammenhang mit einer modernen Unternehmenskultur wie bei Microsoft. Tradierte Vorstellungen von Mitarbeiterhierarchien wurden hier von Beginn an über Bord geworfen. Allein das Leistungsprinzip bestimmt die Aufstiegsmöglichkeiten der Mitarbeiter. Wer bei Microsoft Karriere machen möchte, muss keine formalen Kriterien erfüllen wie Dresscodes oder akademische Titel, sondern nebst Fachwissen durch Kreativität, Neugierde und Dynamik überzeugen. Einen anderen Schwerpunkt setzt das Technologie-Unternehmen Hewlett Packard. Im Zentrum der Unternehmenskultur steht die Idee der Einzigartigkeit des Menschen, die es in ihrer Mannigfaltigkeit zu fördern und zu nutzen gilt. Nicht nur, dass ein Mitarbeiter aufgrund seines Geschlechts, Alters, seiner Nationalität oder sexuellen Orientierung nicht diskriminiert werden darf. Vielmehr werden genau diese Merkmale als Voraussetzung für die Kreativität des Einzelnen betrachtet.[340]

Obwohl der Ansatz ursprünglich aus den USA stammt, sind die in Amerika bestätigten Praktiken nicht immer auf Deutschland und Europa übertragbar. Die Diversity-Aktivitäten der amerikanischen und deutschen Unternehmen werden erheblich durch die unterschiedlichen Ausgangssituationen beeinflusst. In den USA wird auf einer gemeinsamen Sprache, einer Währung, einem politischen System und einer nationalen Kultur, die die Vielfalt der ethnischen Subkulturen überlagert, aufgebaut. Es wird ein enger Bezug zum Business vorgenommen, indem Belegschaften nach der bestehenden Kundenstruktur ausgerichtet werden. Grundlage der europäischen Diversity-Aktivitäten bilden dagegen die Agglomerationen von selbstständigen Staaten, unterschiedlichen Kulturen, Historien, Sprachen, Währungen und Sozial- und Bildungssystemen. Im Vordergrund stehen eher die Überwindung von kulturellen und sprachlichen Barrieren sowie der nationalen Herkunft. Die Verbindung des Diversity-Ansatzes mit dem eigenen Business ist nicht stark ausgeprägt. Die Anstrengungen der Unternehmen beziehen

340 Corporate Identity – It's the American Way!, Online in Internet: URL: http://bfw-pp.de/muenchen/betrieb222.php [07.01.2005].

sich vorwiegend auf Instrumente zur Sicherung der Chancengleichheit und Maßnahmen zur Vereinbarungen von Beruf und Familie.[341]
Ein wichtiger Unterschied zwischen Amerika und Europa ist: In den USA befinden sich die verschiedenen Nationalitäten im Land – als amerikanische Staatsbürger, die alle Englisch sprechen. In Europa wird sich das Thema hauptsächlich zwischen In- und Ausländern abspielen, die zudem nicht dieselbe Muttersprache sprechen. Bei der europäischen Variante von Diversity wird es also vor allem um die Integration von Menschen verschiedener nationaler und sprachlicher Herkünfte gehen.[342]

4.2 Situation in Deutschland – empirische Studien

Der „Import" von Managing Diversity nach Deutschland erfolgt häufig auf verschiedenen Wegen: durch die Töchter amerikanischer Muttergesellschaften, wie z. B. bei Ford oder Motorola, durch Fusionen, wie z. B. bei DaimlerChrysler oder Deutsche Bank und Bankers Trust, aber auch eigeninitiiert, wie z. B. bei Lufthansa.

4.2.1 Best Practise Beispiele aus Deutschland

Sehr interessant fanden die Autoren die Interviews von Eszter Belinszki (Best Practice Beispiele aus Deutschland), die mit der Leiterin „Personalpolitische Projekte" bei der DaimlerChrysler AG, den Diversity Consultants bei der Deutschen Bank, der Diversity Managerin bei Ford Deutschland, der Leiterin „Change Management und Diversity" bei der Deutschen Lufthansa und dem Personalleiter im Europäischen Forschungszentrum von Procter & Gamble geführt wurden. Zusammenfassend stellte Belinszki folgendes fest:[343]

- Die deutschen Unternehmen erhielten die ersten Impulse in Bezug auf Diversity-Aktivitäten z. T. durch Mergers oder aus US-amerikanischen Konzernzentralen.

341 Ivanova, F., a.a.O., S. 55 f.
342 Gloger, A., Multi-Kulti in der Arbeitswelt, in: managerSeminare, Heft 41, März 2000, S. 39.
343 Belinszki, E., u.a., a.a.O., S. 280 ff.

- Die Ressentiments gegenüber einer „fremden" Mode-Idee aus den USA, wie Diversity häufig begegnet wird, können erfolgreich unterbunden werden, wenn die Verbindungen zu den Geschäftsfeldern und zu den Rahmenbedingungen/der Umgebung schon in der Konzepterarbeitung berücksichtigt werden.
- Die Erfahrungen aus Programmen und Projekten zur Geschlechtergleichstellung bzw. Chancengleichheit können wichtige Anregungen für Diversity Management liefern.
- Der erste Schritt in der Entwicklung eines „maßgeschneiderten" Diversity-Konzeptes ist die Identifizierung von konkreten Benefits[344], wie z. B. die Erzeugung einer hohen Kundenzufriedenheit durch die Berücksichtigung vielfältiger Bedürfnisse, die Sicherung von Mitarbeiterpotenzialen durch die Wertschätzung von Fähigkeiten und durch die Anerkennung individueller Lebenskonzepte, die Förderung von Kreativität um die Flexibilität des Unternehmens zu unterstützen sowie die Stärkung der Position des Unternehmens auf dem Arbeitsmarkt.
- Für die Bestandsaufnahme, welche Organisationsstrukturen Potenziale als Ressourcen eröffnen lassen oder im Gegenteil eine Homogenisierung erzeugen, sind die Analyse von Personalstatistiken und weitere Untersuchungen, z. B. Mitarbeiterbefragungen, Prozessbeoachtungen etc., notwendig. Die Qualität der „Ist-Zustandsbeschreibung" kann entscheidend für den späteren Erfolg von Projekten und Initiativen werden, da auf der Basis dieser Erkenntnisse neue Schwerpunkte gesetzt werden.
- Die befragten Unternehmen fokussieren die Diversity-Aktivitäten überwiegend auf die so genannten Kerndimensionen, wie Geschlecht, nationale/ethnische Zugehörigkeit, Alter, Behinderung und sexuelle Orientierung, was in der Praxis ermöglicht, in kurzer Zeit konkrete Projekte zu konzipieren und durchzuführen. Es können erste Erfolge erzielt werden, was sich positiv auf die Akzeptanz auswirkt und die

344 hier: Vorteile, Nutzen

Unterstützung in der Belegschaft sowie seitens der Führungskräfte fördert. Zu Beginn standen überwiegend die Dimensionen Geschlecht und ethnische Zugehörigkeit im Mittelpunkt.

- Managing Diversity wird in den befragten fünf Konzernen als Daueraufgabe definiert, d. h. es werden unterschiedliche Projekte und Maßnahmen integriert, unter denen sowohl zeitlich begrenzte als auch unbegrenzte Projekte zu finden sind.
- Managing Diversity ist nicht nur auf das Personalmanagement bezogen, sondern Teil der strategischen Planung und muss von Marketing bis Produktentwicklung in allen Geschäftsbereichen präsent sein.
- Eine wichtige Voraussetzung für den Erfolg von Diversity Management ist die Unterstützung des Vorstandes, z. B. durch Repräsentation in der internen und externen Öffentlichkeit und Berücksichtigung von relevanten Perspektiven in der operativen Arbeit und der strategischen Planung. Die konsequente Vertretung von Vielfalt-Management auf der Vorstandsebene hat unter anderem auch eine Signalwirkung und fördert die Glaubwürdigkeit von Projekten und Maßnahmen.
- Die Einbindung von Mitarbeitern ist gleichfalls von entscheidender Bedeutung. Wie in den Interviews betont wird, muss Diversity „gelebt“ werden.
- Die Mobilisierung von Führungskräften, vor allem im mittleren Management, stellt eine besonders wichtige Herausforderung dar. Gelingt dies nicht, z. B. weil sich diese Personen nicht als Zugehöriger einer „Minderheit“ betrachten, Diversity Management als überflüssig oder sogar als Blockade für die eigene Karriere wahrnehmen, schwächen sich die Initiativen.
- Da Diversity Management Top-down- und Bottom-up-Prozesse umfasst, muss ein besonderes Augenmerk auf die Steuerung gerichtet werden. Notwendig ist ein zentraler Steuerungskreis, der auf einer hohen Hierarchieebene angesiedelt ist und der Personalleitung bzw. dem Vorstand Bericht erstattet.

- Die Kommunikation von Diversity-Initiativen in der externen Öffentlichkeit erfüllt unterschiedliche Funktionen: Potenzielle Arbeitnehmer müssen darüber informiert werden, warum das jeweilige Unternehmen als attraktiver Arbeitgeber ihre Aufmerksamkeit verdient (Karrierechancen, Unterstützung in der Kinderbetreuung, Work-Life-Balance, Klima der Toleranz oder Anerkennung der Individualität durch die Ermöglichung flexibler Arbeitsformen). Außerdem wird soziales Verantwortungsbewusstsein in der Öffentlichkeit positiv bewertet. Diversity Management taugt aber nicht nur als „Image-Kampagne“: Gesellschaftspolitisches Engagement, wie z. B. Positionsbezug gegen Ausländerfeindlichkeit oder der Einsatz für die Toleranz verschiedener sexueller Orientierungen, unterstreicht die Glaubwürdigkeit nur dann, wenn sie mit der Förderung von Vielfalt innerhalb der Organisation einhergehen.
- Die optimale Nutzung von Ressourcen und die Verstärkung der Marktposition stehen immer im Interesse eines erfolgreichen Unternehmens. Wird die Anerkennung von Vielfalt als ein strategisch wichtiger Beitrag zu diesen Zielen verstanden, dann werden Diversity-Initiativen nicht konjunkturbedingt eingestellt.

Es besteht zusammenfassend kein Zweifel daran, dass Diversity und Diversity Management zukünftig immer mehr an Gewicht gewinnen werden. Deshalb stehen die deutsche und die europäische Forschung vor der Aufgabe, wissenschaftliche Ansätze zu manchen Fragestellungen zu liefern. Dazu zählen vor allem Themenfelder wie Bestimmung von Diversity-Erfolgsfaktoren und deren Umwandlung in mess- und vergleichbare Größen, Gestaltung von weiteren Diversity-Programmen und -Instrumenten sowie Entwicklung von ganzheitlichen Konzepten zur Implementierung der Diversity-Strategie.

Durch vertiefende unternehmensvergleichende Studien, die auf Firmengeschichte, -kultur, -form und -branche, geographische Region, konjunkturelle Situation und politische Rahmenbedingungen eingehen, kann die betriebswissenschaftliche Forschung mit weiteren Erkenntnissen vorangetrieben werden.[345]

4.2.2 Unternehmensumfrage Deutschland

Interessant für die Autoren waren in diesem Zusammenhang vor allem die Ergebnisse einer Umfrage der Deutschen Gesellschaft für Personalführung mbH (DGFP).[346] In einer Befragung wurde analysiert, wie Personalmanager den Erfolg von Diversity-Initiativen einschätzen und welche Aktivitäten in den befragten Unternehmen bereits durchgeführt werden:[347]

- 76 Prozent der Befragten halten die fortschreitende Globalisierung, die Internationalisierung der Märkte und die Erweiterung der Europäischen Union für die herausragenden Gründe für eine Diversity-orientierte Personalpolitik.
- 68 Prozent sehen die demographische Entwicklung und den damit verbundenen Mangel an Fachkräften als wichtigen Grund an.
- Dieses Ergebnis steht im positiven Zusammenhang mit der 51-prozentigen Zustimmung, dass gerade Veränderungen in der Beschäftigungsstruktur (Geschlechterverhältnis, Altersschere, zunehmende ethnisch-kulturelle Vielfalt etc.) die Notwendigkeit eines Diversity Managements bestimmen.
- Lediglich 46 Prozent der befragten Unternehmen sehen in den gesellschaftlichen Veränderungen in Bezug auf Werte und Einstellungen, insbesondere dem Stellenwert von Beruf und Familie, einen Grund für eine Diversity-Initiative.

345 Ivanova, F., a.a.O., S. 56.

346 Ivanova, F., u.a., Managing Diversity – Ergebnisse einer repräsentativen Unternehmensbefragung, in: PERSONAL 07/2003, S. 13.

347 Deutsche Gesellschaft für Personalführung (DGFP), Managing Diversity, Ergebnisse einer repräsentativen Unternehmensbefragung, in: Personal, Heft 07/2003, S. 12 ff. Ausgewertet wurden schriftliche Fragebögen von 78 Unternehmen in Deutschland, die international tätig sind und mehr als 2.000 Mitarbeiter beschäftigen.

Personalrekrutierung, Personalbindung	85%
Antidiskriminierung	78%
Kreativität, Innovationskraft	76%
Image	72%
Mitarbeiterzufriedenheit, Produktivität	67%
Chancengleichheit	65%
Interne Kommunikation und Zusammenarbeit	63%
Flexibilität	44%
Zugang zu neuen Märkten	41%
Lern- und Umwandlungsressourcen	40%
Kunden- und Lieferantenbeziehungen	21%
Shareholder Value	19%
Kostenersparnisse	14%

Abbildung 16: Chancen und Vorteile von Diversity Management
Quelle: Deutsche Gesellschaft für Personalführung (DGFP), a.a.O., S. 13.

Die Frage nach Programmen und Instrumenten des Diversity Managements gibt einen Überblick, welche spezifischen Aktivitäten im Sinne von Diversity-Initiativen in den befragten Unternehmen gestaltet und durchgeführt werden.

Sprachtrainings	82%
Gleitenden Übergang in den Ruhestand	82%
Flexible Arbeitszeit für mehr als 50 % der Mitarbeiter	72%
Mitarbeiterförderung durch Fachlaufbahnen	69%
Einstellung und Integration von Schwerbehinderten	58%
Vereinbarung von Job und Familie	51%
Diversity-Trainings	50%
Cross-Cultural-Job-Rotation	47%
Übersetzung von Firmeninfos in die Sprache ausländischer Mitarbeiter	45%
Unterstützung spezieller Mitarbeitergruppen	28%
Ausübung religiöser Gewohnheiten	9%
Einbindung von Minderheiten in zielgruppenspezifische Produktentwicklung und -vermarktung	8%
Integration von Homosexuellen	5%

Abbildung 17: Programme und Instrumente des Diversity Managements
Quelle: Deutsche Gesellschaft für Personalführung (DGFP), a.a.O., S. 14.

Über 80 % der befragten international tätigen Unternehmen geben als Diversity-Aktivität die Durchführung von Sprachtrainings an. Den gleichen Prozentsatz an Zustimmung als einer der wichtigsten Punkte erhält die Maßnahme des gleitenden Übergangs in den Ruhestand. Über 50 % der Mitarbeiter haben die Möglichkeit, eine flexible Arbeitszeit in Anspruch zu nehmen, so die Aussage von 72 % der Unternehmen. Programme zur Einbindung von Minderheiten in zielgruppenspezifische Produktentwicklungen oder -vermarktungen sowie die Ausübung von religiösen Gewohnheiten existieren nur in wenigen Unternehmen. Gerade was den Einbezug in Produktentwicklung und Produktvermarktung betrifft, kann man davon ausgehen, so die Autoren, dass dieses Instrument zur verbesserten Kundenakquise und Kundenbindung bisher noch nicht ausreichend erkannt wurde.

4.2.3 Siemens

Unternehmerischer Erfolg basiert auf der Qualifikation und Motivation von Menschen. In einem so großen und globalen Unternehmen wie Siemens zählt es zu den Daueraufgaben, hoch qualifizierte Menschen in aller Welt für das Unternehmen zu gewinnen und ihnen gute Entwicklungsmöglichkeiten zu bieten.
Die herausgehobene Position auf diesem Gebiet wurde der Siemens AG mit dem Titel „10 great companies to work for" des amerikanischen Wirtschaftsmagazins „Fortune"[348] bestätigt.
Bei Siemens arbeiten Männer und Frauen aus vielen Nationen und Altersgruppen mit unterschiedlicher Hautfarbe, kultureller und religiöser Prägung sowie unterschiedlichem ethnischem und gesellschaftlichem Hintergrund miteinander. Mit ihrer jeweils eigenen Sichtweise tragen sie in vielfältig zusammengesetzten Teams dazu bei, den Ideenreichtum in der Siemens AG zu erweitern. Bei Siemens gibt es auf allen personalpolitischen Feldern Projekte, Programme und Initiativen zur Förderung der Vielfalt. Siemens fördert die Vielfalt, setzt auf die Fähigkeiten von Frauen, setzt auf den Ausbau und die Weitergabe von Erfahrungswissen und setzt auf mehr Frauen in der Technik.
In der von der Siemens AG 1999 durchgeführten Befragung[349] wurden in mehr als 500 Unternehmenseinheiten weltweit ausführlich der Stand zum Thema Diversity Management eruiert. Als eine der bisher umfangreichsten empirischen Bestandsaufnahme zu Diversity in Wirtschaftsunternehmen werden die Autoren bei der Interpretation der Ergebnisdarstellung immer wieder wesentliche Elemente der ermittelten Ergebnisse von Non-Profit-Organisationen mit denen von Profit-Unternehmen, wie der Siemens AG, im Vergleich spiegeln und interpretieren.
Die Untersuchung bei Siemens leistet erstmalig eine umfassende deskriptive Bestandsaufnahme der Wahrnehmung, des Verständnisses sowie der ökonomischen Relevanz von Diversity in einem international operierenden Unternehmen. Die genannte Studie identifiziert weitere notwendige For-

348 Siemens AG, Exzellente Mitarbeiter, Online in Internet: URL: http://www.siemens.com [10.02.2005].

349 Sepehri, P., a.a.O., 2002, S. 68.

schungsschwerpunkte. So erscheint es in erster Linie notwendig, dass in deutschsprachigen und europäischen Kontexten eine intensivere theoretische Auseinandersetzung und Modellbildung zu Managing Diversity verfolgt wird. Dies gilt vor allem im Hinblick auf die Grenzen und Möglichkeiten der Operationalisierung und Messung von Managing Diversity, um die ökonomisch-strategischen Potenziale eines solchen Konzeptes zu bestimmen.

4.3 Situation in Deutschland – aus der Praxis

Diversity Management steht bei Großfirmen hoch im Kurs – egal ob Shell, Lufthansa oder Ford. Diversity Management bedeutet für den Deutschen Bank Konzern, „Mitarbeitern unterschiedlicher Nationalitäten, Kulturen, Religionen und Erfahrungen, unabhängig von Alter, Geschlecht, ethnischem Hintergrund, Behinderung und sexueller Identität, die Möglichkeiten zu geben, effektiv zum Wohle des Unternehmens zusammenzuarbeiten und ihr Leistungspotenzial zu entfalten.“[350]

4.3.1 Deutsche Bank

Bei der Deutschen Bank ist Diversity Management bereits seit 1999 Bestandteil der globalen Unternehmensstrategie. Ein globales Team von Diversity Consultants, dessen Leiterin direkt an den Personalvorstand berichtet, steuert von New York, Frankfurt am Main und London aus zahlreiche bereichsübergreifende Diversity-Initiativen, wie z. B. die Gründung und Betreuung einer Vielzahl von Mitarbeiter-Netzwerken und Mentoring-Programmen. Im Rahmen der Diversity-Strategie für das Jahr 2003 wurde die Entwicklung und die globale Umsetzung eines Diversity-Trainings für Führungskräfte als ein wesentliches Ziel festgeschrieben und an alle Geschäftsbereiche kommuniziert, um hier Führungskräfte gezielt bei der Umsetzung der Diversity-Strategie zu unterstützen.[351]

350 Firmenbroschüre des Deutschen Bank Konzerns, Frankfurt am Main, 2003. Auch in zahlreichen Anzeigenkampagnen informiert der Konzern immer wieder die Öffentlichkeit, gerade auch in ausgewählten Zielgruppenmagazinen wie z.B. OurMunich, Siegessäule Berlin, Sergej über die Aktivitäten im Bereich Diversity. Anzeigenausschnitt: „Mit Niederlassungen in 76 Ländern der Welt wissen wir, dass es gerade die Vielfalt unserer Mitarbeiter ist, die unseren Geschäftserfolg trägt – durch mehr Ideen, ungewöhnliche Denkansätze und ein sicheres Gespür für die Erwartungen unserer anspruchsvollen Kunden...“

351 Coppi, M., Praxisbeispiel Deutsche Bank: „Vielfalt erfolgreich nutzen“ – Ein Diversity-Workshop für Führungskräfte, in: Krell, G., a.a.O., S. 413 f.

Chancengleichheit für alle Mitarbeiter im Konzern der Deutschen Bank[352] zu schaffen und sicherzustellen, ist ein Prozess, den das Unternehmen mit vielfältigen Maßnahmen lebendig gestaltet. So gibt es in der Unternehmenszentrale der Deutschen Bank ein globales Diversity-Team, das die Beratung von Geschäfts- und Stabsbereichen ebenso wie von Mitarbeiternetzwerken übernimmt sowie Fachkonferenzen und Veranstaltungen durchführt.
Mit der Unterstützung durch Global Diversity bei der Gründung von internen Netzwerken unterstreicht die Deutsche Bank ihr Engagement, sich für ein vorurteilfreies Arbeitsumfeld und für Chancengleichheit einzusetzen. In diesem Rahmen hat sich die Rainbow Group Germany im Konzern der Deutschen Bank gegründet. Ziel ist es, den Mitarbeitern, gleich welcher sexueller Identität, die Möglichkeit zu geben, zum Wohle des Unternehmens ihr volles Potenzial zu entfalten, sowie ihre Identifikation mit dem Konzern Deutsche Bank zu stärken. Durch den Abbau von Vorurteilen und die Förderung gegenseitiger Toleranz möchte die Bank unter anderem zu einem positiven Arbeitsklima beitragen.
Für die Umsetzung des Chancengleichheitsgedankens ist der Deutsche Bank Konzern mehrfach belohnt und ausgezeichnet worden. So hat der Konzern den Max-Spohr-Preis[353] erhalten, der an Unternehmen vergeben wird, die in ihrer Geschäftspolitik nach innen und außen deutlich machen, dass sie die Vielfalt des gesellschaftlichen Lebens nicht nur schätzen, sondern auch fördern. Ferner erhielt die Deutsche Bank das „Total E-Quality"-Prädikat[354] verliehen, das das Engagement für Chancengleichheit auszeichnet.[355]

352 siehe Fußnote 350.

353 Wird vergeben vom Völklinger Kreis e.V. – Bundesverband Gay Manager.

354 Wird vergeben vom Total E-Quality Deutschland e.V., einer Vereinigung von Vertretern aus Politik, Wirtschaft und Wissenschaft.

355 Firmenbroschüre des Deutschen Bank Konzerns. E-Mail-Kontakt mit dem Referat „Diversity Management" in der Firmenzentrale der Deutschen Bank Frankfurt. Persönliche Gespräche auf Diversity-Veranstaltungen der Deutschen Bank.

„Unsere Vielfalt macht uns stark.“	„Leistung aus Leidenschaft.“
„Wir leben Vielfalt. Wir teilen die Begeisterung für Individualität, weil durch sie Gewöhnliches zu Außergewöhnlichem wird.“	

Abbildung 18: Vielfalt und Leistung
Quelle: Werbeslogan der Deutschen Bank, Anzeigenkampagne 2004.

Der Deutsche Bank Konzern setzt auf eine Denkweise, die von gegenseitiger Achtung und Offenheit getragen wird. Er sieht seinen unternehmerischen Erfolg in der Individualität, der Innovationsstärke und der Motivation seiner Mitarbeiter begründet. Hierzu ermutigt der Konzern seine Arbeitnehmer und fordert sie auf, „... die eigene Individualität zu leben und die Unterschiedlichkeit anderer als Vorteil zu erkennen“[356]. Die zunehmende Vielfalt der Mitarbeiter der Deutschen Bank spiegelt sich in den unterschiedlichen Bedürfnissen und Erwartungen wider. Dafür will der Konzern ein Arbeitsumfeld schaffen, das gleichsam fordert und zufrieden stellt, die Zusammenarbeit fördert und eine Vereinbarkeit von Beruf und Privatleben ermöglicht.

4.3.2 Ford

Bei Ford arbeiten 350.000 Mitarbeiter weltweit in 105 Werken und fertigen Produkte, die in über 200 Märkten verkauft werden. Diese Daten der Ford Motor Company machen die Dimension des globalen Unternehmens deutlich und damit die Bedeutung von Diversity.[357] Ford sieht in der Vielfalt seiner Mitarbeiter eine Stärke des Unternehmens und verfolgt Diversity als Strategie. „Driving Diversity“ bedeutet für die Ford-Werke AG in Deutschland: Sensibilität im Umgang mit Menschen aus 57 Nationen, Wertschätzung und Respekt für die Unterschiede jedes Einzelnen im Unternehmen, seien diese Unterschiede nun durch religiöse Ansichten, Herkunft,

356 Deutsche Bank, Global Diversity, Frankfurt am Main, 2002, S. 1.

357 Ford-Werke AG, Diversity als Stärke, Diversity Büro, 22.05.2003.

Alter, Behinderung oder sexuelle Identität[358] und Orientierung gekennzeichnet. Wertschätzung von Menschen mit ihren Unterschiedlichkeiten kann nicht von oben verordnet werden.
Diversity bei Ford bedeutet nicht Akzeptanz von Richtlinien. Diversity verlangt innere Überzeugung. Denn nur so entsteht ein von Wertschätzung geprägtes Umfeld, in dem sich Persönlichkeiten entwickeln, die Außergewöhnliches leisten. Der Begriff Diversity steht bei Ford für einen ganzheitlichen Ansatz, der die Unterschiedlichkeiten der Mitarbeiter als Chance und Potenzial für diese selbst, aber auch für das Unternehmen versteht.[359]
Bei Diversity geht es Ford[360] darum, ein Umfeld zu schaffen, das

- eine Kultur fördert, in der jeder zum Erfolg bei Ford beitragen kann,
- die Unterschiede und Fähigkeiten aller Mitarbeiter wertschätzt,
- der Vorteil von vielfältig zusammengesetzten Arbeitsteams genutzt wird.

Anfang 2004 wurden die Ford-Werke AG mit dem „Chairman´s Leadership Award for Diversity" ausgezeichnet. Das Ministerium für Gesundheit, Soziales, Frauen und Familie des Landes Nordrhein-Westfalen überreichte den Preis für die Weiterentwicklung von Vielfalt und das Miteinander der Kulturen im Unternehmen. Ferner hat die Ford-Werke AG beim Wettbewerb „Deutschlands beste Arbeitgeber 2004" den Sonderpreis in der Kategorie Diversity erhalten. Diese Auszeichnung ehrt die zahlreichen Diversity-Initiativen für die Förderung von Vielfalt bei Ford, die das Unternehmen im Rahmen des „Great Place to Work Kultur-Audit"[361] zusammengetragen hat. Seit über sieben Jahren hat Ford Erfahrungen in der Umsetzung von Diversity gesammelt. Diversity wird nicht mehr als

358 Unter anderem bietet die Ford-Werke AG den Hinterbliebenen von Mitarbeitenden, die in gleichgeschlechtlichen Lebenspartnerschaften nach dem Lebenspartnerschaftsgesetz registriert sind, seit Beginn des Jahres 2003 eine Betriebsrente. Damit sind eingetragene gleichgeschlechtliche Lebenspartnerschaften verheirateten Paaren bei Ford gleichgestellt. Auch die Karstadt-Kette hat eine Gesamtbetriebsvereinbarung für die Angestellten vereinbart, die die vollständige rechtliche Gleichstellung von Schwulen und Lesben festsetzt. Karstadt reiht sich mit den Gleichstellungsmaßnahmen in eine Reihe homo-freundlicher Unternehmen wie die Deutsche Bank, Deutsche Bahn, Lufthansa und viele andere ein, für die die Gleichstellung ihrer Homo-Angestellten schon ein Thema war.

359 Ford-Werke AG, Diversity Management, Online in Internet: URL: http://www.ford.de [10.08.2004]. E-Mail-Kontakt mit dem Diversity-Büro der Ford-Werke AG.

360 siehe Fußnote 359.

361 Ford-Werke AG, Ford erhält Diversity –Preis im „Capital"-Wettbewerb „Deutschlands beste Arbeitgeber 2004", Online in Internet: URL: http://www.presseportal.de/story.htx?nr=524112 [10.06.2004].

„Förderprogramm für Minderheiten gesehen, sondern als Chance verstanden".[362] Ford wird für die Mitarbeiter und für potenzielle Bewerber zu einem „employer of choice", für den man gerne arbeitet oder zukünftig gerne arbeiten möchte.

Die Förderung der Vielfalt wird bei dem Autobauer als strategisches Unternehmensziel verstanden. Eine ganze Palette von Maßnahmen soll dabei helfen, das Konzept umzusetzen. Alle Mitarbeiter durchlaufen ein spezielles Training, in dem zum Beispiel die wirtschaftlichen Vorteile des Konzeptes erklärt werden. Denn es geht nicht nur um die Vielfalt der Mitarbeiter, sondern auch darum eine vielfältige Kundschaft zu erreichen.[363]

In einem Interview erläutert Hans W. Jablonski[364], Diversity Manager der Ford-Werke AG in Köln, aber auch einige Schwierigkeiten, die bei der Implementierung von Diversity in seinem Unternehmen aufgetreten sind. Er sieht die Quotenphobie als typische Reaktion auf die Einführung von Diversity. Hierbei wird eindeutig die Überzeugung signalisiert, dass der einzelne Mitarbeiter einer Minderheit angehörig sein muss, um einen Job zu bekommen oder Karriere zu machen. Eine weitere Reaktion sei die positive Diskriminierung, d. h. eine gesteigerte Erwartungshaltung der Gruppen, die im Rahmen von Diversity thematisiert werden.

Weiter wird angenommen, Diversity trage dazu bei, dass nur noch Menschen mit Migrationshintergrund im Unternehmen beschäftigt seien, nur noch Frauen im Management oder nur noch Produkte für schwul-lesbische Kunden gefertigt würden. Nach Meinung der Autoren liegt diese Haltung stark in einer gewissen Unwissenheit begründet, die zur Phantasie führt, vom Fremdsein überrollt zu werden. Aufklärung, ein ständiger Prozess des Austausches zwischen Management und Mitarbeitern sowie der Einbezug der Mitarbeiter in die Entscheidungsfindung und Umsetzung sind zwingende Voraussetzung jeglicher erfolgreicher Veränderungsprozesse in einem Unternehmen.

362 Jablonski, H. W., Praxisbeispiel Ford-Werke AG, Köln: Erfolgreiche Implementierung von Diversity, in: Krell, G., a.a.O., S. 62.

363 Lueg, A., Interview: Vom Umgang mit den Unterschieden – Diversity Management in deutschen Unternehmen, Online in Internet: URL: http://www.dradio.de/klf/sendungen/hiwi/289781/ [07.01.2005].

364 Jablonski, H. W., Es geht nicht um die Ergebnisse, sondern um die dahinter stehenden Prozesse, in: Hernsteiner, Managing Diversity, 17. Jahrgang, Wien, 2/2004, S. 36.

4.3.3 DaimlerChrysler

Der Konzern DaimlerChrysler ist noch relativ jung: 1998 ging er aus der Fusion der deutschen Daimler-Benz AG und der US-amerikanischen Chrysler Corporation hervor. Die 362.100 Mitarbeiter starke Belegschaft verteilt sich auf Produktionsstätten in 17 Ländern und Vertriebsorganisationen in 200 Staaten.[365] Am 17. November 1998 veröffentlichte der Vorstand die „Erklärung zu Vielfalt und Chancengleichheit“[366], die für den gesamten Konzern weltweit gilt. Auch wenn der Name Chancengleichheit den Eindruck erwecken könnte, nur Gleichstellungsprogramme zwischen Männern und Frauen einzuschließen, zielt das Programm auf die Förderung und Integration aller Beschäftigten ab.[367]

In seiner Firmenpositionierung verkündet der Konzern sein Ziel, sich „... zum weltweit erfolgreichsten und angesehensten Anbieter von Automobilen, Transportprodukten und Dienstleistungen zu machen“. Dieses Ziel, so DaimlerChrysler weiter, „... ist nur mit einer hoch qualifizierten, kompetenten, leistungsbereiten und motivierten Belegschaft zu erreichen.“ Deshalb ist es gleichzeitig das Ziel von DaimlerChrysler, attraktivster Arbeitgeber zu werden bzw. es zu bleiben.

„Die in unserem Unternehmen vorhandenen Potenziale kommen dabei am besten in einem Umfeld zum Tragen, das von vertrauensvoller, gleichberechtigter und fairer Zusammenarbeit aller Beschäftigter geprägt ist und offen ist für unterschiedliche Lebenskonzepte. Dies ist auch unabdingbare Voraussetzung für den wirtschaftlichen Erfolg und die Sicherung der Arbeitsplätze“, so DaimlerChrysler.

Chancengleichheit ist für DaimlerChrysler als global handelnden Konzern eine wesentliche Grundlage des Umganges mit Mitarbeitern. Das bedeutet für DaimlerChrysler, dass „alle Beschäftigten unabhängig von Geschlecht, Herkunft und Religion und unabhängig von der Zugehörigkeit zu einer anderen Gruppe entsprechend ihrer Kompetenzen, Fähigkeiten und

365 DaimlerChrysler AG, Daimler Chrysler, Der Konzern im Überblick, Online in Internet: URL: http://www.daimlerchrysler.com [14.06.2004].

366 DaimlerChrysler AG, DaimlerChrysler, Chancengleichheit, Gemeinsame Erklärung zur Förderung von Chancengleichheit in der DaimlerChrysler AG, Stuttgart, 2000.

367 Belinszki, U., u.a., a.a.O., S. 282.

Leistungen eingesetzt, gefördert und weiterentwickelt werden."[368]
Wesentliche Handlungsfelder sind für die DaimlerChrysler AG unter anderem:

- Förderung von Frauen,
- Vereinbarkeit von Familie und Beruf,
- Beschäftigung von Schwerbehinderten sowie Mitarbeitern mit Einsatzeinschränkungen,
- Umgang mit unterschiedlichen Nationalitäten in der Belegschaft,
- Angebot von unterschiedlichen Beschäftigungsformen (z. B. Arbeitszeiten).

Als konkrete Maßnahmen zur Erzielung von Chancengleichheit und Work Life Balance speziell zur Verbesserung der Vereinbarkeit von Beruf und Familie bietet der Konzern über 500 Arbeitszeitvarianten (Monats-, Jahreskonten, individuell zugeschnittene Voll-/Teilzeitvarianten) für seine Mitarbeiter und baut weitere Aktivitäten auf. Beispiele hierfür sind Betriebsvereinbarungen „Familienzeit" und „Pflegepause", Kooperation mit Familienservice, eigene Kindertagesstätten, Kooperation mit lokalen Kindergärten, Weiterbildung und Vertretungsmöglichkeiten während der Elternzeit und Wiedereinsteiger-Seminare.
Durch die Integration von Diversity-Themen in firmeneigene Medien, wie das Intranet, die Mitarbeiterzeitung DC-Times, Werkszeitungen und das interne Fernsehprogramm DC-TV, hat jeder Mitarbeiter Zugang zu Informationen, die ferner über Sonderbroschüren oder via E-Mail abrufbar sind.
Im Rahmen der Frauenförderung wurden Zielkorridore für den Mitarbeiterinnen-Anteil an der aktiven Gesamtbelegschaft, in der allgemeinen und technischen Berufsausbildung sowie auf verschiedenen Führungsebenen festgelegt.

368 DaimlerChrysler AG, DaimlerChrysler, Chancengleichheit, Gemeinsame Erklärung zur Förderung von Chancengleichheit in der DaimlerChrysler AG, Stuttgart, 2000.

Chancengleichheit von Frauen und Männern – 31.12.2003 DaimlerChrysler AG Deutschland					
	Gesamt	Frauen	Anteil %	Vorjahr	Zielkorridor 2005
Aktive Belegschaft:	150.056	18.327	12,2	12,1	12,5 – 15 %
Ausbildung:	7.518	1.401	18,6	18,3	18 – 20 %
	5.975	561	9,4	8,7	9 – 11 %

Abbildung 19: Chancengleichheit von Frauen und Männern
Quelle: DaimlerChrysler AG, Chancengleichheit und work-life-balance, Stuttgart, 2004.

Das Interesse der weiblichen Bevölkerung an einer Beschäftigung bei DaimlerChrysler soll über verschiedene Aktionen wie dem Girls Day, Kooperationsprojekten zu Hochschulen und Netzwerkveranstaltungen für Frauen, geweckt werden. Teilzeit und Telearbeit sollen weitere Möglichkeiten aufzeigen, die eine Vereinbarkeit von Familie und Beruf fördern.

4.3.4 Commerzbank

Diversity ist gleichzusetzen mit Vielfalt und gemeint ist die Vielfalt der Mitarbeiter in all ihren unterschiedlichen Eigenschaften und Eigenheiten. „Unternehmen, die sie fördern, arbeiten produktiver“[369]. Diesem Ziel hat sich auch das Diversity-Team im Zentralen Stab der Commerzbank verschrieben. Gefordert ist hierbei die Bank als Ganzes als auch jeder Einzelne. Denn Vielfalt kann sich nur dann entfalten, wenn Vertrauen, Toleranz und Chancengleichheit das Fundament bilden.
Seit 15 Jahren arbeitet die Commerzbank an Diversity-Themen, wenngleich natürlich früher unter anderem Namen. Anfangs ging es um Frauen und Männer, ihren jeweiligen Stärken und Schwächen sowie unterschiedliche Sicht- und Arbeitsweisen, denen der Konzern gleiche berufliche Perspek-

369 Commerzbank, Vielfalt leben, Diversity im Fokus, Frankfurt, 2004, S. 2.

tiven eröffnet hat. Im Laufe der 15 Jahre hat sich der Fokus erweitert. So engagieren sich für die Commerzbank Menschen mit unterschiedlichen Lebensstilen, Menschen aus der ganzen Welt, ältere und jüngere Kollegen, Nachdenkliche und Zupackende, um nur einige Merkmale zu nennen, so Rainer Dahms[370], Fachbereichsleiter Diversity bei der Commerzbank Frankfurt.

Für ihre Anstrengungen und den Einsatz für Managing Diversity ist die Commerzbank bereits mehrfach ausgezeichnet worden. So wurde ihr das „Total-E-Quality-Prädikat" und der Preis „Audit Beruf und Familie" verliehen. Diese Auszeichnungen sind auf das Erreichen bestimmter Ziele zurückzuführen. So hat der Konzern seit 1989 den Anteil der Frauen im oberen Fach- und Führungsbereich von 3 % auf 23 % erhöht. Akzeptanz und Toleranz sollen in diesem Unternehmen keine verstaubten Fremdworte sein.

Wer sich bewusst macht, wie sehr er sich von anderen unterscheidet, der kann dem Gegenüber leichter denselben Respekt zeigen, den er selbst erwartet. Ein Mensch lässt sich nicht auf einen einfachen Nenner bringen. Das macht ihn einzigartig. Wenn das erkannt wird, so die Philosophie der Commerzbank, „... haben wir die Grundlage für gegenseitige Wertschätzung gelegt".[371] Und genau daran arbeitet Diversity und setzt Diversity Management an.

Diversity ist für das Commerzbank-Management die Pflege eines Klimas der Offenheit, Neugier und zur Schaffung eines wertschätzenden und damit produktiven Umfeldes. Diversity ist also kein Luxus, sondern eine entscheidende Voraussetzung für den Geschäftserfolg.

Eine Reihe von Betriebsvereinbarungen, aufgebauten Netzwerken, Veranstaltungen und Projekten setzt das um, was sich die Commerzbank bezüglich Diversity auf die „Geldscheine druckt".

- „Comeback Plus"[372] ist ein Programm, das Angebote für Mitarbeiterinnen entwickelt, um sie in ihrer beruflichen Entwicklung zu unterstützen. Es ist ein Angebot, über zwischenmenschliche Aspekte zu

370 Ebenda, S. 2.

371 Ebenda, S. 2.

372 Commerzbank, Betriebsvereinbarung zum Comeback-Plus, Frankfurt am Main, 10.04.2001.

informieren, zu sensibilisieren und zum Nachdenken anzuregen. Ferner hat es zum Ziel, Familie und Beruf näher zu bringen und Angebote darzulegen, die in der Familienphase unterstützen.

- Die Kinderbetreuung zur besseren Vereinbarkeit von Familie und Beruf wurde in einer entsprechenden Betriebsvereinbarung[373] festgehalten. Eltern brauchen im Job einen freien Kopf, um den vielfältigen Anforderungen gerecht zu werden. Die Kinderbetreuung, die auch äußerst kurzfristig in Anspruch genommen werden kann, soll die belastenden Sorgen der Eltern minimieren.[374]
- Netzwerke der Commerzbank[375]: „Courage", das Frauennetzwerk, „Arco", das Netzwerk homosexueller Mitarbeiter, „Fokus Väter", der Zusammenschluss von berufstätigen erziehenden Männern.
- Flexibel Arbeiten in der Commerzbank[376]: Job-Sharing, Teilzeit „light", Dreiviertel- oder Zweidrittel-Teilzeit, Sabbatical, um nur einige Modelle zu nennen.

4.3.5 Caritas Betriebsführungs- und Trägergesellschaft mbH – CBT

Für zukunftsweisende Beschäftigungspolitik verleiht die Evangelische Kirche in Deutschland jährlich das Gütesiegel „Arbeit plus"[377]. Zu den wichtigsten Prüfsteinen für die Vergabe des Preises gehört die Frage, welche Lebens- und Beteiligungschancen ein Unternehmen bietet, welche Entfaltungsmöglichkeiten es den Beschäftigten ermöglicht und wie sein Beitrag zur Sozialkultur aussieht. Bereits im Jahr 1999 hat diesen Preis die Caritas Betriebsführungs- und Trägergesellschaft mbH (CBT) mit Sitz in Köln erhalten.

Die CBT kommt aus der kirchlichen Tradition. Sie hat jedoch sehr früh begonnen, sich als modernes Dienstleistungsunternehmen zu verstehen.

373 Commerzbank, Betriebsvereinbarung zur Kinderbetreuung, Frankfurt am Main, 27.01.2000.

374 FAIF – Frankfurter Agentur für Innovation und Forschung, Das Modellprojekt Kids & Co. Eine Initiative der Commerzbank AG, Kinderbetreuung in Ausnahmefällen – eine Evaluationsstudie. Frankfurt am Main, 2000.

375 Commerzbank, Vielfalt leben, Diversity im Fokus, Frankfurt, 2004, S. 6 ff.

376 Commerzbank, Flexibel Arbeiten, Handout, Frankfurt am Main, Juli 2004.

377 Evangelische Kirche in Deutschland, Das Konzept Arbeit Plus, Online in Internet: URL: http://www.arbeit-plus.de [16.09.2003].

Seit langem werden Instrumente und Konzepte einer zukunftsfähigen Organisationsführung eingesetzt.
Vorbildliches und mitarbeiterorientiertes Handeln bedarf der Gestaltung von Entfaltungschancen durch die Entwicklung einer neuen Tätigkeitskultur, welche Flexibilität, wo immer es geht, mit Individualität verbindet, neue Teilungsmodelle der Erwerbsarbeit eröffnet und die Arbeitsstrukturen den Anforderungen und den sich wandelnden Rollenverständnissen der Geschlechter anpasst. Erkennbar wird dies durch:

- Arbeitszeitmodelle,
- Teilzeitbeschäftigung und Förderung der „Teilzeitkultur",
- Maßnahmen zur Frauenförderung,
- Unterstützung des Rollenwandels bei Männern und
- Familienfördernde Maßnahmen

Das Beispiel der CBT als eine Non-Profit-Organisation aus dem sozialen Altenhilfesektor soll aufzeigen, dass es auch in diesem Sektor bereits Unternehmen gibt, die Diversity Management in ihrer Organisationsstruktur eingeführt haben, wobei lediglich das Transparentmachen dieser Tätigkeiten unter dem Namen Diversity Management noch nicht stattgefunden hat.

4.4 Situation AOK

Der Kostendruck hinsichtlich des Beitragssatzwettbewerbs zwingt die gesetzlichen Krankenkassen, also auch die AOK, dazu Kosten einzusparen. Außerdem sind aufgrund der unterschiedlichen Versichertenstruktur nach wie vor Wettbewerbsverzerrungen vorhanden. Stärker als bisher muss allerdings darauf geachtet werden, dass die Zufriedenheit der Kunden dennoch erhalten bleibt. Es geht darum, die richtige Balance zwischen Kostenmanagement und besserer Dienstleistung und Kundenzufriedenheit zu finden.

Abbildung 20: Kostenmanagement AOK
Quelle: Eigene Darstellung

Aufgrund der Kostensituation im Gesundheitswesen und der andauernden öffentlichen Diskussion hat das Kostenmanagement in der AOK Bayern sehr hohe Priorität. Die Kostendämpfungsgesetze ab 1977 signalisieren, dass es seit Bestehen der gesetzlichen Krankenversicherung immer wieder zu Auswüchsen in Form von Kostenexplosionen gekommen war, die seitens Politik und Krankenkassen beseitigt werden mussten.[378] Je nach gesamtwirtschaftlicher Situation wurden die Leistungen der Krankenkasse durch Ausweitungen und Kürzungen den jeweiligen Verhältnissen angepasst.
Die Probleme der gesetzlichen Krankenkassen resultierten meist daraus, dass die Leistungsausgaben schneller stiegen als die Beitragseinnahmen. Ein Ausgleich war anfangs noch über die Anhebung der Beitragssätze möglich. Sobald diese eine Höhe erreichten, die als unzumutbar erschien, wurde der Gesetzgeber mit Leistungskürzungen und Kostendämpfungsmaßnahmen tätig.

378 100 Jahre AOK München (keine Seitenangaben vorhanden).

4.4.1 Gleichstellungskonzept der AOK Bayern

Ansätze bezogen auf das Thema Diversity sind im Gleichstellungskonzept der AOK Bayern enthalten. Aufgrund des bayerischen Gleichstellungsgesetzes hat die AOK Bayern im Jahre 1997 das so genannte „Gleichstellungskonzept der AOK Bayern“[379] erstellt. Das Gleichstellungskonzept zielt darauf ab, das Potenzial von Frauen zu entwickeln und gezielt einzusetzen. Im Vorwort heißt es: Frauenförderung ist Bestandteil der Personalentwicklung und Personalpolitik. Darüber hinaus gilt es, im jeweiligen Kompetenzbereich durch planerische und fachübergreifende Vorgehensweisen, Maßnahmen zur Gleichstellung von Frauen und Männern schrittweise zu entwickeln und in angemessener Zeit mit Augenmaß zu realisieren. Dazu zählt die systematische Ermittlung von weiblichem Führungspotenzial, die gezielte Ansprache und Qualifizierung von Frauen z. B. durch Projektaufträge sowie die Beauftragung mit höherwertigen Tätigkeiten. Daran sollen die Personalverantwortlichen gemeinsam mit der Gleichstellungsbeauftragten bzw. den Ansprechpartnerinnen in den Direktionen mitarbeiterorientiert und konstruktiv zusammenarbeiten.

Das Thema Gleichstellung ist komplex und weckt bisweilen Emotionen. Es gilt, die verschiedenen Prioritäten und Standpunkte zuzulassen, um zu einer differenzierten und in die Zukunft reichenden Entwicklungsperspektive für Frauen zu gelangen. Die AOK Bayern ist den Zielen des BayGlG gesetzlich verpflichtet und sieht in der Ausgestaltung des Gleichstellungskonzeptes ein Instrument zielorientierter Führung. Gleichzeitig wurde 1997 eine Gleichstellungsbeauftragte und entsprechende Ansprechpartner in den Direktionen installiert.

Folgende Ziele und Maßnahmen wurden in der AOK Bayern definiert:

- Erhöhung des Frauenanteiles im gehobenen und höheren Dienst,
- Förderung von Teilzeitbeschäftigung,
- Führungs- und Leitungsfunktionen auf Teilzeitmöglichkeiten prüfen,

379 Gleichstellungskonzept der AOK Bayern.

- Vereinbarkeit von Familie und Beruf fördern (Flexibilität der Arbeitszeit) und
- Unterstützung des Wiedereinstiegs durch Maßnahmen vor und nach der Beurlaubung (Einladung zu Personalversammlungen, Infomaterial während Erziehungsurlaub usw.).

Bereits bei der Einstellung von Auszubildenden wird auf ein ausgewogenes Verhältnis geachtet, dies gilt grundsätzlich im Bereich der Personalentwicklung auch für die Fort- und Weiterbildungsmaßnahmen. Bei Ausschreibungen wird auf die Bewerbung von Frauen hingewiesen. Es gibt aber in keinem Bereich eine entsprechende Quotierung.

Im Schlusswort des Gleichstellungskonzeptes heißt es: Wenn die AOK Bayern sich bewusst frauenfreundlich verhält und Chancengleichheit fördert, profitieren alle davon. Die vorhergehenden Ausführungen haben aufgezeigt, dass es innerhalb der AOK Bayern Defizite bezüglich der Gleichstellung von Frauen und Männern gibt, obwohl die Mehrheit der Führungskräfte in ihrem eigenen Umfeld keinen Handlungsbedarf erkennen kann. Es nimmt daher alle Mitarbeiterinnen und Mitarbeiter in Führungspositionen in die Pflicht, die darin enthaltenen Ziele und Maßnahmen verbindlich umzusetzen.

Das Gleichstellungskonzept enthält die Darstellung und Analyse aller Mitarbeiter der AOK Bayern, differenziert nach Vergütungs- und Besoldungsstufen sowie nach leitenden Funktionen.

Eine Mitarbeiterbefragung hat ergeben, dass die Mehrzahl der Führungskräfte eine grundsätzlich positive Einstellung zur Gleichstellung der Geschlechter äußert, jedoch oftmals im eigenen Umfeld keinen Handlungsbedarf erkennt. Doch gerade bei diesen Personen liegt die Verantwortung, die Chancengleichheit für Frauen und Männer umzusetzen.

Zusammenfassend kann festgestellt werden, dass das Thema Diversity mit seinen verschiedensten Möglichkeiten und Merkmalen bisher in der AOK

Bayern in Bezug auf das Thema Geschlecht angegangen wurde. Hintergrund war allerdings das Bayerische Gleichstellungsgesetz und weniger das Thema Diversity.
Als Vorreiter in Sachen Diversity im AOK-System, d. h. auf Bundesebene gesehen, gilt die AOK Hessen, deshalb werden stellvertretend für die „AOK-Landschaft" die Aktivitäten der AOK Hessen nachfolgend ausführlicher dargestellt.

4.4.2 Diversity-Programm der AOK Hessen

Die AOK Hessen hat als erste AOK sowohl Diversity Management thematisiert als auch eine Verantwortliche für Diversity Management installiert.[380] In der AOK Hessen gibt es einen Bereich Personal- und Ressourcenmanagement, Stabsstelle Chancengleichheit und Diversity Management.[381] Die Leitungsfunktion hat Frau Sonja Lambert. Die Autoren haben deshalb ein längeres Gespräch mit ihr geführt. Sonja Lambert versucht, auch bundesweit im AOK System das Thema Diversity zu platzieren und ist deshalb auch bundesweit bei Diversity-Kongressen vertreten, um die Informationen ins AOK-System zu tragen.
Mit einem zukunftsweisenden Konzept zur Chancengleichheit für Männer und Frauen will die AOK Hessen die Berufschancen aller Mitarbeitergruppen fördern. Die richtige Mischung von Männern und Frauen, von jungen und älteren Beschäftigten bringt große Vorteile für ein Unternehmen. Die AOK Hessen baut auf diese Personalstrategie. Mit der Umsetzung des Konzeptes soll die Ausgewogenheit der Beschäftigtenstruktur und der Kompetenzen im Unternehmen gesichert werden. Ziel der kommenden Jahre wird es sein, Strategien und Maßnahmen zu entwickeln, damit die Beschäftigten unabhängig von Alter und Geschlecht ihre herausfordernden Aufgaben optimal erfüllen können.
Insbesondere Frauen, in Führungspositionen immer noch unterrepräsentiert, profitieren von dem Maßnahmenpaket. So vermittelt ein unabhängi-

380 Gleiche Chancen für Frauen und Männer im Berufsleben – AOK Hessen vermittelt Kinderbetreuung, Online in Internet: URL : http://www.aok.de/hes/tool/pressedb/ansicht 01 [29.01.2005].

381 Personal- und Ressourcenmanagement, Stabsstelle Chancengleichheit und Diversity Management, Friedrichsring 2, 63069 Offenbach.

ger Beratungsdienst für Kinderbetreuung den Mitarbeiterinnen und Mitarbeitern der AOK Hessen kostenfrei eine Tages- oder Notmutter, eine Krabbelstube oder einen Kindergarten. Weitere Angebote sind in Planung. Die AOK Hessen verspricht sich vielfältigere Sichtweisen bei Problemlösungen. Zwar sind heute über zwei Drittel der Beschäftigten bei der AOK Hessen Frauen, doch sie sind nicht auf allen Hierarchiestufen und Funktionsbereichen vertreten. Das führt dazu, dass das Unternehmen in hohem Maße von Frauen getragen, aber kaum von Frauen geführt und weiterentwickelt wird.

„Die gute und geregelte Betreuung des Kindes ist eine wichtige Voraussetzung dafür, dass man beruhigt zur Arbeit fahren kann", meint Sonja Lambert. Ihr Team sorgt mit Hilfe eines professionellen Beratungsdienstes für Kinderbetreuung seit kurzem dafür, dass schnell und unbürokratisch passgenaue Lösungen für das Anliegen von Müttern und Vätern gefunden werden. Den Vertrag mit Betreuungseinrichtungen oder der betreuenden Person schließen die Eltern selbst auf eigene Kosten ab.[382]

Zum Konzept gehört auch, den Anteil an männlichen Auszubildenden durch gezielte Ansprache zu steigern – mit Erfolg: Die Azubi-Generation 2004 weist einen um 30 % höheren Männeranteil auf.

Weiterer Baustein der Chancengleichheit ist ein flexibles Angebot an Teilzeitbeschäftigungen, damit Beruf und Familie auf Dauer vereinbart werden können. Lambert: „Auch Führungsaufgaben sollen zukünftig bei reduzierter Vollzeit möglich sein". Und damit beschreitet die Gesundheitskasse Neuland. Ein weiteres Ziel ist die Steigerung des Frauenanteils auf der Ebene der Gruppen- und Abteilungsleiter um jeweils 30 % bis 2007. Bis dahin sollen außerdem bis zu fünf Prozent der Mitarbeiterinnen und Mitarbeiter die Tätigkeit an flexiblen Arbeitsorten ermöglicht werden. Darüber hinaus soll der Wiedereinstieg von Personen in Elternzeit durch ein spezielles Programm spürbar erleichtert werden.

Bei einer umfangreichen Analyse der Beschäftigungsstruktur wurde unter anderem festgestellt, dass fast 57 % der Belegschaft der AOK Hessen jünger

382 Gleiche Chancen für Frauen und Männer im Berufsleben, AOK Hessen vermittelt Kinderbetreuung, Online in Internet: URL: http://www.aok.de/hes/tool/pressedb/ansicht01.php3?ID=291 [29.01.2005].

als 41 Jahre sind und dass sich das Unternehmen rechtzeitig auf längere Lebensarbeitszeiten und damit auf eine älter werdende Belegschaft einstellen muss.

Daher wird zukünftig ein weiteres wesentliches strategisches Personalthema die Zusammenarbeit der Generationen sein. „Was die demographische Entwicklung schafft, haben zehn Jahre Diversity nicht geschafft“, so Frau Lambert.

Diese Personalstrategie sichert dem größten Krankenversicherer in Hessen die Ausgewogenheit seiner Beschäftigtenstruktur und die Kompetenz im Unternehmen. Eine wichtige Aussage von Frau Lambert in diesem Zusammenhang war „auch gerade in Zeiten von Personalabbau ist Diversity erst recht sinnvoll“.

Anlässlich eines Fachforums für Personalverantwortliche am 10. Dezember 2004 in Homberg/Ohm, an der auch die Hessische Sozialministerin Silke Lautenschläger teilnahm, stellt die AOK Hessen dieses zukunftsweisende Konzept vor.

In der Unternehmensbroschüre der AOK Hessen „Chancengleichheit für Frauen und Männer bei der AOK Hessen schreibt der Vorsitzende des Vorstandes der AOK Hessen, Fritz Müller, im Vorwort: „Damit Frauen und Männer gleichberechtigt an der Gestaltung unseres Unternehmenserfolges mitwirken und daran teilhaben können, werden mit dem zukunftsweisenden Konzept „Chancengleichheit bei der AOK Hessen“ neue Wege in der Gleichstellungspolitik beschritten. Wir verstehen Chancengleichheit für Frauen und Männer als Teil eines umfassenden Diversity Managements. Damit verfolgen wir ein Unternehmensführungskonzept, das Mitarbeiter in ihrer Individualität respektiert und fördert und ihre Unterschiedlichkeit nutzt, um den verschiedensten Markt- und Kundenanforderungen gerecht zu werden.

Durch die Umsetzung des Konzeptes „Chancengleichheit bei der AOK Hessen“ werden wir ein attraktiver Arbeitgeber für Frauen und Männer bleiben. Arbeitsteams können zukünftig noch optimaler besetzt und Frauen verstärkt für die Übernahme von Führungsverantwortung gewonnen werden. Zudem soll die Vereinbarkeit von Beruf und Familie weiterhin verbessert werden. Der Vorstand der AOK Hessen unterstützt die rasche und konsequente Umsetzung des Konzeptes Chancengleichheit. Wir wünschen uns die aktive und engagierte Beteiligung unserer Führungskräfte und Mitarbeiterinnen und Mitarbeiter“.[383]

Zur Umsetzung des Konzeptes sind einerseits konkrete Maßnahmen in den einzelnen Handlungsfeldern erforderlich. Andererseits ist eine breite Sensibilisierung und Qualifizierung der Führungskräfte und eine Sensibilisierung und Qualifizierung der Führungskräfte und eine Sensibilisierung und Qualifizierung der Mitarbeiter notwendig. Es geht darum, in der täglichen Zusammenarbeit, bei der Personalführung und Personalentscheidung Vorurteile abzubauen, geschlechtsspezifische Besonderheiten zu berücksichtigen und Chancengleichheit für Frauen und Männer innerhalb der AOK Hessen zu gewährleisten. Es soll erreicht werden, dass Führungskräfte und Mitarbeiter die Möglichkeiten, in der Zusammenarbeit von Frauen und Männern in der AOK Hessen liegen, erkennen und nutzen, indem Führungskräfte und Mitarbeiter offen und sensibel mit den Themen der Chancengleichheit umgehen und bewusst gegenseitige Vorurteile abbauen.[384]

Führungskräfte und Mitarbeiter erwerben bzw. erweitern Kompetenzen im Bereich des Umgangs, Managens und Nutzens von Unterschiedlichkeiten in den Arbeitsteams. Die Mitarbeiter tragen mit Eigenverantwortung und Eigeninitiative zum Erreichen der Ziele dieses Konzeptes bei.

Deshalb wurden in der AOK Hessen folgende Maßnahmen getroffen:

- Die einzelnen Unternehmensbereiche der AOK Hessen werden zielgruppenspezifisch qualifiziert.
- Für Trainings- und Ausbildungsmaßnahmen werden Trainingsbausteine zur Thematik Chancengleichheit bei der AOK Hessen erarbeitet und eingesetzt.

383 Broschüre Chancengleichheit für Frauen und Männer bei der AOK Hessen, November 2003, S. 2.
384 Ebenda, S. 11.

- Die AOK-internen Medien werden genutzt, um Fortschritte und positive Beispiele im Rahmen der Umsetzung des Konzeptes Chancengleichheit darzustellen.

Ein weiteres Pilotprojekt ist das Mentoring-Programm[385] der AOK Hessen[386]. Unter dem Namen – C.O.M. – Chancen Orientierung Mentoring– startete im Juni 2004 das Programm unter der Patenschaft des Vorstandsvorsitzenden Fritz Müller. Mit diesem Pilotprogramm sollen die Potenziale von Frauen bewusst genutzt und Führungskompetenz weiterentwickelt werden. Weiteres Ziel ist die Stärkung der Mentees in ihren derzeitigen Aufgaben. C.O.M. will auch die systematische Weitergabe von Erfahrungen durch die Mentoren sowie die Öffnung und Bildung von Netzwerken erreichen. Nicht zuletzt soll die Maßnahme qualifizierte Mitarbeiterinnen binden. Das Mentoring-Programm läuft 15 Monate und wird von der Stabsstelle Chancengleichheit gesteuert.
Zum festen Rahmenprogramm des Mentoring gehören:

- Vorbereitungsworkshop
- Auftaktveranstaltung
- Zwischenbilanz
- Abschlussveranstaltung
- Netzwerktreffen der Mentees

Mentor und Mentee treffen sich mindestens alle sechs bis acht Wochen zum persönlichen Gespräch. Darüber hinaus gestalten sie das Programm individuell. Möglichkeiten sind die Begleitung des Mentors im Tagesgeschäft, gemeinsame Besuche von Veranstaltungen oder die Vermittlung von Kontakten durch den Mentor.[387]

385 Betreuung eines Mitarbeiters durch einen hierarchisch höhergestellten Mitarbeiter, der nicht unbedingt direkter Vorgesetzter sein muss; Becker F., Lexikon des Personalmanagements, München, 2002, 2. Auflage, S. 351.

386 Mentoring im Sinne der AOK Hessen ist eine Förderbeziehung, bei der eine erfahrene Person (Mentor) eine ratsuchende Person (Mentee) dabei unterstützt ihre Persönlichkeit weiterzuentwickeln und berufliche Kompetenzen auszubauen.

387 C.O.M Chancen Orientierung Mentoring, Das Mentoring-Programm der AOK Hessen, Informationsbroschüre zum Pilot für Frauen 2004/2005.

Für die Mitarbeiter gibt es Informationsmaterial unter anderem in entsprechenden Broschüren:

- Flexibel arbeiten – Vereinbarkeit von Familie und Beruf in der AOK Hessen
- Kinderbetreuungsservice bei der AOK Hessen
- Chancengleichheit für Frauen und Männer bei der AOK Hessen

Die richtige Mischung macht's – so könnte man verkürzt das Diversity Management der AOK Hessen zusammenfassen. Mehr Kreativität, eine bessere Wahrnehmung der Kundenbedürfnisse und damit die Sicherung von Wettbewerbsvorteilen sind die grundlegenden Ziele der aufgabenbezogenen Gestaltung von Heterogenität und Homogenität der AOK Belegschaft. Das heißt, zukünftig die Chancen, die in der Unterschiedlichkeit der Mitarbeiter liegen, bewusst zu nutzen, um den verschiedensten Markt- und Kundenanforderungen gerecht zu werden.

Bei der Konzeptentwicklung sollten sowohl die Unternehmensinteressen nach Flexibilität und Produktivität als auch die der Mitarbeiter nach Beschäftigungssicherung und persönlichen Entfaltungsmöglichkeiten berücksichtigt werden. Außerdem sollte die Ressourcenoptimierung zu vertretbaren Kosten erfolgen.[388]

Aufgrund der Beschäftigtenstruktur hat sich die AOK Hessen zunächst auf zwei Aspekte des Diversity Managements konzentriert, die für die Zukunft mit Priorität neu zu gestalten waren: Geschlecht und Alter. Derzeit werden weitere Bereiche auf ihre Bedeutung für die Entwicklung der AOK Hessen hin analysiert. Diversity in der Belegschaft ist kein Selbstzweck und nicht schon an sich eine gute Idee. Es ist stets schwer für ein ganz konkretes Unternehmen das relativ richtige Maß der Diversity in Abhängigkeit von den derzeitigen und zukünftigen Aufgaben zu bestimmen und zu praktizieren.[389]

388 Lambert, S., In der Vielfalt liegt die Zukunft, in: Personalwirtschaft 11/2004, S. 18.

389 Ebenda, S. 20.

Als Fazit wünscht sich Sonja Lambert im Bereich Diversity als nächsten Schritt, neben den Mitarbeitern noch mehr die Sicht auf den Kunden und seine Vielfältigkeit bzw. Diversity zu lenken.

4.5 Situation Caritas

„Zukunft stiften – den Wandel ermöglichen, das Gute bewahren."

Plansecur-Stiftung[390]

4.5.1 Die Kirche als Arbeitgeberin

Von den rund 1,3 Millionen Beschäftigten der Verbände der Freien Wohlfahrtspflege unterliegen die knapp 825.000 kirchlichen Mitarbeiter von Caritas und Diakonie den arbeitsrechtlichen Besonderheiten, die aus der verfassungsrechtlichen Sonderstellung der Kirchen nach Artikel 140 GG folgen. Diese Besonderheiten ergeben sich[391]

- auf dem Gebiet des Einzelarbeitsvertragsrechts: Besondere Loyalitätspflichten und Einschränkungen im Bereich der privaten Lebensführung.
- auf dem Gebiet des Betriebsverfassungsrechts: Keine Geltung des Betriebsverfassungsgesetzes, statt dessen eigene Mitarbeitervertretungsgesetze.
- auf dem Gebiet des kollektiven Arbeitsrechts: Mit Ausnahme einiger weniger diakonischer Einrichtungen erfolgt die Arbeitsrechtssetzung nicht über Tarifverträge, sondern über Arbeitsrechtliche Kommissionen nach dem so genannten Dritten Weg der Kirchen.[392]
- auf dem Gebiet der Gerichtsbarkeit: Eigene Schlichtungsstellen, Schiedsstellen, kirchliche Verwaltungsgerichte und kirchliche Gerichte mit arbeitsgerichtlicher Funktion vor Inanspruchnahme staatlicher Arbeitsgerichte.

390 Plansecur-Stiftung, Kurzporträt, Online in Internet: URL: http://www.plansecur-stiftung.de/01_start/01_inhalt_op.htm [24.04.2003].

391 Busch, G., Ver.di – Fachgruppe Kirchen, in: Wörner, J., Strukturdaten: Freie Wohlfahrtspflege, gemeinnützige Verbände und Vereine in Deutschland, Berlin, 2002, S. 7.

392 Ludermann, G., u.a., Rechtsformen kirchlich-caritativer Einrichtungen, Freiburg im Breisgau, 2000, S. 88 f.

Die Aufzählung zeigt, dass sich die Kirche als Arbeitgeberin auf Kirchengesetze berufen kann, die über einer staatlichen Gesetzgebung stehen. Die besonderen Loyalitätspflichten eines kirchlichen Mitarbeiters sind in der kirchlichen Grundordnung[393] geregelt, die Bestandteil[394] des Dienstvertrages und als kirchenarbeitsrechtliches Grundgesetz angesehen wird.[395] Die kirchliche Grundordnung umschließt nicht nur angestellte Mitarbeiter, die im direkten kirchlichen Dienst tätig sind, sondern alle Mitarbeiter im caritativen Dienst vom Arzt im Krankenhaus, dem Pfleger auf der Station bis zur Reinigungsfrau eines Altenheimes.
Schaut man sich in diesem Zusammenhang das Leitbild des Deutschen Caritasverbandes näher an, fällt hierbei eine Diskrepanz auf zwischen dem, was von Mitarbeitern erwartet wird, wie sie mit Kunden und Hilfebedürftigen umgehen sollen und andererseits dem Umgang der Kirche als Arbeitgeberin mit den dort angestellten Mitarbeitern. Nachfolgend ein Ausschnitt aus dem Leitbild des Deutschen Caritasverbandes:[396]

- Den Menschen in seiner Würde schützen.
- Jeder Mensch ist einmalig als Person und besitzt eine ihm von Gott gegebene unverfügbare Würde.
- Der Deutsche Caritasverband bejaht die Vielfalt. Er erstrebt mit allen Menschen guten Willens ein solidarisches Miteinander, in dem Vorurteile keinen Platz haben und Minderheiten geschützt werden, in dem alle am Gemeinwohl teilhaben und ihren Beitrag dazu leisten.

„Es geht der Caritas um den ursprünglichen Sinn des Wortes katholisch. Das bedeutet: offen, umfassend, weit sein. So weit und umfassend wie die Liebe Gottes, die keine Einschränkungen und Ausgrenzungen kennt. Caritas muss

393 Sekretariat der Deutschen Bischofskonferenz, Erklärung der deutschen Bischöfe zum kirchlichen Dienst, Grundordnung des kirchlichen Dienstes im Rahmen kirchlicher Arbeitsverhältnisse, Bonn, 22. September 1993.

394 Deutscher Caritasverband e.V. (Hrsg.), Willkommen bei der Caritas, Was Mitarbeiterinnen und Mitarbeiter wissen sollten, Freiburg, 02/2001, S. 36. Arbeitsrechtliche Sonderzone, Online in Internet: URL: http://www.br-online.de/bayern-heute/thema/arbeitgeber/caritasdiakonie.xml [15.11.2003].

395 Eder J., Ist eine neue „Grundordnung des kirchlichen Dienstes“ erforderlich?, in: ZMV – Die Mitarbeitervertretung, Freiburg, 3/2003, 13. Jahrgang, S. 115.

396 Caritasverband für die Diözese Würzburg e.V., 100 Jahre Deutscher Caritasverband, Leitbild des Deutschen Caritasverbandes, 04/1998, S. 12.

offen sein .... ohne Ansehen von Person, Rasse, Nationalität, Religion oder Konfession".[397] Dies sind Zeilen, die an die Caritas-Mitarbeiter gerichtet sind und gerade auch an die neuen Mitarbeiter unter der Einführung „Was wir von Ihnen erwarten" ausgegeben werden. Nach Caritas-Richtlinien ist jeder Mensch in seiner Person einmalig, hat seine eigene unverwechselbare Bedeutung und Würde. Die Bibel spricht davon, dass der Mensch – jeder Mensch! – „Ebenbild Gottes" sei.

Dies sind Leitbilder und Leitsätze, die aus dem Diversity Management eines der großen Konzerne Deutschlands entstanden sein könnten. Leitbilder und Leitsätze, die sich die Kirche und hier insbesondere die Caritas[398] auferlegt hat für Ihre Kunden und Hilfeempfänger – auch für die dort beschäftigten Mitarbeiter? Hier gelten strengere Regelungen aufgrund der erlassenen kirchlichen Grundordnung, die auf den Tendenzbetrieb Kirche zurückgeht. In Anbetracht einer sich ständig verändernden Gesellschaft und deren Wertewandel, hat die Kirche eine eher konservative Haltung.[399]

In Rahmen einer Dokumentation zur Personalpolitik im Deutschen Caritasverband hat die Caritas „personalpolitische Leitlinien"[400] verabschiedet. Hier sind eine Reihe von Managing-Diversity-Ansätzen feststellbar. So legt der Verband Wert auf eine Chancengleichheit von Frauen und Männern sowie auf die Vereinbarkeit von Familie und Beruf. Deren Einhaltung ist, so der Verband, „in allen personalpolitischen Handlungsfeldern voranzutreiben". Der Verband empfiehlt hierfür:

- eine stärkere Berücksichtigung der Zeitbedürfnisse zur Betreuung von Kindern oder der Pflege von Angehörigen bei weiterer Arbeitszeitflexibilisierung,

397 Deutscher Caritasverband e.V. (Hrsg.), Willkommen bei der Caritas, Was Mitarbeiterinnen und Mitarbeiter wissen sollten, Freiburg, 02/2001, S. 36.

398 Sekretariat der Deutschen Bischofskonferenz, Die deutschen Bischöfe, Caritas als Lebensvollzug der Kirche und als verbandliches Engagement in Kirche und Gesellschaft, Bonn, 23. September 1999, S. 28.

399 Diskussionspunkte sind hier u. a. der Umgang mit Wiederverheirateten, anderen Religionen und Homosexualität.

400 Deutscher Caritasverband (Hrsg.), Dokumentation – Empfehlungen zur Personalpolitik im Deutschen Caritasverband, in: Neue Caritas, Freiburg, 17/2003, S. 44 ff.

- eine gezielte Förderung des beruflichen Wiedereinstiegs vor, während und nach der Familienphase,
- die Förderung einer familiengerechten Infrastruktur durch Unterstützung oder Schaffung geeigneter Kinderbetreuungsmöglichkeiten.

Eine zielgruppenspezifische Personalpolitik ist ein weiterer Grundsatz der Personalpolitik des Deutschen Caritasverbandes. Diese Personalpolitik erhält und fördert die Vielfältigkeit der Mitarbeiterschaft, indem sie Benachteiligung aufgrund von Rasse, ethnischer Herkunft oder aber Behinderung gezielt entgegenwirkt und sie in ihren Personalkonzepten positiv lenkt.

Auch andere Wohlfahrtsverbände in Deutschland haben Selbstverpflichtungserklärungen, Dienstvereinbarungen oder Leitbilder entwickelt und verabschiedet, in denen Prinzipien von Gerechtigkeit, Solidarität, Toleranz, Freiheit und Gleichheit verankert sind. So heißt es beispielsweise in den Statuten der Arbeiterwohlfahrt (AWO)[401]: „... Wohlfahrtsorganisationen müssen allen MitarbeiterInnen eine Chance bieten, ungeachtet ihres Alters, ihrer Rasse, ihres Geschlechts, ihrer sexuellen Veranlagung, ihrer Geschlechtsidentität, Religion oder Behinderung."

Untersuchungen[402] bei Caritas-Mitarbeitern haben ergeben, dass sich die Caritas-Mitarbeiter zu einem sehr hohen Anteil mit den Zielen der Caritas identifizieren und auch sonst zufrieden dem Arbeitgeber Caritas sind. Die große Mehrheit der Mitarbeiter (64 %), beschreibt sich jedoch als kritisch kirchenverbunden. Ein kritisches Kirchenbild sei bei dem caritativen Personal sehr verbreitet. Starrheit und überholte Normen, geringe Anpassung an die Erwartungen der Menschen, waren einige dieser Punkte. Die Frage „Die Kirche bedeutet mir sehr viel" haben lediglich 22 % der Mitarbeiter bejaht. Als Zusammenfassung kann, empirisch belegt, davon ausgegangen werden, dass, je größer die Distanz zur Kirche, je schwächer die religiösen Bindungen beschrieben werden, desto weniger die Caritas anderen, nicht mit der Kirche

401 Ohms, C., u.a., Diversity – Vielfalt als Politikansatz in Theorie und Praxis, Berlin, 2003, S. 6.

402 Gabriel, K., Herausforderungen kirchlicher Wohlfahrtsverbände, Perspektiven im Spannungsfeld von Wertbindung, Ökonomie und Politik, Berlin, 2001, S. 166 f.

verbundenen Arbeitgebern, vorgezogen wird. Kirchenfremdheit und mangelnde religiöse Bindung haben also Konsequenzen für die Caritas als Arbeitgeber. Von den „jüngeren“ Mitarbeitern akzeptieren lediglich 14 % die Grundordnung des kirchlichen Dienstes. Spätestens diese Ergebnisse sollten beim Deutschen Caritasverband ebenso wie bei der Kirche Berücksichtigung finden.

4.5.2 Caritas und Chancengleichheit

Der Caritasverband München und Freising e.V.[403] als soziales Dienstleistungsunternehmen sieht sein größtes Kapital in den Humanressourcen, also seinen Mitarbeitern. Bereits seit 1995 unterhält er eine Gleichstellungsstelle und legt besonderen Wert auf die Vereinbarkeit von Familie und Beruf. Gerade diese Vereinbarkeit führt zu Synergieeffekten, die sich positiv auf die zu leistende Sozialarbeit des Verbandes auswirken.
Zu den familienorientierten Maßnahmen des Caritasverbandes zählen:

- flexible Regelungen, die dem Arbeitsbedarf, aber auch dem Bedürfnis der Mitarbeiter angepasst werden können.
- Einführung neuer Methoden, Verfahren und Bedingungen unter Berücksichtigung der Vereinbarkeit von Beruf und Familie.
- Unterstützung von Elternzeit für Väter.
- Kontakthalteprogramme für Beschäftigte in Elternzeit.
- Dienstvereinbarung (Mobilzeit).

„Unsere ganze Arbeit baut auf der Solidarität mit Benachteiligten auf, deshalb ist Gleichstellung für uns eigentlich Pflicht“, sagt Claudia Zihlmann[404], Leiterin der Fachgruppe Chancengleichheit bei der Caritas Schweiz. Das Team ist mit zehn Mitarbeitern besetzt, die sich stark mit dem Thema „Quotenregelung“ und „Frauenpolitik“ auseinandersetzen.

403 Caritasverband für die Erzdiözese München und Freising e.V., Unterlagen zum Thema: „Ideen und Konzepte zur Förderung der Chancengleichheit von Frauen und Männern im Beruf“.

404 Zihlmann, C., Gleichstellung – Caritas Schweiz, Luzern, Online in Internet: URL: http://www.kvschweiz.ch/sw1084.asp [15.12.2004].

In Österreich ist ein Projekt angelaufen, bei dem Strategien und Ansätze zum Diversity Management erprobt werden. Hier sollen Unterschiede zwischen den Beschäftigten „…vom Störfaktor in Vorteile verwandelt werden“[405]. Bei dem Pilotprojekt vertreten ist Caritas Österreich.

Die Caritas-Betriebsträger-Gesellschaft (CBT)[406] in Köln gehört zu den führenden Caritas-Gesellschaften in Deutschland. Die CBT unterhält ein eigenes Ressort „Personalmanagement“ und setzt intensiv auf einen wertschätzenden Umgang mit den Mitarbeitern und Fairness am Arbeitsplatz. Im Januar 2005 wurde die CBT als einer der 50 besten Arbeitgeber Deutschlands ausgezeichnet und platziert sich als einziges Sozialunternehmen unter den ersten 15.

Die Diskussion um interkulturelle Öffnung hat die Wertediskussion innerhalb des Caritasverbandes wiederbelebt. Es gilt nicht, Strukturen zu bewahren, sondern es geht um christliche und dem Humanismus verpflichtete Werte wie Menschenrechte, Freiheit und Gleichheit, Partizipation und Solidarität. Sowohl als Wohlfahrtsverband als auch als Arbeitgeber muss der Deutsche Caritasverband seine Strukturen den Realitäten und den Bedürfnissen anpassen, mit dem Ziel, seinen Überzeugungen und Werten gerecht zu werden.[407]

Insgesamt lässt sich festhalten, dass sich besonders die größeren Caritas-Unternehmungen mit Ideen und Konzepten zur Förderung der Chancengleichheit beschäftigen, auch wenn dies nur punktuell auf einzelnen Gebieten der Personalpolitik wie beispielsweise der Frauenpolitik oder der Integration von Behinderten und Migranten zum Ausdruck kommt. Eine Umsetzungsstrategie der in Leitbildern und Selbstverpflichtungen abgegebenen Bekundungen zur Chancengleichheit konnte auch hier nur für einzelne Themenblöcke wahrgenommen werden. Der Bewusstseinsgrad und die laufenden Umsetzungsprozesse zur Wahrnehmung von Chancengleichheit sind so unterschiedlich wie die Vielzahl von Caritas-Einrichtungen und Caritas-Verbänden. Eine Gesamtstrategie unter der Nennung von Managing Diversity wurde bisher noch nicht vorgefunden.

405 Online in Internet: URL: http://www.managing-diversity.at [16.12.2004].

406 Online in Internet: URL: http://www.cbt-gmbh.de [25.01.2005].

407 Serio, A., Vielfalt – unser Alltagsgeschäft, in: neue caritas 08/2004, S. 13.

4.5.3 Zukunft erfolgreich gestalten

Mit jedem Jahr, das ins Land zieht, werden die Deutschen die sozialen Dienste mehr brauchen als je zuvor, während es jedoch gleichzeitig schwieriger wird, die wachsende Nachfrage zu finanzieren. Die Frage stellt sich: Wie können Caritas, Diakonie, AWO, Rotes Kreuz und der Deutsche Paritätische Wohlfahrtsverband auch in Zeiten knapper öffentlicher Gelder qualitativ hochwertige soziale Dienstleistungen bezahlbar anbieten und dadurch ihren jetzigen Anteil am Sozialmarkt halten oder sogar ausbauen, ohne vom privaten Markt überrollt zu werden? Legen wir den Fokus auf die Caritas, so stellt sich die Frage, wie sie sich ferner von ihren Wohlfahrts-Mitbewerbern, begonnen bei Diakonie bis Paritätischer Verband, abheben kann, und so insbesondere im Bereich der Altenhilfe Marktführer bleibt.
Der Wettbewerb wird sich zugunsten der Kostenträger und Selbstzahler regulierend auf die Preisgestaltung auswirken und zugleich die Wahlmöglichkeiten der Budgetnehmer, also der Kunden, erhöhen. Der Weg vom Hilfeempfänger zum Kunden kann sich nun komplett vollziehen. Caritas hat das Potenzial, diesen Weg mitzugehen und mitzugestalten – Voraussetzung ist die Bereitschaft der Veränderung einer jeden Caritas-Einrichtung, eines jeden Caritas-Mitarbeiters hin zu einem modernen Management, in dem der Kunde und der Mitarbeiter im Mittelpunkt stehen und zeitgemäße Managementinstrumente ihren festen Platz einnehmen.

4.6 Modifizierung von Methoden für den Gesundheits- und Sozialbereich

Während in privatwirtschaftlichen Unternehmen die Maßnahmen zur Realisierung von Chancengleichheit greifen und Managing Diversity das dominierende Konzept ist, hat sich bisher im Bereich von Verwaltung, Politik und Non-Profit-Unternehmen Gender Mainstreaming durchgesetzt, das sich mehr auf die Geschlechtergleichstellung stützt.
Die Einführung von Gender Mainstreaming im „Paritätischer Wohlfahrtsverband, Landesverband Thüringen e.V.“ [408] ist eines der wenigen Praxis-

[408] Jochmann-Döll, A., u.a., Praxisbeispiel Paritätischer Wohlfahrtsverband, Landesverband Thüringen e.V.: Gender Mainstreaming im Rahmen eines Equal-Projektes der EU, in: Krell, G., a.a.O., S. 99 ff.

beispiele aus dem Sozialbereich, das in der Literatur zu finden ist. Über ein Tochterunternehmen wurde die Förderung einer Entwicklungspartnerschaft im Rahmen der Gemeinschaftsinitiative Equal[409] der EU beantragt. Nach Inkrafttreten des Amsterdamer Vertrages 1999 wurde Gender Mainstreaming für alle Strukturfonds der EU, also auch für Equal, verpflichtend festgelegt. Aufgrund der positiven Erfahrungen beschloss der Vorstand des Paritätischen Landesverbandes Thüringen die Einführung von Gender Mainstreaming auf regionaler Verbandsebene und im November 2002 der Paritätische Wohlfahrtsverband auch auf Bundesebene. Im Rahmen des Equal-Projektes finden neun Workshops statt, die als Trainings und als Begleitung zur Umsetzung von Gender Mainstreaming in den Teilprojekten konzipiert waren. Die Erfahrungen nach den ersten fünf Workshops waren ambivalent: Einerseits hat der Pflichtcharakter des Gender Mainstreaming hemmenden und Widerstand erzeugenden Einfluss, der dazu führen kann, dass Gender Mainstreaming als Pflichtveranstaltung ohne Überzeugung „abgesessen und abgewickelt" wird. Andererseits beinhaltet der Zwang zur Beschäftigung mit Gender Mainstreaming auch die Chance der Informations- und Bewusstseinserweiterung und damit auch der Meinungsänderung. Im Sinne einer nachhaltigen Einführung von Gender Mainstreaming ist es allerdings erforderlich, diesen Prozess mit geeigneten Maßnahmen der Organisationsentwicklung zu stärken und zu unterstützen. Mit Blick nach innen erweisen sich Gleichstellungsmaßnahmen als umso erfolgreicher, je plausibler sie mit anderen Organisationsreformen in Betrieben und Behörden verknüpft werden und damit auch attraktive Perspektiven für beide Geschlechter anbieten. Mit Blick nach außen ermöglichen Konzepte zur Vernetzung regionaler Beschäftigungsförderung mit einzelbetrieblichen Gleichstellungsmaßnahmen den Zugriff auf breitere Ressourcen und Unterstützungspotenziale.[410]

409 Aus dem Europäischen Sozialfonds (ESF) finanziertes Förderprogramm, das sich an den Schwerpunkten der Europäischen Beschäftigungsstrategie orientiert und das Ziel hat „Arbeitslosigkeit zu verhindern und zu bekämpfen, Humanressourcen zu entwickeln sowie lebenslanges Lernen und die berufliche und soziale Integration von benachteiligten Gruppen zu fördern".

410 Jüngling, C., Strategien der Implementierung von Gleichstellungsmaßnahmen, in: Krell, G., a.a.O., S. 114.

Sozialmanagement und Gender Mainstreaming, das Konzept für Geschlechtergerechtigkeit, wurden zeitgleich entwickelt, und man fragt sich, warum sie nicht miteinander verknüpft werden, obwohl das notwendig und möglich wäre. Ganz besonders da, wo es um Sozialmanagement von sozialen Organisationen in sozialer Arbeit geht, die immer noch vorrangig von Frauen erledigt wird und unter – weitgehender – männlicher Leitung und Verantwortung steht.[411]

Der breitere Ansatz von Chancengleichheit über Diversity, der sich zusätzlich zum Geschlecht unter anderem auch auf Alter, Behinderung, kulturelle oder nationale Zugehörigkeit und sexuelle Orientierung bezieht, zielt darauf ab, die Vielfalt in der Mitarbeiterschaft wertzuschätzen, zu fördern und zu nutzen, was zukünftig gerade für Non-Profit-Unternehmen immer wichtiger wird.

4.7 Zusammenfassung

Globalisierung, Fachkräftemangel, die Fusionen und der Trend zur Individualisierung und Selbstverwirklichung im Arbeitsleben werden Firmen immer intensiver dazu anregen, sich mit dem Thema Vielfalt verstärkt auseinander zu setzen – auch in Deutschland. Wollen Unternehmen gute Leute halten, müssen sie sich mehr und mehr auf unterschiedliche Lebensentwürfe einstellen.

Mittlerweile wächst in vielen Unternehmen die Einsicht, dass es bei Diversity nicht um die Erfüllung von Quoten von „Frauen und Ausländern" geht, sondern um die Kompetenz, mit den Unterschiedlichkeiten der Belegschaft produktiv umgehen zu können.

Vor dem Hintergrund einer sich verändernden Rolle der Frau im (Geschäfts-)Leben, einer immer älter werdenden Bevölkerung sowie einer weiteren Internationalisierung auch durch die EU-Ost-Erweiterung, wird Diversity für alle Unternehmen und Organisationen weiter an Bedeutung gewinnen.[412]

411 Puhl, R., Editorial zu Sozialmanagement und Gender Mainstreaming, in: Sozialmagazin, 27. Jahrgang. 11/2002, S. 1.

412 Jablonski, H., Praxisbeispiel Ford-Werke AG, Köln: Erfolgreiche Implementierung von Diversity, in: Krell, G., a.a.O., S. 70.

5 Forschungsprojekt: Diversity Management

Auf Grund der bisherigen theoretischen Ausführungen in den Kapiteln 1 bis 4 wird im Folgenden die Forschungsfrage entwickelt und das Forschungsvorhaben – genannt Forschungsprojekt – aus methodologischer und methodischer Sicht vorgestellt. Das Projekt basiert auf einer explorativen Befragung, die mit quantitativen und qualitativen Erhebungsinstrumenten durchgeführt wird. Anschließend werden die Daten analysiert und Schlussfolgerungen gezogen.

5.1 Zur Methodologie

Die Erfassung von Problemen in der Praxis ist für die angewandten Wissenschaften Ausgangspunkt für Untersuchungen. Da die empirische Diversity-Forschung am Anfang steht und insbesondere im deutschsprachigen Raum bisher diesem Thema wenig Beachtung geschenkt worden ist, befasst sich die vorliegende Arbeit mit der Wahrnehmung von Diversity und deren empirischer Erfassung. In den folgenden Abschnitten wird in Anlehnung an Organisationsforschung und Soziologie ein geeigneter methodischer Wissenschaftsansatz zur Erfassung von sozialen Phänomenen, hier Diversity und Managing Diversity, eruiert. Aufbauend auf die Forschungsfrage und dem Forschungsfeld stellen die Autoren die dazu erforderliche Forschungsstrategie, die Forschungsform und das Forschungsinstrument nachfolgend dar.
Die Autoren haben bewusst auf eine systematische Trennung des methodologischen Ansatzes und des methodischen Vorgehens verzichtet. Vielmehr war es ihnen wichtig, das methodische Vorgehen mit den sozialwissenschaftlichen Theorien zu verknüpfen.

5.2 Zielsetzung und Fragestellung

Ziel des Forschungsprojektes ist es, die Wahrnehmung von Diversity und Managing Diversity in Unternehmen darzustellen sowie inhaltliche Lösungen und Lösungsverfahren zu analysieren und zu interpretieren. Empfehlungen und Regeln für die Entwicklung von Gestaltungsmodellen würden den Rahmen dieser Arbeit sprengen und stehen daher mehr im Hintergrund bzw. werden allgemein gehalten im Kapitel Implementierung von Managing Diversity behandelt.
Es lässt sich folgende empirische Forschungsfrage ableiten:

„Wie ist die Wahrnehmung von Diversity und Managing Diversity in Non-Profit-Organisationen?"

Im Einzelnen sollen folgende Fragen behandelt werden:

- Wie bekannt ist Diversity und Diversity Management in den Führungsetagen von Non-Profit-Organisationen?
- Für wie relevant halten Führungspersonen Diversity Management und welche Vorteile sehen sie? Ist eine Einführung und Umsetzung von Diversity Management in den Unternehmenseinheiten möglich und denkbar?
- Gibt es bei den vorgenannten Fragestellungen relevante Unterschiede bei den Befragungsergebnissen der Führungspersonen zwischen den Non-Profit-Organisationen Caritas und AOK?
- Ergänzend soll auf die Frage eingegangen werden, ob Caritas- und AOK-Führungspersönlichkeiten von ihrer angegebenen Meinung zu Diversity und Managing Diversity Themen wesentlich von der Meinung ihrer Führungskollegen von Profit-Unternehmen abweichen.

Um hierüber Antworten zu erhalten, sind quantitative und qualitative Befragungsinstrumente zu entwickeln und in der nachfolgend dargestellten Zielgruppe im Managementbereich einzusetzen. Eine weiterführende

Forschungsfrage ergibt sich daraus, inwieweit sich aus den Ergebnissen des Forschungsprojektes Impulse für eine Theorieentwicklung ableiten lassen. Ebenso soll die Ausarbeitung auf folgende von den Autoren aufgestellte Hypothesen[413] eingehen:

- Hinken Non-Profit-Organisationen gegenüber Profit-Unternehmen den aktuellen Entwicklungen im Managementbereich um Jahre hinterher? Hierbei geht es unter anderem um die Frage, ob Non-Profit-Organisationen und gerade auch Wohlfahrtsverbände weniger professionell ausgerichtet sind als Wirtschaftsunternehmen.
- Sind Wohlfahrtsverbände gegenüber großen Krankenkassenorganisationen von der qualitativen Ausbildung und dem Know-how ihrer Führungskräfte unterlegen? Oder hat sich auch im Wohlfahrtsbereich ein gut organisiertes und qualitativ sehr gut ausgebildetes Management mit neuen Führungs- und Managementmethoden etabliert?

Die Autoren gehen davon aus, dass sich die Teilnehmer anhand der Zusammenstellung des Fragebogens mit dem Thema Diversity Management vertraut machen. Mit dem Durcharbeiten der Fragen wird der Teilnehmer sukzessive in das Thema Diversity eingeführt und erhält nach und nach Informationen, was sich hinter diesem Begriff verbirgt. So soll die Befragung letztendlich als Nebeneffekt eine Art „Lerneinheit" darstellen und die befragten Manager in Bezug auf die Verschiedenartigkeit und hinsichtlich der Vielfalt von Menschen und Mitarbeitern sensibilisieren.[414]
Als ein zu erwartendes Ergebnis vermuten die Autoren, dass das Diversity-Merkmal „religiöse Einstellung" bei Caritas als Tendenzbetrieb der katholischen Kirche sehr stark ausgeprägt sein müsste. Die Erfahrungen der Autoren hinsichtlich der religiösen Überzeugung von Caritas-Mitarbeitern und hinsichtlich der Akzeptanz der kirchlichen Grundordnung durch

413 Eine Hypothese ist eine Aussage, in der eine Beziehung zwischen zwei oder mehreren Faktoren (Variablen) vermutet wird. Diese Beziehung soll durch ein Forschungsprojekt geprüft werden.
Mayer, H., a.a.O., S. 127.

414 Ob und inwieweit dies bei dem durchgeführten Forschungsprojekt gelungen ist, könnte wiederum eine ergänzende Erhebung beantworten. Viele persönliche Gespräche mit den Befragten zeigen eindeutig, dass sich dieser Personenkreis intensiv mit dem Thema auseinandergesetzt hat und Diversity nun ein präsenter und mit Wissen gefüllter Begriff ist.

Caritas-Mitarbeiter schmälern diese Ansicht jedoch etwas. Daher vermuten die Autoren, dass sich das Merkmal „religiöse Einstellung“ nicht als das wesentliche Merkmal von Diversity in kirchlichen Einrichtungen wie der Caritas herausstellt, sondern lediglich im Vergleich zur AOK oder anderen Unternehmungen einen höheren Stellenwert einnimmt.

Einen höheren Bekanntheitsgrad und eine höhere Akzeptanz von Diversity, so nehmen die Autoren an, sind der AOK zuzuschreiben. Im Gegensatz zur Caritas sind aufgrund einer zentralen Konzernleitung effektivere Strukturen vorhanden, die gerade im Personalbereich mit den nötigen Fachkräften durchgängig eine Personalentwicklung auf hohem Niveau verzeichnen. Assessment-Center, Führungskräfte-Entwicklungsprogramm, Coaching, Team-Training sollen hier als Beispiele dienen. Aufgrund dessen müssten die Führungskräfte entsprechend geschult und mit den neuesten Managementtechniken vertraut sein bzw. eine gewisse Offenheit für neue Führungsprogramme mitbringen.

In der Gesamtbetrachtung gehen die Autoren davon aus, dass die Teilnehmer aus der Gruppe Caritas eine geringere Bereitschaft verzeichnen, sich mit dem Thema Diversity auseinanderzusetzen. Es wird daher die Vermutung angestellt, dass die Beteiligungsquote im Verhältnis zur AOK entsprechend geringer ausfällt und sich auch die abzufragende Relevanz und Umsetzbarkeit von Diversity auf einem niedrigeren Niveau bewegen wird. Die Autoren nehmen hier an, dass sich der Wohlfahrtsverband Caritas allgemein mit Neuerungen und einem schnellen Wandel schwer tut bzw. zeitlich verspätet reagiert.

5.3 Forschungsfeld und Zielgruppe

Mit der Durchführung dieser Befragung bei der Caritas, die mit rund 500.000 hauptberuflichen Mitarbeitern größter Wohlfahrtsverband in Deutschland ist, und der AOK, mit mehr als 25 Millionen Versicherten größte gesetzliche Krankenkasse[415], sind zwei namhafte Unternehmen als

415 Seit mehr als 100 Jahren steht die AOK als Krankenversicherung in Deutschland für Sicherheit und umfassende medizinische Versorgung im Krankheitsfall. Die AOK betreut mehr als 25 Millionen Menschen in Deutschland. Sie werden von 61.000 Mitarbeitern in rund 1.700 Geschäftsstellen betreut. Mit rund 37 Prozent Marktanteil ist die AOK Marktführer in der gesetzlichen Krankenversicherung.

Zielgruppe definiert. Für beide Organisationen soll eine getrennte Auswertung der Ergebnisse stattfinden, um Aussagen zu den oben genannten Forschungsfragen treffen zu können. Ferner sollen beide Auswertungsergebnisse miteinander in Beziehung gesetzt werden, um eine Antwort auf die Frage zu erhalten, ob gravierende Abweichungen bei den Ergebnissen zwischen diesen beiden Organisationen erkennbar sind.
Da sich die zu stellenden Fragen an einigen wenigen bereits in der Industrie durchgeführten Befragungen anlehnen, soll vereinzelt auch eine Spiegelung der festgestellten Ergebnisse im Non-Profit-Sektor mit denen des Profit-Sektors stattfinden.
Für die Durchführung der Befragung wird auf bestimmte Regionen zurückgegriffen, in denen die Autoren oberste Führungsfunktionen wahrnehmen. Für die AOK ist dies das komplette Bundesland Bayern mit über 4 Millionen Versicherten, 210.000 Firmenkunden und rund 11.500 Mitarbeitern. Stellvertretend für die Caritas in Deutschland wird die Diözese Würzburg vertreten sein, die vom Einzugsgebiet identisch mit dem Bezirk Unterfranken ist. Der Caritas in Unterfranken sind rund 13.000 Mitarbeiter angeschlossen, die täglich ca. 380.000 Menschen pflegen, erziehen, betreuen oder beraten. Als Teilnehmerzielgruppe werden nur Führungskräfte in den verschiedenen Hierarchiestufen einbezogen.
Caritas in Unterfranken besteht aus zahlreichen rechtlich und wirtschaftlich selbstständigen Unternehmenseinheiten, die dem Caritasverband für die Diözese Würzburg angegliedert sind.[416] An der Befragung haben sich Direktoren, Geschäftsführer, Abteilungs- und Bereichsleiter sowie Einrichtungs- und Pflegedienstleiter beteiligt. Die Ansprache mit dem Hinweis auf die laufende Befragung im Internet erfolgte teilweise persönlich und zum Großteil zentral über ein Fachreferat, das entsprechend die Führungskräfte aus der Altenhilfe per E-Mail mit Verweis auf die Internetadresse aufmerksam gemacht hat.
In der AOK Bayern, die mit ihren Direktionen vom Unternehmensvorstand mit Sitz in München gesteuert wird, sprachen die Autoren einige

416 Mit rund 13.000 verbundenen Mitarbeitern ist Caritas der größte Wohlfahrtsverband und größte private Arbeitgeber in Unterfranken.

Direktoren persönlich an baten um Teilnahme an der Befragung. Ferner wurden als Hauptzielgruppe die Teilnehmer des Führungskräfte-Entwicklungsprogramms (FKE) der AOK Bayern befragt. Für dieses Programm werden im Rahmen eines ausführlichen Auswahlverfahrens die zukünftigen Top-Führungskräfte der AOK Bayern, d. h. Bereichsleiter mit besonderer Verantwortung (Budget-, Projekt-, Mitarbeiterverantwortung), Leiter von Dienstleistungszentren und Direktoren, ausgewählt. Neubesetzungen von höheren und höchsten Führungspositionen werden grundsätzlich nur noch für erfolgreiche Teilnehmer am Führungskräfteentwicklungsprogramm möglich sein. Der Personenkreis, der an der Befragung teilgenommen hat, gehört somit zu den High Potentials der AOK Bayern.[417]

5.4 Forschungsstrategie

Die vorliegende Arbeit verfolgt in erster Linie eine Explorationsstrategie. Diese befasst sich mit dem Entdeckungszusammenhang wissenschaftlicher Aussagen. Hierbei wird insbesondere das erstmalige Erkennen von Zusammenhängen in den Mittelpunkt gestellt. Explorative Studien beschäftigen sich unter anderem mit der Erfassung, Präzisierung, Strukturierung und Erklärung von schwer erfassbaren Phänomenen[418]. Die zunehmende Vielfältigkeit der Belegschaften, der Kunden und Märkte stellt fraglos ein komplexes personalwirtschaftliches Themengebiet dar, so dass ein explorativer Ansatz für die vorliegende Arbeit sinnvoll erscheint.

Die Erhebung untersucht erstmalig die Wahrnehmung von Diversity in Non-Profit-Organisationen mit den Schwerpunktsektoren der freien Wohlfahrtspflege und der gesetzlichen Krankenkasse. Bis zum Zeitpunkt der Erhebung ist im deutschsprachigen Raum keine Studie mit dieser Zielgruppe durchgeführt worden, die diesen Themenkomplex mittels einer empirischen Untersuchung erforscht hat.

417 Die AOK Bayern hat sich bewusst dafür entschieden, den eigenen Führungsnachwuchs als Teil der Unternehmenskultur zu fördern, um den Mitarbeitern entsprechende Entwicklungschancen zu bieten und dabei die Unternehmens- und Führungskultur der AOK Bayern zu berücksichtigen. Die Grundlagen bzw. Säulen der FKE der AOK Bayern (Auswahlverfahren, Mentorenbetreuung, Entwicklungsplanung, Curriculum, Anforderungsprofil und Nachfolgeplanung) kennzeichnen den Hintergrund und die Ausrichtung des FKE-Programmes und sind maßgebend für den Erfolg.

418 Sepehri, P., a.a.O., 2002, S. 37. Müller-Böling, u.a., Methoden empirischer Wirtschafts- und Sozialforschung, Köln, 1996.

5.5 Forschungsform

Die Erhebungsform der Fallstudie (= eine Untersuchungseinheit) und der vergleichenden Feldstudie (= mehrere Unersuchungseinheiten bzw. Fallstudien) haben eine sehr große Bedeutung für die explorative Strategie. „Man kann mit ihr bedeutsame Variablen aufdecken, erste Beziehungen zwischen verschiedenen Variablen aufdecken, erste Beziehungen zwischen verschiedenen Variablen ermitteln und Erfahrungen mit Erhebungsinstrumenten sammeln." [419]

Als Forschungsform der Untersuchung wurde daher die vergleichende Feldstudie ausgewählt. Hierbei wurden mehrere Feldstudien zu einem Zeitpunkt analysiert. Da das Forschungsprojekt explorativ ausgelegt war, wird kein repräsentativer Anspruch erhoben. Vielmehr geht es darum, zusammenhängende und problemorientierte Aussagen zur Wahrnehmung und zu möglichen Wahrnehmungsunterschieden von Diversity und Managing Diversity erkennen und entwickeln zu können. Aus diesem Grund fokussiert die vorliegende Studie eine deskriptive und erklärende Ergebnisdarstellung und -analyse.

5.6 Forschungsinstrument

Vom theoretischen Bezug, aus dem sich die Forschungsfragen ergeben, hängt auch die Auswahl und Entwicklung der Erhebungsinstrumente ab. Im Mittelpunkt hierbei steht die Befragung.

5.6.1 Die Befragung

Empirische Studien, so Geyer[420], werden häufig unter Verwendung sozialwissenschaftlicher Methoden durchgeführt, denen quantitative[421] Ansätze zugrunde liegen. Nach Mayer[422] bedient sich die quantitative Forschung

419 Sepehri, P., a.a.O., 2002, S. 38. Müller-Böling, u.a., a.a.O.

420 Geyer, S., u.a., Sozialwissenschaftliche Verfahren in den Gesundheitswissenschaften, in: Hurrelmann, K., u.a., Handbuch Gesundheitswissenschaften, Weinheim, München, 1998, S. 269 f.

421 Mayer, H., a.a.O., S. 65, erwähnt hier auch den qualitativen Forschungsansatz, der den ganzheitlichen Menschen näher betrachtet und so von etwas Subjektivem (vom Einzelnen ausgehende Beobachtung) spricht. Verbunden mit dem qualitativen Ansatz ist das induktive Vorgehen, d. h. man geht vom Einzelfall aus und gelangt durch Schlussfolgerungen zu allgemeinen Prinzipien.

422 Mayer, H., a.a.O., S. 64.

standardisierten[423] Erhebungsmethoden und verwendet statistische Techniken, um Daten auszuwerten. Ihr Ziel ist es, möglichst objektive Daten zu erstellen, diese miteinander in Beziehung zu setzen, also zu vergleichen, und daraus allgemeingültige Aussagen abzuleiten. Blomberg[424] schließt sich dieser Auffassung an und stellt dar, dass sich mit den Methoden der empirischen Sozialforschung fundierte empirische Informationen über Entwicklungen, Stimmungen, Zusammenhänge und Erfordernisse gewinnen lassen. Befragungen gelten in der empirischen Organisations- und Sozialforschung als die am häufigsten benutzen Datensammlungstechniken. Die Befragung ist eine wissenschaftliche Methode, bei der Menschen Fragen gestellt werden, um Informationen über ihr Verhalten und Erleben zu gewinnen.[425] Sie wurde bisher in drei Typen unterschieden:

- persönliches Interview,
- telefonisches Interview,
- schriftliche Befragung.

Mit der Einführung und Anwendung des Internets steht die Online-Befragung als vierte Möglichkeit zur Verfügung.[426] Aufgrund der weltweiten Verfügbarkeit können es viele Menschen nutzen und es ermöglicht zudem eine schnelle Befragung und Auswertung.
Um in kürzester Zeit mit einem geringen logistischen Aufwand einen ausgewählten Teilnehmerkreis von zu befragenden Personen zu erreichen, wurde von den Autoren das Medium Internet in Form einer Online-Befragung gewählt.
Wesentliche Gesichtspunkte bei der Positionierung einer Befragung sind nach Burkert[427] und Borg[428] die Wahrung der Anonymität der Befragten, die

423 Mayer, H., a.a.O., S. 64, definiert Standardisierung in der Forschung als das genaue Festlegen der Mess-(Erhebungs-) und Auswertungsverfahren, um die Vergleichbarkeit der Daten zu erhöhen.

424 Blomberg, K., Wie zufrieden sind Ihre Mitarbeiter?, in: Beck, M., a.a.O., S. 5; Domsch, M., in: Rosenstiel, L. v., u.a., a.a.O., 1999, S. 697, untergliedert weiter in anonymes und offenes Vorgehen.

425 Stanjek, K., Altenpflege konkret – Sozialwissenschaften, München, Jena, 2001, 2. Auflage, S. 22.

426 Burkert, C., a.a.O., S. 111; weltweit und kurzfristig, hohe Repräsentativität, schnell verfügbar, einfache Durchführung, geringere laufende Kosten, einfach per Internet, Intranet oder eMail.

427 Burkert, C., a.a.O., S. 88 f.

428 Borg, I., a.a.O., S. 57.

Vertraulichkeit und die Sicherstellung des Datenschutzes. Das Fehlen eines dieser Grundprinzipien würde unweigerlich in einer verringerten Rücklaufquote Ausdruck finden. Anonymität bedeutet, dass ein Rückschluss von Antworten auf den einzelnen Befragten nicht möglich ist. Sie steht im Gegensatz zur Vertraulichkeit, die einen Rückschluss zwar zulässt, dieser jedoch nicht erfolgt. Gerade bei der Durchführung einer Befragung mit Hilfe des Internets sind diesen Kriterien eine hohe Beachtung zu schenken. Auf den Datenschutz und die Sicherheit, dass kein Rückschluss auf den Teilnehmer erfolgen kann, sind die Autoren nochmals explizit auf der Startseite der Online-Befragung eingegangen, um mögliche Bedenken bei den Teilnehmern der Befragung auszuräumen.

5.6.2 Zusammenstellung der Items

Dreh- und Angelpunkt einer Befragung ist der Fragebogen, bei dem zahlreiche Gesichtspunkte zu beachten sind. Der wohl komplexeste Gesichtspunkt ist der, welche Inhalte oder Themen die Items (gezielte Fragen) des Fragebogens umfassen. Die bei der Befragung eingesetzten Fragen sind im Anhang[429] beigefügt.

Die meisten Befragungen verwenden heute so genannte Likert-Items, bei denen die Frage als Feststellung formuliert wird und die Antwort durch die Angabe erfolgt, wie stark die befragte Person dieser Feststellung zustimmt bzw. wie stark sie diese ablehnt.

1.0 Die Idee von Managing Diversity und die Bedeutung von Diversity für unser Unternehmen …

- ☐ … ist mir absolut nicht bekannt
- ☐ … ist mir kaum bekannt
- ☐ … ist mir bekannt
- ☐ … ist mir absolut bekannt

Abbildung 21: Likert-Skala
Quelle: In Anlehnung an Borg, I., a.a.O., S. 83 f.

429 Anhang A.05: Online Befragung – Fragebogen.

Eine weitere Möglichkeit des Skalierens ist die Methode des „Polaritätsprofils“ [430]. Hier werden die Pole der Antwortskala mit gegensätzlichen Adjektivpaaren (z. B. nicht kompetent – sehr kompetent; erfolgreich – erfolglos) gekennzeichnet. Semantische Profile eignen sich vor allem zum Beurteilen von Imagefragen des Unternehmens und von Einschätzungen der Mitarbeiter. Hierbei geht es weniger um harte Faktoren als um qualitative Merkmale wie Atmosphäre und Eindrücke. In der vorliegenden Ausarbeitung haben die Autoren beide Skalierungsmethoden zum Einsatz gebracht.

In vielen Befragungen wird der Fragebogen durch Felder ergänzt, in die der Befragte weitere Kommentare in freier Formulierung eintragen kann. Bei diesen offenen Befragungen werden die gestellten Fragen völlig frei beantwortet, d. h. die Antworten werden nicht zur Auswahl (z. B. ankreuzen) vorgegeben. Diese Variante bietet Platz für eine offene und ausführliche Begründung. Die Ergebnisse sind jedoch aufgrund der individuellen Antworten und des aufwendigen Bündelns des Textmaterials schwer zu verarbeiten, was demzufolge einen erhöhten Zeitaufwand für die Auswertung bedeutet.[431] In der durchgeführten Befragung wurde daher der Anteil von offenen Fragen auf ein geringes Maß reduziert. Lediglich die Frage 8.1 „Bitte definieren Sie mit eigenen Worten stichpunktartig Ihr Verständnis von Managing Diversity“ wurde eine konkrete Einzelfrage als offene Frage gestellt. Bei Frage 4. und 8.1 hatten die Teilnehmer jeweils die Möglichkeit eine ergänzende frei definierte Antwort zusätzlich zu den vorgegebenen Antworten einzutragen. Diese durch qualitative Erhebung ermittelten Daten wurden in den entsprechenden Gruppen zusammengefasst und sind im Anhang[432] komplett dargestellt.

Borg[433] berichtet von wissenschaftlichen Untersuchungen, die darlegen, dass die Kommentare keine neuen, über die Items hinausgehenden Informationen enthalten. Barth[434] vertritt eine andere Auffassung und sieht in der

430 Atteslander, P., Methoden der empirischen Sozialforschung, Berlin, 1995, S. 249.

431 Stanjek, K., a.a.O., S. 22.

432 Anhang A.06: Online Befragung – Auswertung.

433 Borg, I., a.a.O., S. 96 ff.

434 Barth, M., a.a.O., S. 177.

offenen Fragegestaltung einen höheren Aufschluss, da dabei die befragte Person differenziert mit eigenen Worten Stellung beziehen kann. Der Ansatz von Barth lässt die von Borg erwähnte Schwierigkeit der aufwendigen Auswertung ebenso außer Acht wie die Problematik einer möglichen Verletzung der Anonymität (typische Worte, Schrifterkennung). Da es sich um eine Befragung handelt, die über eine kleine Unternehmenseinheit hinausgeht und eine ganze Region und zahlreiche Unternehmenseinheiten betrifft, ist bei der vorliegenden Befragung ein Rückschluss aufgrund der Verwendung typischer Worte ebenso zu vernachlässigen wie die Erkennung des Schriftbildes, da es sich um eine Online-Befragung handelt.
Items stellen nicht nur Fragen, sondern beabsichtigen eine Antwort. Zusammenfassend lassen sich hier nochmals die zwei Item-Kategorien darstellen:[435]

- offene Items, bei denen der Befragte seine Antwort „mit eigenen Worten", also „frei" formulieren kann und
- geschlossene Items, bei denen nur eine begrenzte Zahl von Antworten zur Auswahl vorgegeben wird, meist unter Verwendung einer Antwortskala.

Nachdem man die Items für einen Fragebogen zusammengestellt hat, ist die Frage zu klären, wie sie geordnet werden und wie der Fragebogen aufgebaut werden soll.

5.6.3 Der Fragebogen

In der Praxis findet man oft so genannte Itemblöcke, in denen die Items in Blöcken ähnlichen Inhalts zusammengefasst und sortiert sind. Die Itemblöcke selbst sind so geordnet, dass mit den konkreten Themen begonnen und dann mit allgemeinen Themen fortgefahren wird.[436]

435 Borg, I., a.a.O., S. 83 f.

436 Burkert, C., a.a.O., S. 143, sieht im Fragebogenaufbau einen erheblichen Einfluss auf die Qualität einer Befragung. Es hat sich bewährt, am Beginn des Fragebogens Kontaktfragen zu positionieren, die als Eisbrecher- oder Einleitungsfragen zu verstehen sind und der Motivation und dem Misstrauensabbau dienen sollen.

Innerhalb der Blöcke findet sich ein analoger Aufbau von „konkret" zu „allgemein" wieder. Der Aufbau des Fragenbogens sollte einfach und übersichtlich sein:[437]

- Vorderes Deckblatt mit Datum und Logo,
- Seite mit einer Anleitung: Hinweise zum Ausfüllen, zur Anonymität, zum weiteren Vorgehen, Ansprechpartner, etc.,
- Seite mit Fragen zu demographischen Angaben wie z. B. Alter, Geschlecht, Ausbildung, Betriebszugehörigkeit,
- Seiten mit den inhaltlichen Fragen,
- Hinteres Deckblatt mit „Dankeschön".

Der Umfang des Fragebogens richtet sich nach der Anzahl der relevanten Themenfelder, sollte aber noch überschaubar sein und den Interessenten zur Teilnahme motivieren und nicht abschrecken aufgrund einer Vielzahl von Fragen.

Der Erstellung der Befragungsinstrumente geht eine umfangreiche Literaturrecherche voraus. Um differenzierte und aussagekräftige Befunde aus der quantitativen Befragung zu erhalten, wird als Instrument ein standardisierter Fragebogen gewählt und entwickelt, der zugleich ein valides Instrument für eine ausreichende Stichprobe darstellt. Der Diversity-Fragebogen wurde ursprünglich im Jahr 1999 von der Firma Siemens[438] als Forschungsprojekt zum Thema „Managing Diversity in internationalen Organisationen – Definition, Erscheinungsformen und Relevanz" erstmalig eingesetzt.[439] Dieser wurde weitgehend von den Autoren übernommen, teilweise reduziert und um weitere Fragen ergänzt.

Die übernommenen Fragen werden von der Systematik vollständig in das vorliegende Forschungsprojekt integriert, um eine vergleichende Auswertung zwischen der Firma Siemens als Profit-Unternehmen und der nun befragten zwei Non-Profit-Organsiationen zu ermöglichen. Insgesamt werden 31 Fragen zusammengestellt, die sich in 8 Kategorien unterteilen:

437 Borg, I., a.a.O., S. 107 ff.

438 Siehe auch Punkt 4.2.3.

439 Sepehri, P., a.a.O., 2002.

I. Bekanntheitsgrad von Diversity
II. Verständnis von Diversity
III. Erscheinungsformen von Diversity
IV. Rangreihenfolge von Diversity
V. Relevanz von Diversity
VI. Vorbehalte gegen Managing Diversity
VII. Zusammenfassung
VIII. Personenbezogene Daten

Neben den inhaltlichen Aspekten eines Fragebogens, die nach Borg[440] über 90 % der Items umfassen, fragen die restlichen Items nach Informationen, die die Analyse des Fragebogens später unterstützen sollen. Diese demographischen Informationen dienen dazu, die Umfrageergebnisse zu schichten bzw. die Fokussierung bestimmter Zielgruppen zu unterstützen, hier insbesondere zur Trennung der Umfrageergebnisse in die Organisationen Caritas und AOK. Die personenbezogenen Fragen dieser letzten Kategorie sind dennoch allgemein gehalten und lassen einen konkreten Rückschluss auf Personen nicht zu.

9.1 Alter ☐ … bis 30 Jahre ☐ … bis 49 Jahre ☐ … ab 50 Jahre	9.2 Geschlecht ☐ … männlich ☐ … weiblich
9.3 Berufliche Stellung ☐ … Direktion/Geschäftsführung ☐ … Bereichsleitung/Abteilungsleitung ☐ … Einrichtungsleitung/Pflegedienstleitung ☐ … Teamleitung ☐ … Sonstige	9.4 Zugehörigkeit ☐ … Wohlfahrtsverband – Caritas ☐ … Krankenkasse – AOK ☐ … sonstige Organisation

Abbildung 22: Demographische Fragekategorie
Quelle: Eigene Darstellung.

440 Borg, I., a.a.O., S. 126.

Die Verwendung eines halb-standardisierten Fragebogens wird ausgewählt, um auch den qualitativen Ansatz im Forschungsprojekt zu berücksichtigen und so haltbare Aussagen zu den jeweiligen Themenkomplexen treffen zu können.

5.6.4 Pre-Testing

Bei der Erstellung eines Fragebogens kann es vorkommen, dass Fehler passieren oder einzelne Fragen eine ganz andere Zielsetzung haben sollten. Um bevorstehende Missverständnisse zu vermeiden, empfiehlt es sich, ein so genanntes Pre-Testing durchzuführen. Ein Pre-Testing des Fragebogens ist eine Vorstudie, die überprüfen und sicherstellen soll, dass der Fragebogen von den Befragten richtig verstanden und ausgefüllt wird; es ist die Erprobung eines Mittels für Untersuchungen vor der Durchführung der eigentlichen Erhebung.[441] Dies ist gerade bei größer angelegten Befragungen wichtig, in denen ein nicht entdeckter Fehler in der Vorbereitungsphase enorme Kosten oder Aussageverluste in der Durchführungs- und Auswertungsphase zur Folge hätte.
Aufgrund der angepeilten Zielgröße von 100 Teilnehmern haben sich die Autoren dafür entschieden, keinen größeren Pre-Test durchzuführen. Im kleinen Rahmen haben Führungskollegen den Fragebogen als Pre-Testing im Vorfeld ausgefüllt. Der Bedarf für gravierende Veränderungen war nicht erkennbar. Lediglich beim Punkt 9.3 „Berufliche Stellung“ wird die Anregung aufgegriffen, die Auswahlkriterien um den Punkt „Sonstige“ zu ergänzen, falls ein Teilnehmer sich nicht zu den aufgelisteten beruflichen Führungspositionen zählt. Dies konkretisiert sich durch die Frage eines Kollegen, der in einer Stabstellenfunktion tätig ist und sich somit nicht bei den gelisteten Hierarchiestufen wieder finden konnte. Gleichsam wird der Punkt 9.4 „Zugehörigkeit“ um das Auswahlkriterium „sonstige Organisation“ ergänzt, falls die Internetadresse auch andere Interessenten erreichen, die weder der Caritas noch der AOK angehören.

441 Borg, I., a.a.O., S. 126.

5.7 Datenerhebung und Prozessablauf

Mit dem quantitativen und qualitativen Forschungsansatz soll gewährleistet werden, wirklichkeitsnahe Daten zu erhalten. Im Folgenden wird nun die Vorgehensweise der Datenerhebung dargelegt und der Ablauf des Projektes näher erläutert.

5.7.1 Erhebungsansatz

In der Diversity-Literatur[442] wird immer wieder davon ausgegangen, dass, wenn eine Gruppe im Unternehmen am ehesten Diversity wahrnimmt und sich ein Urteil bilden kann, es sich um die Gruppe der oberen und mittleren Führungskräfte handelt. Aus diesem Bewusstsein heraus wird eine „Top-Down"-Befragung durchgeführt. Weiterhin wird angenommen, dass Führungskräfte in der Interaktion im Unternehmen mehr beeinflussen und umsetzen können als Mitarbeiter der unteren Ebenen, da sie mehr Macht und Ansehen genießen und ihrem Verhalten daher mehr Gewicht beigemessen wird.

Diversity kann nach Meinung der Autoren nur dann erfolgreich implementiert werden, wenn zuvor entsprechende Sensibilität in der Führungsetage wach gerufen wird, und Führungspersonen sich mit der Thematik Diversity vertraut gemacht haben. Schließlich muss das entscheidungsbefugte Management noch von den ökonomischen Faktoren und den zu erzielenden Wettbewerbsvorteilen überzeugt sein.

5.7.2 Ablauf der Erhebung

Im Vorfeld der Studie waren von den beiden Autoren die nötigen Genehmigungen bei Caritas und AOK abzuklären, um die Erhebung unter anderem unter Verwendung der Firmenlogos und der Ansprache der Zielgruppe in den zwei Unternehmen durchführen zu können.

Um gerade bei der definierten Zielgruppe Direktoren und Geschäftsführer einen professionellen Ablauf zu gewährleisten, wurden die Autoren neben den wissenschaftlichen Betreuern der Steinbeis-Hochschule Berlin von Prof.

442 Sepehri, P., a.a.O, 2002, S. 57.

Dr. Dr. Bernd Seeberger[443] und Diplom-Wirtschaftsingenieur Michael Stuber begleitet. Beide sind namhafte Fachbuchautoren und Referenten im Top-Managementbereich.
Für eine professionelle, zeitgemäße und effektive Erhebung haben die Autoren das Medium Internet ausgewählt. Der erstellte Fragebogen wurde als Online-Formular programmiert und mit Begrüßungs- und Abschlussseite ins Internet gestellt. Die Programmierung übernahm die Firma CD-Computersysteme Dänzer (Softwarefirma)[444], die ihren Schwerpunkt im sozialen Bereich gesetzt hat und zahlreiche Caritas-Einrichtungen zu ihren Kunden zählt. Die Firma hat sich bereit erklärt, die Seiten kostenfrei zu programmieren, die Daten über den hauseigenen Server zu verwalten und zusammenzuführen. Die Befragung konnte unter dem Link http://www.marco-bambach.de in der Zeit vom 3. Dezember 2004 bis 21. Dezember 2004 aufgerufen werden. Dies ist gleichzeitig der Zeitraum der Befragung. Die Zielgruppe wurde persönlich oder via E-Mail[445] auf die Online-Befragung hingewiesen.
Auf der Startseite wird der potenzielle Interessent kurz über das Thema, den Grund und den zeitlichen Umfang der Befragung hingewiesen. Mit dem Vermerk, dass alle Daten streng vertraulich behandelt werden und kein Rückschluss auf seine Person möglich ist, ist es den Autoren ein Anliegen, mögliche Zweifel und Ängste zu beseitigen. Mit der Angabe der kompletten Anschrift, Telefonnummer und E-Mail-Adressen war es möglich, jederzeit mit den Autoren in Kontakt zu treten. Die kurze Einstiegsseite, farblich abgestimmt und ergänzt mit den Firmenlogos der Steinbeis-Hochschule, Caritas und AOK sollen Professionalität und Seriosität ausstrahlen sowie der Motivation zur Teilnahme dienen.[446]

443 Prof. Dr. Dr. Bernd Seeberger ist Professor im Fachbereich Pflegemanagement. Herr Michael Stuber, Diplom-Wirtschaftsingenieur veröffentlichte zahlreiche Artikel zum Thema Diversity Management, ist seit Jahren mit dem Thema vertraut und hat es als Diversity-Pionier in vielen namhaften deutschen Konzernen als Berater eingeführt. Er gilt, als Inhaber der Diversity Beratungsgesellschaft mi.st, als Grundsteinleger von Diversity Management in Deutschland.

444 CD-Computersysteme Dänzer, Online in Internet: URL: http://www.daenzer.de.

445 Anhang A.01: E-Mail-Anschreiben.

446 Anhang A.02: Online Befragung – Startseite.

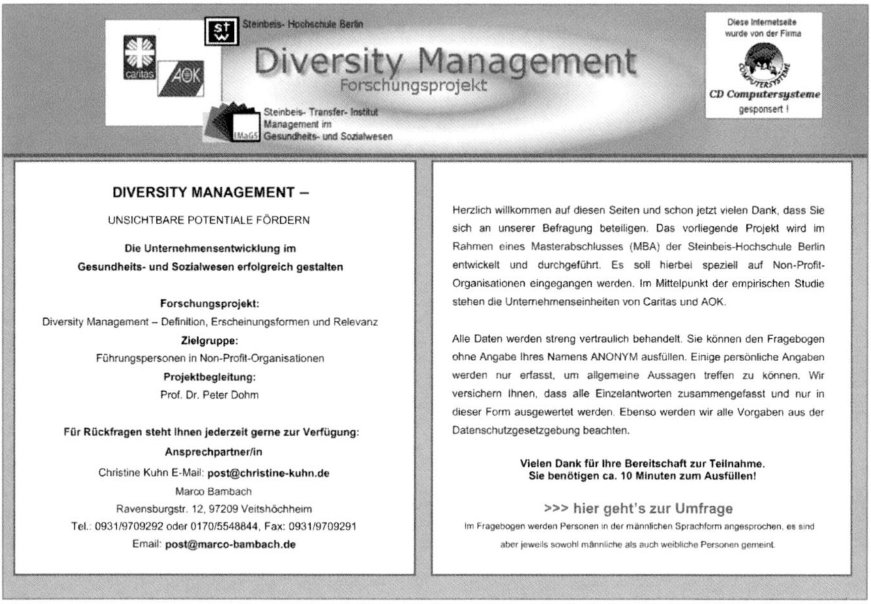

Abbildung 23: Online-Befragung Startseite
Quelle: Eigene Darstellung.

Durch klicken auf die Funktion „>>> hier geht´s zur Umfrage" gelangt der Internetnutzer auf den eigentlichen Online-Fragebogen.[447] Die betreffenden Antworten können durch einen Mausklick ausgewählt werden, in Feldern mit freier Antwortmöglichkeit kann entsprechend beliebiger Text eingegeben werden.

[447] Anhang A.03: Online Befragung – Internetauftritt/Fragebogen.

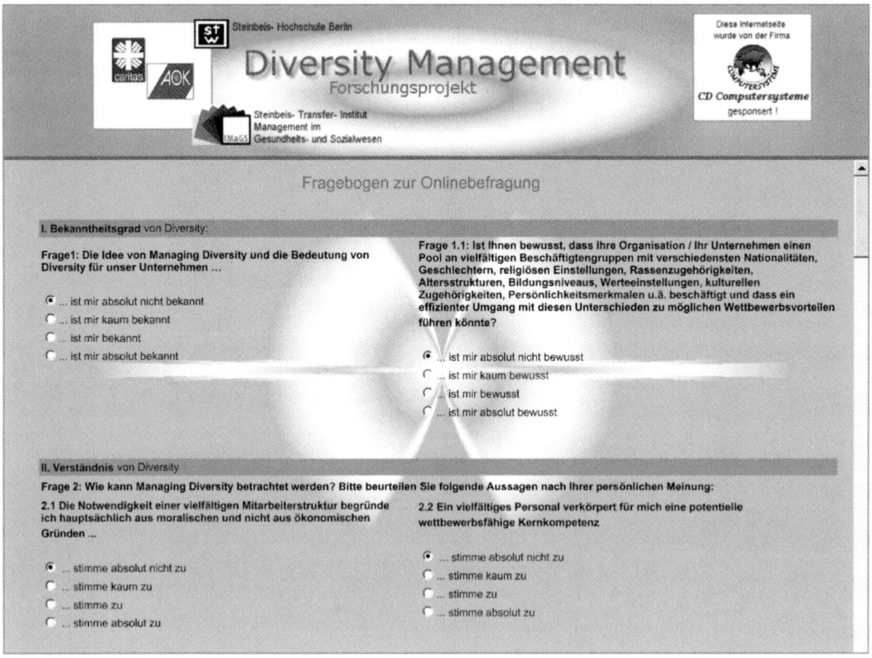

Abbildung 24: Online-Befragung Internetauftritt/Fragebogen
Quelle: Eigene Darstellung.

Mit der Klicken auf „Formular abschicken“ werden die Daten des Fragebogens und nach vorheriger Programmierung automatisch an die Softwarefirma übermittelt, wo sie nach datenschutzrechtlichen Bestimmungen gesammelt, zusammengeführt und für eine Auswertung aufbereitet werden. Der Teilnehmer erhält daraufhin sofort eine Bestätigungsseite auf seinen Bildschirm und wird mit einem netten „Dankeschön“ verabschiedet.[448]

[448] Anhang A.04: Online Befragung – Internetauftritt/Bestätigungsseite.

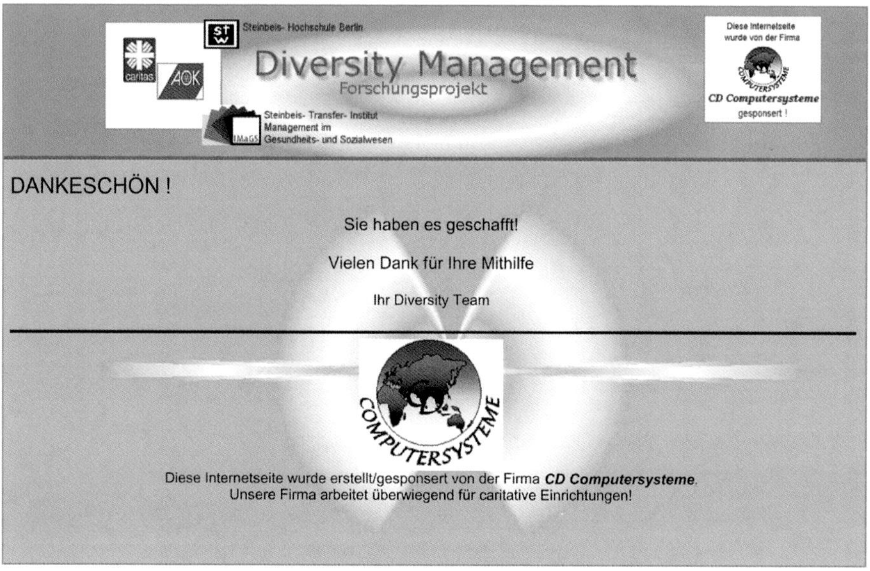

Abbildung 25: Online-Befragung Internetauftritt/Bestätigungsseite.
Quelle: Eigene Darstellung.

Nach Beendigung des Umfragezeitraumes wurden die gesammelten und zu einer weiteren Auswertung aufbereiteten Datenbestände von der Softwarefirma an die Autoren übergeben.

5.8 Auswertung und Dokumentation

Für das Aufbereiten der Daten bietet sich eine Vielzahl statistischer Methoden an. Die verwendeten Methoden werden nachfolgend näher betrachtet. Der gesamte Projektablauf wird anschließend einer Beurteilung unterzogen.

5.8.1 Datenaufbereitung

Die Darstellung von Ergebnissen bedeutet, im Vorfeld eine Datenaufbereitung[449] durchzuführen. Die abgegebenen Daten bei der Online-Befragung wurden zentral gespeichert, zusammengefasst und anschließend von den Autoren ausgewertet.

449 Mayer, H., Pflegeforschung – Elemente und Basiswissen, Wien, 2001, 2. Auflage, S. 108, beschreibt die Datenanalyse als einen Vorgang, bei dem das vorhandene Material (z.B. ausgefüllte Fragebögen) kodiert, d.h. Antworten (= Daten) in Zahlen umgesetzt werden.

Bei der Auswertung von Befragungen kommen sowohl Mittelwertvergleiche als auch Säulen- bzw. Balkendiagramme für die Häufigkeitsverteilungen[450] zum Einsatz. Die statistischen Auswertungen sollten sich an den Anforderungen der Nutzer orientieren und dem Leser transparent, übersichtlich und kompetent kommentiert vermittelt werden. Es empfiehlt sich ein sparsames Verwenden von Grafiken, da die Gefahr besteht, sehr schnell umfangreiche Berichte anzufertigen, die zwar optisch ansprechen, aber wenig Ergebnis transportieren und auf den Punkt bringen.
Die Ermittlung des Mittelwertes ist eine Methode, die vor allem zum Einsatz kommt, um zwei oder mehrere Befragungsergebnisse in Vergleich zu setzen und daraus Parallelen, Unterschiede und Handlungsfelder erkennen zu können. Der Vorteil der Prozentwerte liegt darin, dass die Wahrscheinlichkeit sehr groß ist, von jedermann verstanden zu werden.
Abgesehen von der Darstellung des Teilnehmerkreises, bezogen auf die jeweilige Teilnehmeranzahl von Caritas und AOK in Kreisdiagramm-Form und als Prozentwerte, wurde der überwiegende Teil der Auswertung als Säulendiagramm dargestellt, um eine einheitliche und dadurch für den Leser leichter lesbare Auswertung zu ermöglichen. Wenige Ausnahmen sind als Balkendiagramm dargestellt.
Die Ergebnisse wurden jeweils für Caritas und AOK ermittelt, so dass sie bei der Auswertung gegenübergestellt werden konnten. Die zwei Unternehmen wurden für eine klare Unterscheidung und deutliche Erkennung durch verschiedene Grautöne hervorgehoben. Die Auswertungsbalken von

- Caritas wurden dunkelgrau und
- AOK wurden hellgrau dargestellt.

Jede Auswertung ist nach der gleichen Systematik aufgebaut und beginnt mit dem ersten Balken, der das Ergebnis von Caritas und dem zweiten Balken, der das Ergebnis von AOK darstellt. Alle Auswertungen werden prozentual dargestellt, um einen Vergleich zwischen den zwei Organisa-

[450] Mayer, H., a.a.O., S. 110, definiert Häufigkeitsverteilung als eine Möglichkeit, Daten zu ordnen, indem man zählt, wie oft ein Ereignis auftritt. Dargestellt werden diese dann als Daten in absoluten Zahlen oder Prozenten.

tionen vornehmen zu können. Die Frage 4 wird hierbei ergänzt um eine Auswertung in Form eines Schulnotensystems. Bei dieser Frage hatte der Teilnehmer die Möglichkeit, eine Bewertung verschiedener vorgegebener Antworten mit der Notenskala (1 = höchste Bedeutung, 6 = geringste Bedeutung) vorzunehmen. Diese Darstellungsform wurde zusätzlich von den Autoren gewählt, um die Wertigkeit der einzelnen Benotung, bezogen auf die vorgegebenen Antworten, leicht lesbar widerspiegeln zu können.

Frage 4:

Welche der folgenden individuellen Unterschiede von Mitarbeitern betrachten Sie als entscheidend für Ihre Organisation/Ihr Unternehmen?

(Schulnotensystem: 1 = höchste Bedeutung, 6 = niedrigste Bedeutung)

- Unterschiede bezogen auf die sexuelle Neigung
- Unterschiede bezogen auf die religiöse Einstellung
- Unterschiede bezogen auf Behinderung
- ....

Bei den Fragen mit ergänzender offener bzw. freier Antwortmöglichkeit in Form von selbst definiertem Text wie bei Frage 4 und Frage 7 sind ebenso wie bei der reinen offenen Frage 8.1 alle abgegebenen Antworten und Texte gesammelt worden.

5.8.2 Beteiligungsquote

Ein Rücklauf von 50 % und mehr gilt in der quantitativen Sozialforschung als selten.[451] Hier haben die Aktualität des Themas und der Bekanntheitsgrad der Autoren in den befragten Unternehmen möglicherweise Einfluss auf den Rücklauf, wie sich an der Rücklaufquote von 55 % bzw. 76 % zeigt.

451 Albrecht, G., Methodische Probleme der Erforschung sozialer Probleme, in: Albrecht, G., u.a., Handbuch Soziale Probleme, Opladen, 1999, S. 855.

Die Anzahl der informierten und teilgenommenen Personen setzt sich wie folgt zusammen:

Caritas	AOK
– Verteiler: 72 Personen – Davon haben 40 an der Befragung teilgenommen. – Dies entspricht einem Rücklauf von 55 %.	– Verteiler: 67 Personen – Davon haben 51 an der Befragung teilgenommen. – Dies entspricht einem Rücklauf von 76 %.

Neben den 40 Teilnehmern von Caritas und den 51 Befragten von AOK sind zwei Teilnehmer der Rubrik „Sonstige" zuzuordnen.

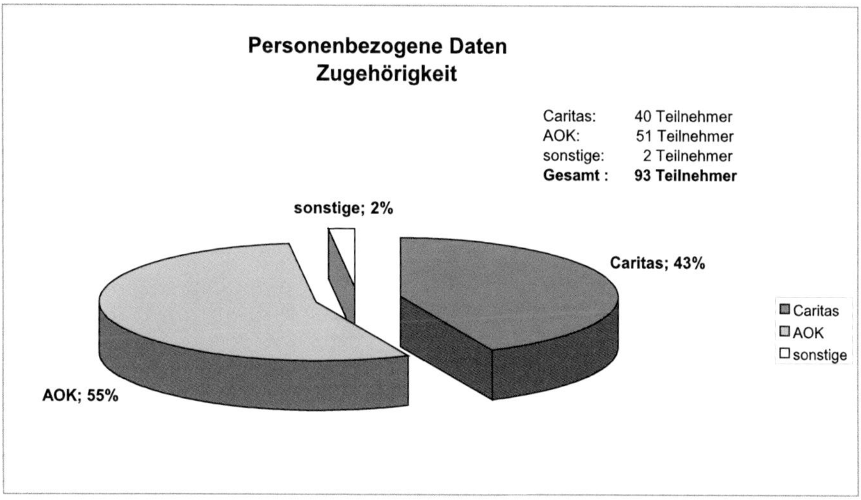

Insgesamt haben somit 93 Personen an der Befragung teilgenommen was einer Gesamt-Rücklaufquote von 67 % entspricht.

5.8.3 Beurteilung des Projektablaufes

Die Befragung wurde von den Autoren als gemeinsames Projekt geplant und ebenso durchgeführt. Jeder der zwei Autoren hatte hierbei besondere Schwerpunkte und machte die Durchführung des Forschungsprojektes in der jeweiligen Unternehmung publik. Da die Autoren einen sehr engen Zeitplan festgelegt hatten, konnten nur ein bestimmter Anteil von Führungspersonen in die Befragung einbezogen werden. Eine längere Vorlaufzeit hätte die Möglichkeit geboten, mehr Führungskräfte anzusprechen, die wiederum mit vorhandenen Verteilerfunktionen weitere leitende Angestellte mit Führungsfunktion zur Teilnahme ansprechen und motivieren können. Der persönliche Kontakt der zwei Autoren zur oberen Führungsebene und zu Multiplikatoren sowie dem Einbinden dieser in das vorliegende Forschungsprojekt hatte sicherlich Auswirkungen auf die positive Rücklaufquote.

Die Wahl einer Online-Befragung ermöglichte den Autoren, in kurzer Zeit zahlreiche Führungspersonen insbesondere per E-Mail anzusprechen und auf die Website hinzuweisen. Ein Kopieren von Fragebögen und das Versenden dieser ist hierdurch entfallen. Zudem hat das optische Erscheinungsbild der Internetpräsenz einen sehr seriösen und professionellen Eindruck hinterlassen, was auch von Teilnehmern an die Autoren reflektiert wurde. Die Autoren können an dieser Stelle, gerade auch aufgrund der gesammelten Erfahrungen, diese Art der Befragung sehr empfehlen. Indem auf der Startseite nochmals auf mögliche Bedenken von Anonymität und Vertraulichkeit eingegangen wurde, stellte auch dies kein Problem dieser neuen Art von Befragung dar. Insbesondere auch, da die Programmierung, Datensammlung und Datenaufbereitung von einer externen Softwarefirma übernommen wurde und somit die Daten der Befragten nicht direkt an die Autoren gelangt sind.

Die Befragung erfolgte in der Zeit vom 3. Dezember bis 21. Dezember 2004. Rückblickend scheint dieser Zeitraum ungünstig gewählt, da es sich hier um die Adventswochen handelt, in denen allgemein im Berufsleben als auch im Privatbereich ein vermehrter Arbeitsaufwand und Zeitbedarf vorherrscht. Die Zeit, noch zusätzlich an einer Befragung teilnehmen zu können, ist daher enger bemessen als in anderen Zeiträumen. Die Auswahl eines anderen Zeitraumes hätte womöglich eine noch höhere Rücklaufquote erbracht. Dies auch aus der Tatsache heraus, dass in den Tagen nach Weihnachten noch einige Teilnehmer ihr Interesse an einer Teilnahme bekundet haben. Diese konnten jedoch nicht mehr berücksichtigt werden, da der offizielle Befragungszeitraum verstrichen war.

5.9 Ergebnisdarstellung

Quantitative Daten können mit Worten beschrieben werden, wobei eine Ergebnisdarstellung ausschließlich mit Worten die Gefahr birgt, dass der Leser leicht den Überblick verlieren kann. Daher werden Ergebnisse häufig in Tabellen, Grafiken und Diagrammen dargestellt, um einen besseren Überblick über das Zahlenmaterial zu erhalten und somit das Lesen der Daten zu erleichtern.[452] Die Einzelergebnisse der Befragung sind dem Anhang[453] dieses Buches beigefügt.

Die Ergebnisse werden dort grafisch ausführlich dargestellt. Die Ergebnisse werden jeweils getrennt nach Caritas und AOK wiedergegeben und gegenübergestellt, um mögliche Differenzierungen erkennen und ableiten zu können.

Die einzelnen Fragen werden bei der Gesamtbetrachtung zu Kategorien zusammengefasst. Der Begriff „Kategorie“ wird in der quantitativen Auswertung für die Bündelung von Fragegruppen und in der qualitativen Auswertung für das Zusammenfassen von ähnlichen Aussagen der Befragten verwendet.[454] Erstere Form wird von den Autoren bei den geschlossenen Fragen, das Zusammenfassen von ähnlichen Aussagen bei den offenen Fragen verwendet.

Im Nachfolgenden werden sowohl die Einzel- als auch Gesamtergebnisse grafisch und erläuternd aufgezeigt, die einen großen Teil zur Beantwortung

452 Mayer, H., a.a.O., S. 138.

453 Anhang A.06: Online-Befragung – Auswertung.

454 Seeberger, B., Zur Wirksamkeit von Qualitätsmanagement in Altenpflegeeinrichtungen, Frankfurt am Main, 2004, S. 179.

der Forschungsfrage beitragen und die bei der Verifizierung oder Falsifizierung der aufgestellten Hypothesen unterstützen können.
Ähnlich wie der Fragebogen aufgebaut ist, stellen die Autoren die wesentlichen Ergebnisse in gleicher Systematik dar.

I. Bekanntheitsgrad von Diversity:

Die Einstiegsfrage 1.0 stellt dar, welchen Bekanntheitsgrad das Thema Diversity bei den Teilnehmern der Befragung hat. Es ist ersichtlich, dass die Idee und Bedeutung von Managing Diversity bei knapp 50 % der Teilnehmer von Caritas überhaupt nicht bekannt ist. Nimmt man den Anteil der Personen die Diversity für sich als „kaum bekannt" einstufen noch hinzu, umfasst dies insgesamt 75 % der Befragten von Caritas. Ein fast gleiches Bild bieten die Teilnehmer von der AOK, die mit insgesamt 78 % kaum bis überhaupt nicht mit dem Thema vertraut sind. Mit 2,5 % (Caritas) und 3,9 % (AOK) ist der Anteil der Personen, denen Managing Diversity absolut bekannt ist, relativ gering.

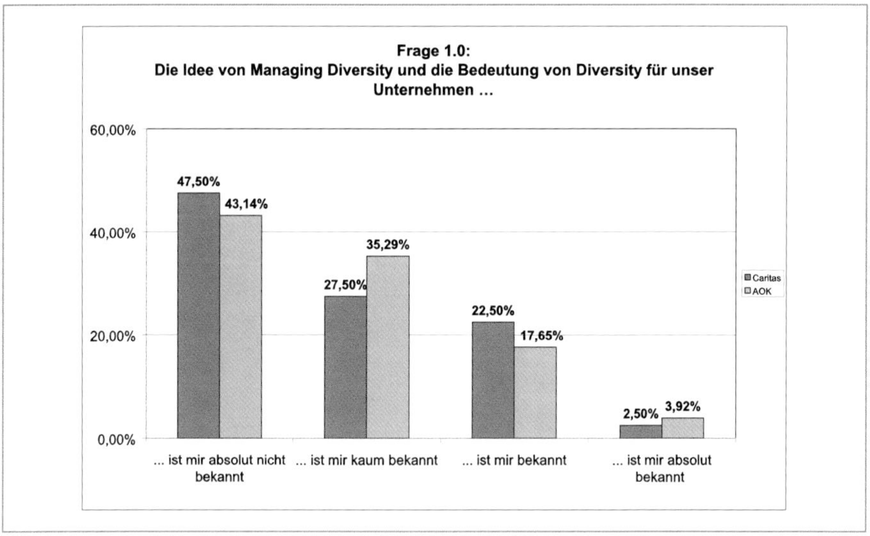

In der Frage 1.1. bewerten die Teilnehmer, inwieweit sie sich bewusst machen, dass in ihrem Unternehmen vielfältige Beschäftigungsgruppen vorhanden sind und ob ein effizienter Umgang mit diesen Unterschieden zu möglichen Wettbewerbsvorteilen führen könnte. Auch hier liegen die Ergebnisse der Non-Profit-Organisationen Caritas und AOK fast gleich. Mit zusammengefasst knapp 75 % bei Caritas und rund 75 % bei der AOK sind sich die Teilnehmer den möglichen Wettbewerbsvorteilen bewusst. „Absolut nicht bewusst" ist dies lediglich 2 % der Befragten.

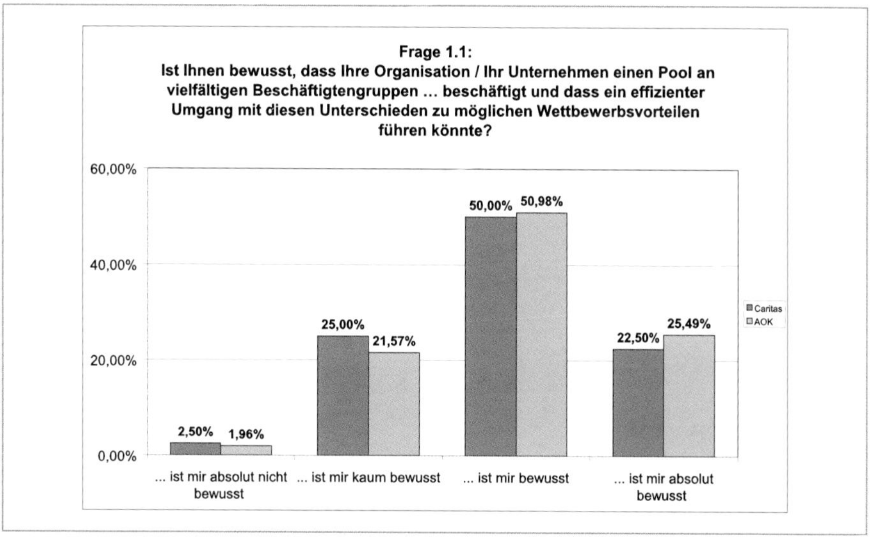

II. Verständnis von Diversity:

Eine Antwort, welches Verständnis hinsichtlich Diversity vorliegt, soll die II. Kategorie der Erhebung beantworten. Frage 2.1 geht hier der Frage nach, worin die Notwendigkeit einer vielfältigen Mitarbeiterstruktur begründet ist. Jeweils 25 % der Caritas- und AOK-Befragten geben hier an, dass die Aussage „...hauptsächlich aus moralischen und nicht aus ökonomischen Gründen ..." absolut nicht stimmt. Wird hier noch der Teilnehmerkreis addiert, der mit „stimme kaum zu" geantwortet hat, so gehen 67 % der Caritas und 80 % der AOK Führungspersonen mit dieser Aussage nicht konform. 30 % der Caritas Befragten stimmen der Aussage zu.

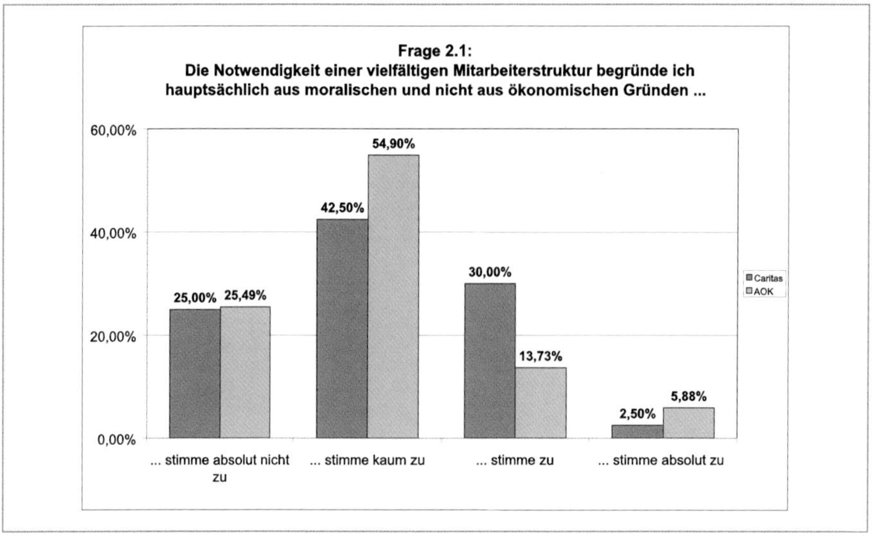

In Frage 2.3 sind sich Führungskräfte beider Organisationen einig, dass ein Unternehmen bzw. eine Organisation von unterschiedlichen Mitarbeitern sehr stark profitieren kann. 92 % bei Caritas und gar 96 % bei AOK stimmen dem zu bzw. absolut zu.

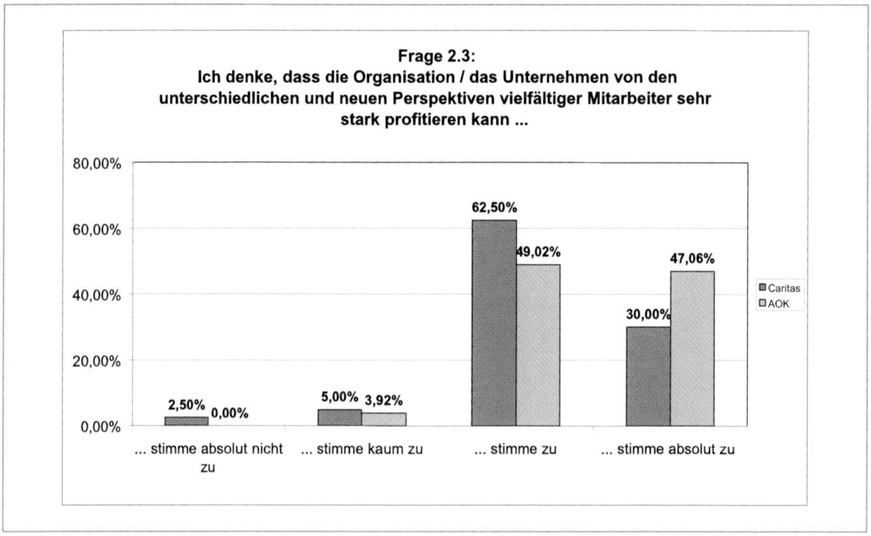

III. Erscheinungsformen von Diversity:

Was die Erscheinungsformen von Diversity anbelangt, so stellt die Frage 3 hier die jeweiligen Formen in den Mittelpunkt und lässt deren Bedeutung eruieren. Wie in Frage 3.1 präsentiert, sehen rund 80 % der Teilnehmer von Caritas und knapp 70 % der AOK-Teilnehmer eine große bis sehr große Bedeutung im Merkmal „Alter". Im Gegensatz hierzu und wie in Frage 3.5 ersichtlich, setzen die Befragten die Bedeutung von Diversity hinsichtlich dem Merkmal „sexuelle Neigung" mit 87 % bei Caritas und 95 % bei AOK als gering bis sehr gering an.

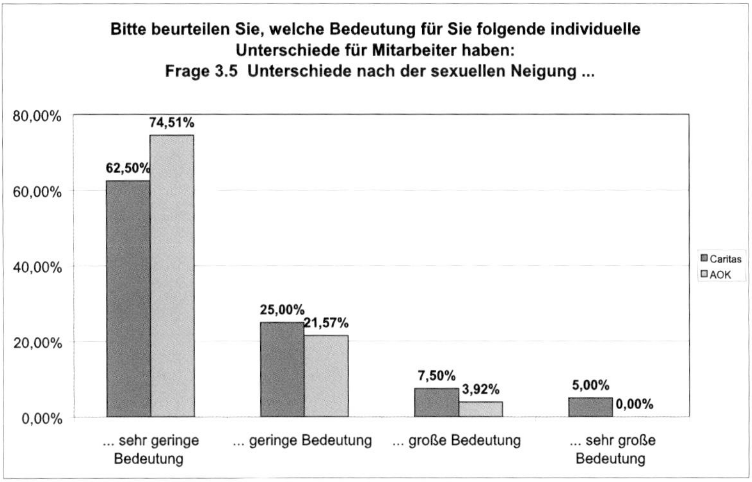

Beim Merkmal „religiöse Einstellung" gehen die extremen Beurteilungen „sehr geringe Bedeutung" und „sehr große Bedeutung" bei Caritas und AOK auseinander. 7,5 % der Caritas Führungspersonen geben eine sehr große Bedeutung der religiösen Einstellung bei den individuellen Unterschieden von Mitarbeitern an. Die AOK-Führungskräfte urteilen hier mit 0 %. Im Gegensatz hierzu sehen 27 % der Caritas-Teilnehmer eine sehr geringe Bedeutung wenn es um religiöse Einstellung geht. Mit 45 % setzen die Befragten der AOK diese sehr geringe Bedeutung an. Immerhin erkennen zusammengefasst Caritas mit knapp 70 % und AOK mit über 85 % die religiöse Einstellung von Mitarbeitern als eine geringe bis sehr geringe Bedeutung an.

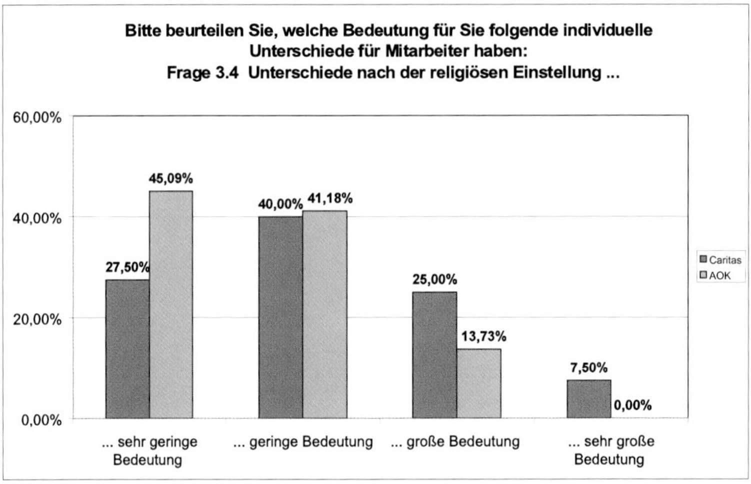

IV. Erscheinungsformen von Diversity:

In einer Auflistung möglicher individueller Unterschiede von Mitarbeitern soll nun bei Frage 4 der Befragte anhand eines Schulnotensystems (1 = höchste Bedeutung, 6 = geringste Bedeutung) den Stellenwerten der einzelnen Merkmale definieren.

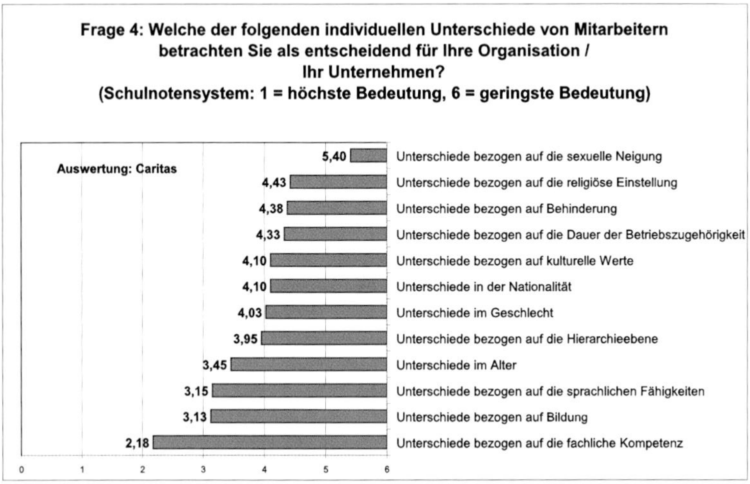

Beide Unternehmen sind sich einig, dass für sie der bedeutendste Unterschied in der fachlichen Kompetenz (Caritas: 2,18; AOK: 2,27) und im Unterschied bezogen auf die Bildung (Caritas: 3,13; AOK: 2,33) liegt. Die Plätze mit der geringsten Bedeutung nehmen die sexuelle Neigung (Caritas: 5,40; AOK: 5,49) und die religiöse Einstellung (Caritas: 4,43, AOK: 5,14) ein. Auffallend ist, dass die Rangreihenfolge von Caritas und AOK ähnlich gelagert ist. Die prozentuale Bewertung des jeweiligen Merkmales weist jedoch Unterschiede auf, wie beispielsweise bei der religiösen Einstellung. Bei den Caritas-Führungspersonen haben 31 % deren Bedeutung signalisiert, bei denen der AOK 17 %. Bei beiden ist aber das Merkmal „religiöse Einstellung", im Vergleich aller abgegebenen Prozentwerte, auf dem vorletzten Platz in der Bedeutungsskala.

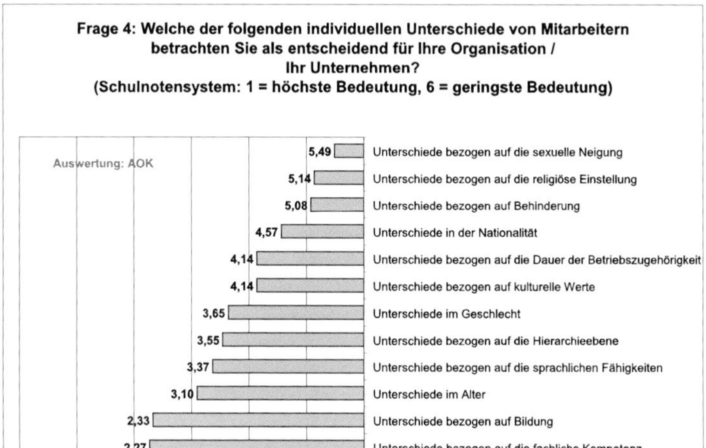

Als weitere Unterschiede sind in der offenen Fragestellung unter anderem folgende Merkmale aufgelistet: Kommunikationsfähigkeit, Engagement, Vitamin B – Beziehungen, gemeinsame private Interessen, soziale Herkunft, persönliche Entwicklungsbedürfnisse, z. B. Karriere, Wunsch nach Sicherheit, etc.

V. Relevanz von Diversity:

In Frage 5 wird der Teilnehmer aufgefordert, seine Meinung hinsichtlich der Aussage zu treffen, ob eine Organisation mit einer vielfältigen Mitarbeiterstruktur, in der die Unterschiede der Mitarbeiter beachtet und geschätzt werden aufgrund eines besseren Images im Personalmarketing Vorteile verspricht (Frage 5.1). Dem stimmen jeweils rund drei Viertel der Befragten von Caritas und AOK zu. Wegen längerer Bindung der bereits eingestellten Mitarbeiter sehen hier rund 70 % der Caritas-Teilnehmer und gar 90 % der AOK-Führungspersonen Vorteile (Frage 5.2). Mit jeweils über 90 % Zustimmung bis absolute Zustimmung bewerten die Teilnehmer die Vorteile die durch ein erhöhtes Kreativitätspotenzial zur Geltung kommen, da heterogene Teams innovativere Ergebnisse versprechen als homogene.

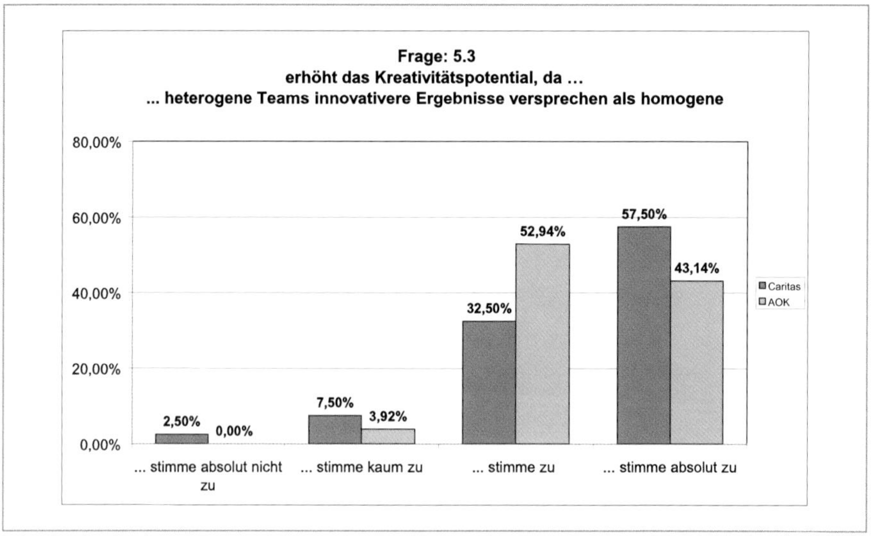

Bei der Befragung der konkreten monetären Vorteile dreht sich das Bild etwas. Die Frage 5.4 erwartet ein Votum auf die Aussage, ob die Berücksichtigung von Vielfalt insgesamt zu Kostenvorteilen führt, da der Krankenstand der betroffenen Mitarbeiter gesenkt wird. Betrachtet man hier die Ergebnisse zusammengefasst in den Blocks Zustimmung versus Ablehnung, zeigt sich auch hier ein ähnlich gelagertes Bild von Caritas- und AOK-

Beteiligten – nur diesmal eine klare Entscheidung hinsichtlich einer ablehnenden Haltung. Rund 70 % verneinen die Aussage und äußern somit, dass es durch die Beachtung und Wertschätzung von Unterschieden bei Mitarbeitern zu keinen Kostenvorteilen kommt, der sich durch einen reduzierten Krankenstand der Beschäftigten zeigen würde. Kostenvorteile durch eine erhöhte Arbeitsproduktivität der betroffenen Mitarbeiter sehen 55 % der Caritas Führungskräfte, bei der AOK sind es rund 70 %.

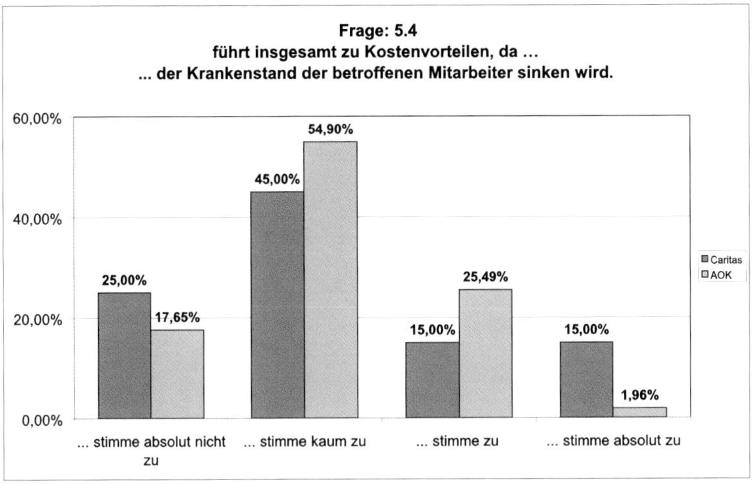

In der Gesamtbetrachtung, dargestellt in Frage 6, wird auch hier wieder die Wertigkeit anhand des Schulnotensystems abgefragt. Dargestellt in Prozentangaben lässt sich auch hier die Bedeutung und das Verhältnis zueinander ableiten. Die Prozentverteilung zwischen Caritas und AOK ist, abgesehen von wenigen Prozentpunkten Unterschied, annähernd gleich. Auf den zwei ersten Plätzen, und somit die wichtigsten Vorteile bei der Berücksichtigung von Vielfalt, sind nach Auffassung der Führungskräfte von Caritas und AOK der Vorteil eines erhöhten Kreativitätspotenzials und einer verbesserten Problemlösungseigenschaft zu sehen. Die letzten und damit am geringsten relevant eingestuften Kategorien nehmen die Kostenvorteile und eine erhöhte Flexibilität bei Umweltveränderungen ein.

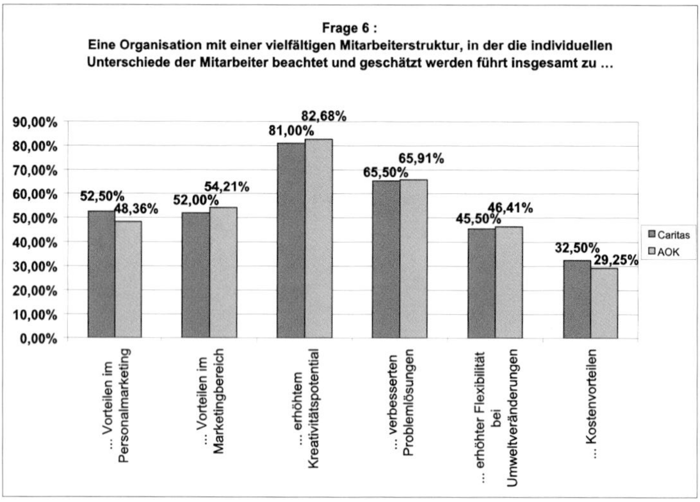

VI. Vorbehalte gegen Managing Diversity:

Bei den Vorbehalten gegen Managing Diversity geht das Antwortverhalten von Caritas und AOK auseinander. Auch diese Frage ist nach Bedeutung gewichtet und wird als Prozentdarstellung veröffentlicht. 47 % der AOK-Befragten sehen das Problem, dass der Erfolg nicht zuordenbar und messbar ist. 40 % geben an, keine Quotenpolitik zu wollen. Anders bei Caritas. Rund 36 % sind der Meinung, dass Managing-Diversity-Maßnahmen viel zu zeitaufwendig sind. 30 % vertreten die Auffassung, dass keine relevanten Probleme vorliegen und eine Chancengleichheit besteht. Der gleiche Prozentsatz ermittelt sich bei der Aussage, dass Diversity die Führungsaufgabe erschwert.

Frage 7: Vorbehalte gegen Managing Diversity

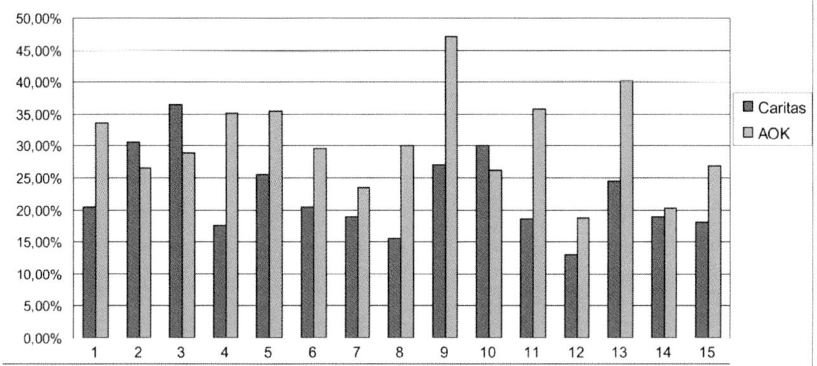

	1	2	3	4	5	6	7	8	9	10	11	12	13	14	15
Caritas	20,50	30,50	36,50	17,50	25,50	20,50	19,00	15,50	27,00	30,00	18,50	13,00	24,50	19,00	18,00
AOK	33,54	26,52	28,86	35,10	35,49	29,64	23,40	30,03	47,19	26,13	35,88	18,72	40,17	20,28	26,91

1. Ich kann mit dem Begriff nichts anfangen
2. Wir haben keine relevanten Probleme sondern Chancengleichheit
3. Die Maßnahmen sind viel zu zeitaufwendig
4. Diversity ist viel zu komplex, zu schwammig und schafft Verwirrung
5. Wir haben wichtigere Herausforderungen (Stellenabbau, Wettbewerb usw.)
6. Kosten und Aufwand sind zu hoch und überwiegen die Vorteile
7. Diversity ist alter Wein in neuen Schläuchen
8. Diese Maßnahmen brauchen wir nicht, wir finden individuelle Lösungen
9. Den Erfolg kann man nicht zuordnen und messen
10. Diversity erschwert die Führungsaufgabe
11. Wir haben genug andere Fördermaßnahmen
12. Diversity führt zu Diskriminierung und zu Neid
13. Wir wollen keine Quotenpolitik
14. Diversity ist in Deutschland überflüssig, da es hier homogener ist als in USA
15. Diversity ist nur ein Modethema

VII. Zusammenfassung:

Die Zusammenfassung beginnt mit einer offenen Frage (Frage 8.1), in der die Teilnehmer mit eigenen Worten ihr Verständnis von Managing Diversity definieren sollen. Die Antworten sind in unsortierter Reihenfolge im Anhang[455] aufgelistet. Versucht man, die qualitative Auswertung in zwei Hauptgruppen zu kategorisieren, so entstehen diese mit den Schwerpunkten:

- Individuelles Fördern und Berücksichtigung von Unterschiedlichkeit: Nutzung von Potenzialen, individuelle Förder-/Entwicklungsmaßnahmen, Förderung und Aktivierung, Unterschiede fördern, Potenziale entwickeln, Chancengleichheit fördern, Mitarbeiter als Ganzes betrachten
- Nutzen für das Unternehmen: Vorteile erzielen, Unternehmenserfolg potenzieren, Erhöhung von Arbeitszufriedenheit und Produktivität, besserer Unternehmenserfolg, Stärken gegenseitig zu stärken, Schwächen zu schwächen, Vielfalt bestmöglich für das Unternehmen nutzen

455 Anhang A.06: Online-Befragung – Auswertung.

Die Antworten von Caritas und AOK lassen keine wesentlichen Differenzierungen erkennen. Werden die Antworten aus der Perspektive positive und negative Betrachtungsweise kategorisiert, so ist erkennbar, dass durchweg ein positives Antwortbild erkennbar ist. Lediglich drei Beiträge sind negativ formuliert. Bei insgesamt 58 Beiträgen entspricht dies 3 %.
Im Einzelnen sind dies:

- Die BRD ist eh ein „Multi-Kulti" Land, wo meiner Meinung nach solche Maßnahmen nicht nötig sind.
- Eine neue Form der „Manipulation" der Mitarbeiter mit dem Ziel der Gewinnoptimierung unter dem Deckmantel „Mitarbeiterführung".
- Soll jetzt auch Toleranz „gemanagt" werden?

Als zusammenfassende Aussage zum Thema Diversity Management erwartet die Frage 8.2 eine Aussage, ob der Teilnehmer mehr Vorteile, keine Auswirkungen oder mehr Nachteile durch Diversity für sein Unternehmen sieht. Eindeutig ist hier die Aussage, die bei Caritas und AOK annähernd die gleichen Prozentsätze aufweist. Beide sehen im Diversity Management mehr Vorteile (rund 70 %), knapp 30 % können keinerlei Auswirkungen durch Diversity erkennen und mit lediglich nur 2 % ist der Anteil der Personen, die mehr Nachteile durch Diversity sehen, recht gering.

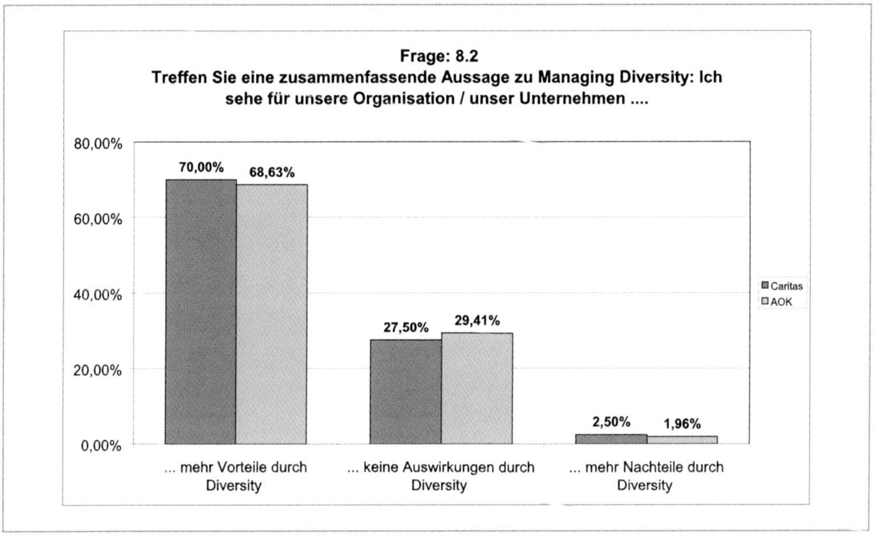

Frage 8.3 beschäftigt sich mit der Möglichkeit der praktischen Umsetzung von Managing Diversity. Hier sind starke Unterschiede bei der Prozentverteilung der Antworten zwischen Caritas und AOK erkennbar. So sehen 37 % der Befragten von Caritas eine sehr geringe Umsetzbarkeit. Im Gegensatz hierzu gehen lediglich 4 % der AOK Teilnehmer von einer sehr geringen Umsetzbarkeit aus. Eine „sehr große" Umsetzbarkeit vermuten gerade einmal 2 % der AOK-Befragten; 0 % der Caritas-Führungskräfte geht hier von einer „sehr großen" Möglichkeit zur Umsetzung aus. Bei der Bewertung „große Umsetzbarkeit" verzeichnet Caritas 20 % und die AOK 25 %. Von einer geringen Umsetzbarkeit gehen 42 % der Caritas-Führungspersonen und knapp 70 % der AOK-Teilnehmer aus.

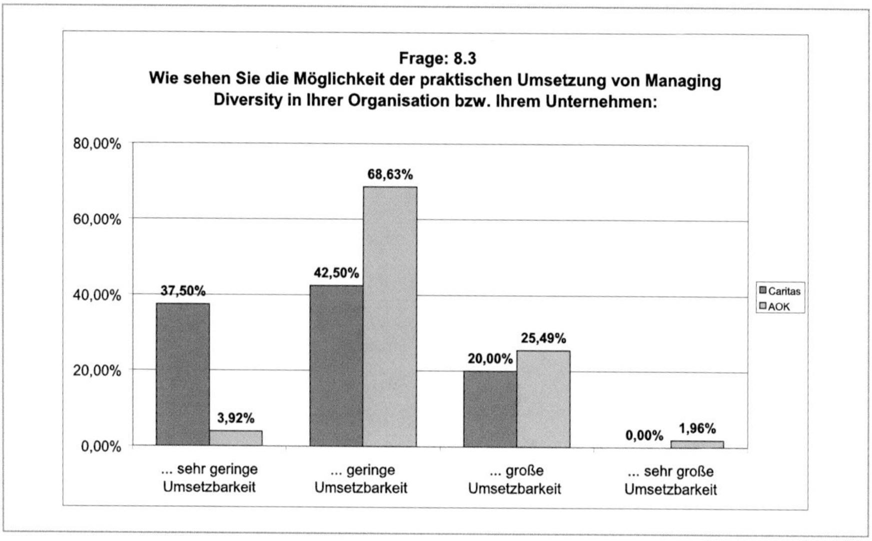

VIII. Personenbezogene Daten:

Der Anteil und die Verteilung der teilgenommenen Personengruppen wird unter Punkt 5.8.2 „Beteiligungsquote" behandelt. Der Anteil der männlichen Teilnehmer umfasst bei beiden Organisationen rund 80 %, der weibliche Anteil liegt bei ca. 20 %.

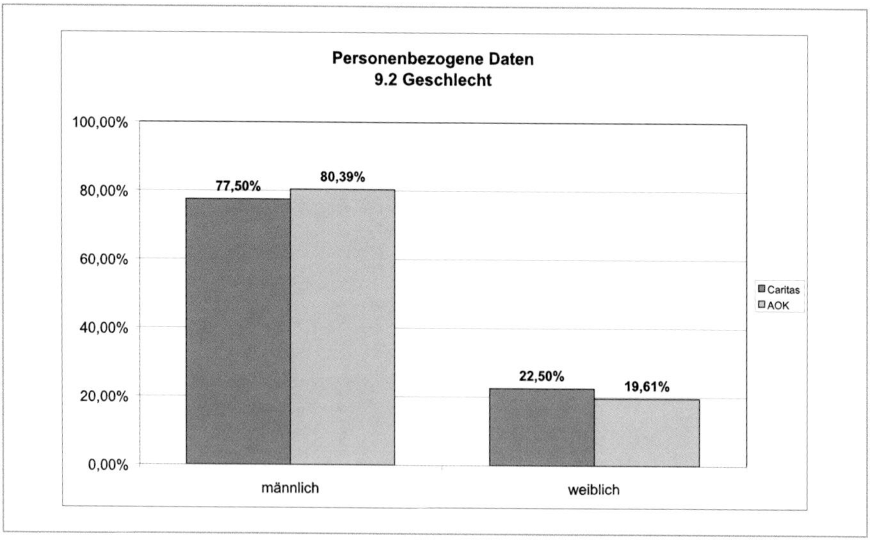

In Frage 9.3 wird die berufliche Stellung der teilgenommenen Führungskräfte aufgezeigt. Den höchsten Ausschlag hat hierbei der Anteil der Bereichs- und Abteilungsleitungsebene der AOK mit 51 % und der Anteil von Direktoren und Geschäftsführern mit 35 %.

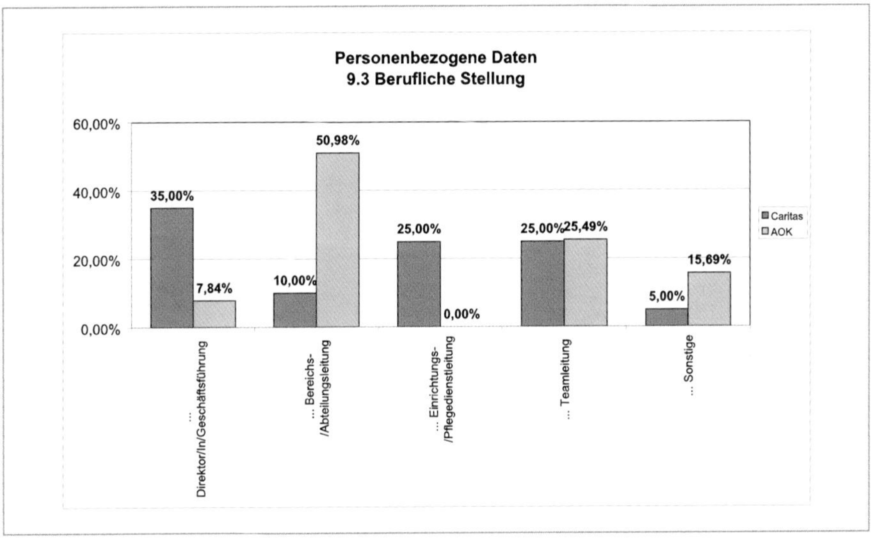

5.10 Vergleichende Ergebnisdarstellung und Interpretation

Nach der Ergebnisdarstellung, die sich mit den Ergebnissen der Studie beschäftigt hat, folgt in diesem Abschnitt die Ergebnisdiskussion, bei der die Interpretation der Ergebnisse im Mittelpunkt steht. Die Interpretation soll deutlich von der Darstellung der Ergebnisse getrennt sein, um eine hohe Objektivität bei der Darstellung der Ergebnisse zu gewährleisten.[456]

Bei der Ergebnisinterpretation bearbeiten die Autoren ausgewählte Kategorien und Fragen des Fragebogens und stellen die Zusammenhänge näher dar, die bei der Beantwortung der Forschungsfrage hilfreich sind. Beim näheren Analysieren der Ergebnisse spiegeln die Autoren vereinzelt die ausgewerteten Daten mit den Ergebnissen ähnlich gelagerter Umfragen, die in Profit-Unternehmen durchgeführt wurden. Bei diesem Spiegeln der Ergebnisse mit externen Befragungsgruppen gehen die Autoren meist von einer

456 Mayer, H., a.a.O., S. 137.

Gesamtbetrachtung aus – also einer Zusammenfassung der Ergebnisse von Caritas und AOK als Gesamteinheit und vergleichen dieses Gesamtergebnis mit den Ergebnissen anderer durchgeführten Untersuchungen. Auch hier stellen die Autoren Annahmen auf, die letztendlich eine Antwort auf den Forschungsansatz mit dem im nachfolgenden Kapitel abgeleiteten Schlussfolgerungen geben sollen.
Bei den zwei Vergleichsstudien, auf die die Autoren Bezug nehmen, handelt es sich um eine im Jahr 1999 von der Siemens AG[457] durchgeführte Befragung.[458] Hier wurde in mehr als 500 Unternehmenseinheiten weltweit ausführlich der Stand zum Thema Diversity Management eruiert. Beim Spiegeln dieser Auswertung mit dem hier vorliegenden Forschungsprojekt wird jeweils nur Bezug auf die Ergebnisse für Deutschland genommen. Bei der zweiten Vergleichsstudie handelt es sich um eine Befragung der Deutschen Gesellschaft für Personalführung (DGFP)[459] zum Thema Diversity Management in über 70 deutschen Unternehmen.[460]

I. Bekanntheitsgrad von Diversity:

In dieser I. Kategorie geht es um die Fragestellung, inwieweit sich die befragten Führungskräfte mit dem Thema Diversity Management beschäftigen bzw. ob überhaupt und wenn ja, mit welcher Intensität diese Thematik ihnen bekannt und bewusst ist. Gerade einmal gut 20 % der Caritas und AOK-Führungspersonen kennen den Begriff und die Idee und Bedeutung von Diversity. Da es sich bei Diversity Management um eine in Deutschland noch recht neue Managementform handelt, die auch in mittelständischen Unternehmen noch wenig verbreitet ist, fällt dieser doch relativ niedrige Prozentsatz nicht wesentlich aus der Reihe.
Interessant ist das Antwortverhalten bei der Frage nach dem Bewusstsein, dass in einem Unternehmen ein Pool an vielfältigen Beschäftigungsgruppen

457 Siehe hierzu auch Punkt 4.2.3.

458 Sepehri, P., a.a.O., 2002, S. 68.

459 Deutsche Gesellschaft für Personalführung (DGFP), Managing Diversity, Ergebnisse einer repräsentativen Unternehmensbefragung, in: Personal, Heft 07/2003, S. 12 ff. Ausgewertet wurden schriftliche Fragebogen von 78 Unternehmen in Deutschland, die international tätig sind und mehr als 2.000 Mitarbeiter beschäftigen.

460 Siehe hierzu auch Punkt 4.2.2.

tätig ist, und dass ein effizienter Umgang mit diesen Unterschieden zu möglichen Wettbewerbsvorteilen führen könnte. Rund 75 % der Caritas und AOK Befragten bejahten diese Aussage. Für Caritas und AOK bedeutet das Ergebnis, dass ein hoher Sensibilisierungsgrad hinsichtlich unterschiedlicher Mitarbeiter im Unternehmen vorhanden ist, diese Vielfalt aber noch nicht mit dem Begriff Diversity und Diversity Management verbunden wird. Möglicherweise begründet sich die hohe Sensibilisierung von Vielfalt auch im vorhandenen Kundenstamm dieser zwei Organisationen, der eine große Vielfalt und Bandbreite einschließt und eine Reihe von Angeboten für spezielle Zielgruppen (alte, junge, behinderte Menschen, Ausländer, sonstige benachteiligte Gruppen) angeboten werden.

II. Verständnis von Diversity:

Die Fragestellung, ob Vielfalt und Multikultur in Organisationen moralisch und/oder ökonomisch begründet wird, spaltet die Sichtweisen vieler Wissenschaftler, Praktiker und anderer Interessengruppen. Worin begründet sich die Motivation für Managing Diversity? Ist es die moralische Notwendigkeit oder mehr das ökonomische Kalkül? Insgesamt wird von allen befragten Führungskräften die Notwendigkeit und die Relevanz von Diversity Management sehr stark ökonomisch und ergebnisorientiert begründet. 67 % der Caritas- und 80 % der AOK-Führungskräfte nehmen eine vielfältige Beschäftigungsstruktur und das Management dieser Vielfalt als ökonomisch vorteilhaftes Instrument bzw. Konzept wahr. Lediglich rund 20 % bzw. 30 % der Befragten betrachten Diversity Management eher aus einer moralischen Perspektive.

Die Siemens-Befragung ergab im Vergleich zur AOK ähnlich gelagerte Werte, die sich hier bei 79 % bewegen. Somit liegt mit 13 % Punkten Unterschied der ökonomische Ansatz bei Caritas niedriger als bei AOK bzw. Siemens. Dies ist sicherlich aus dem moralischen Ansatz der Caritas, der stark sozial geprägten Werteeinstellung der Mitarbeiter und des caritativen Umfelds zu begründen.

III. Erscheinungsformen von Diversity:

Die Betrachtung der Einzelergebnisse hinsichtlich der Bedeutung einzelner Diversity-Merkmale lässt insgesamt die gleiche Entwicklung feststellen wie die Darstellung der Rangreihenfolge von Diversity-Merkmalen in der Kategorie IV. Auffallend hierbei ist der hohe Ausschlag, mit 70 % bei Caritas bzw. 80 % bei AOK, des Merkmals „Alter". Somit rangiert die Bedeutung des „Alters" noch vor dem Merkmal „Geschlecht". Die hohe Wertigkeit des „Alters" im Unternehmen spiegelt die Gesamtlage der demographischen Entwicklung wieder. Der Anteil der älteren Bevölkerung wird weiter drastisch zunehmen bei einer gleichzeitigen Reduzierung der jüngeren, erwerbsfähigen Bevölkerung. Der Anteil der älteren Mitarbeiter im Unternehmen steigt ähnlich dem der Gesamtbevölkerung an. Junge Belegschaftsangehörige bleiben aus. Vielleicht Stufen gerade Caritas und AOK das Alter als ein sehr wichtiges Merkmal ein, da sie besonders aufgrund ihres Auftrages die Auswirkungen der demographischen Schieflage miterleben.

IV. Rangreihenfolge von Diversity:

In Frage 4 des Fragebogens wurden die Befragten gebeten, die Wichtigkeit aufgezählter Diversity-Dimensionen für ihr Unternehmen zu bewerten. Auffallend ist hierbei die sehr hohe Bewertung der Fachkompetenz als Diversity-Dimension. Das Ergebnis ist eine Bestätigung der These, dass neben den Kerndimensionen von Diversity auch den „weichen" Faktoren sehr große Bedeutung zugemessen wird. Anhand der von den Teilnehmern bewerteten Rangreihenfolge lässt sich der Diversity-Begriff für die befragten Non-Profit-Unternehmungen als sehr breit gefasst bewerten. Der Begriff steht sowohl für sicht- bzw. wahrnehmbare Dimensionen von Vielfalt wie dem Geschlecht und dem Alter, als auch für nicht direkt wahrnehmbare Erscheinungsformen wie Fachkompetenz, Bildung und Kultur. So sind für die Unternehmenspraxis nicht nur die sechs Kerndimensionen menschlicher Unterschiedlichkeit, sondern auch die „weichen", veränderbaren individuellen Charakteristika der Mitarbeiter relevant.

Die zwei höchsten Bedeutungswerte sind bei Caritas und AOK gleich. Beide geben der fachlichen Kompetenz gefolgt von der Bildung als Diversity-Merkmale die höchste Bewertung. Dem Unterschied bezogen auf die sexuelle Neigung mit der geringsten Wertigkeit folgt die religiöse Einstellung auf dem vorletzten Platz der Wichtigkeit.
Die Studie der Deutschen Gesellschaft für Personalführung (DGFP)[461] zum Thema Diversity Management, die in über 70 deutschen Unternehmen durchgeführt wurde, kommt fast identisch auf die gleiche Antwortskala. Auch hier steht die Fachkompetenz an erster und somit wichtigster Stelle. An den zwei letzten Positionen und somit die als am Unwichtigsten bezeichneten Diversity-Merkmale stehen auch hier die sexuelle Orientierung (geringste Wichtigkeit), gefolgt von der religiösen Einstellung der Mitarbeiter als zweites nicht relevantes Kriterium.
Auffallend ist die Bewertung von Caritas hinsichtlich des Merkmals „religiöse Einstellung" auf die Frage „Welche der folgenden individuellen Unterschiede von Mitarbeitern betrachten Sie als entscheidend für Ihre Organisation/Ihr Unternehmen?" Ebenso wie bei der AOK und der Vergleichsstudie der DGFP bewerten die Caritas-Führungskräfte die Wichtigkeit dieses Unterscheidungsmerkmales lediglich mit einer sehr geringen Bedeutung auf dem vorletzten Platz der Rangreihenfolge. Somit legen die Führungspersonen der Caritas, als Tochtergesellschaft der katholischen Kirche, keinerlei Relevanz auf die religiöse Einstellung ihrer angestellten Mitarbeiter und sehen die religiöse Gesinnung nicht als entscheidend für ihre Organisation. Bei der Einzelbetrachtung der Wertigkeitsskala explizit für nur das eine Merkmal „religiöse Einstellung" wird von den Caritas-Führungspersonen immerhin noch ein Wichtigkeit der Bedeutung von gut 30 % angegeben (Frage 3.4). 70 % sehen dieses Kriterium als nicht wichtig bzw. reihen es mit nur einer geringen oder gar sehr geringen Bedeutung an.

461 Deutsche Gesellschaft für Personalführung (DGFP), a.a.O., S. 12.

V. Relevanz von Diversity:

In der Kategorie V. stellt sich heraus, dass die untersuchten Wettbewerbsfaktoren von Diversity Management bezüglich ihrer tatsächlichen Vorteilhaftigkeit jeweils sehr unterschiedlich wahrgenommen werden.
Dem Argument, dass eine vielfältige Belegschaftsstruktur hauptsächlich zu Kreativitäts- und Innovationsvorteilen führen kann, wird mit einer Wertigkeit von 80 % aller befragten Führungskräfte zugestimmt.
Damit kann das Kreativitäts- und Innovationsargument mit Abstand als die wichtigste ökonomische Begründung für die Notwendigkeit von Managing Diversity betrachtet werden. Auf Platz 2 folgt die Annahme mit einer Wertigkeit von 65 %, dass durch Vielfältigkeit in den Belegschaften ein verbesserter Problemlösungsansatz erzielt werden kann. Als der am geringsten befürwortete Wettbewerbsfaktor werden Kostenvorteile durch Managing Diversity genannt. Hier wird gerade mal ein Wertigkeitsansatz von 30 % erreicht.
Wird die Rangverteilung in Vergleich zur Siemens-Studie gesetzt, so ergibt sich hier ein ähnlich gelagertes Antwortverhalten. Auch hier wird der Kreativitätsvorteil durch Diversity auf Platz 1 gesetzt und Schlusslicht ist ebenfalls das Merkmal eines möglichen Kostenvorteils.[462] Folgende Hauptargumente möglicher Kreativitäts- und Innovationsvorteile durch Diversity Management hat die Feldstudie des Global-Players Siemens genannt:

- Verbesserte Gruppenarbeit,
- Förderung der Perspektiven- und Ideenvielfalt,
- Förderung von innovativen Gedanken und Denkweisen durch ein breites Anzapfen aller Personalressourcen,
- Förderung von innovativen Ergebnissen und Entscheidungen.

Ferner komme Diversity Management dem Marketing und Vertrieb von Produkten und Dienstleistungen zu Gute.

462 Sepehri, P., a.a.O., 2002, S. 278.

VII. Zusammenfassung:

Am Ende der Befragung werden die Führungskräfte unter anderem nach der Praktizierbarkeit von Managing Diversity in ihrer Organisation befragt. Über 70 %, also fast drei Viertel aller Befragten geben der praktischen Umsetzbarkeit in ihrer Unternehmung eine sehr geringe bis geringe Chance. Bei diesem hohen Anteil drängt sich den Autoren ein unstimmiges Bild auf. Bezieht man die demographischen Angaben aus Frage 9.3 „Berufliche Stellung" mit ein, so ist erkennbar, dass gerade bei Caritas ein hoher Anteil von Direktoren und Geschäftsführern (35 %), bei der AOK über 50 % Bereichs- oder Abteilungsleiter an der Befragung teilgenommen haben.
Hier könnte davon ausgegangen werden, dass gerade dieser Personenkreis im oberen Managementsektor die nötige Befugnis und Führungskompetenz besitzt, neue Managementmodelle einzuführen und über die unterstellten Führungspersonen gegebenenfalls über Stabstellen wie Personalabteilung und Personalentwicklung zu implementieren. Das bedeutet, dass der Großteil dieser Führungspersonen die Möglichkeit hätte, Managing Diversity praktisch im Unternehmen umzusetzen.
Die Autoren entnehmen daher dem Antwortverhalten eine mögliche Befürchtung der Führungsebene, dass dieses Managementinstrument in ihrem Unternehmen und bei den angestellten Mitarbeitern nicht durchsetzbar ist und nicht angenommen würde. Die angegebene geringe praktische Umsetzbarkeit und die genannte Befürchtung der Führungspersonen, so vermuten die Autoren, liegt in dem fehlenden Wissen der Führungskräfte, wie Diversity Management konkret umgesetzt wird. Es scheint unklar zu sein, welche Werkzeuge und Tools Anwendung finden müssen, um die von den Führungskräften durchaus erkannten Vorteile von Diversity auch zu realisieren. Rund 70 % sieht mehr Vorteile für das Unternehmen durch Anwendung von Diversity Management (Frage 8.2) und auch Frage 1.1 zur Aussage, dass Diversity zu Wettbewerbsvorteilen führen kann, wird von den Führungspersonen mit einer Zustimmung von 75 % angenommen. Über 90 % der Befragten sind der Meinung, dass das Unternehmen von den

unterschiedlichen und neuen Perspektiven vielfältiger Mitarbeiter stark profitiert.

Das bedeutet, das Führungspersonen sich über die Vorteile von Diversity bewusst sind, der Weg zu diesem Ziel jedoch im Dunkel liegt, und somit ein „Loslaufen“, also die praktische Umsetzbarkeit von Managing Diversity Richtung Ziel – den Vorteilen, dem Nutzen – nicht für machbar gehalten wird. Was die Führungspersonen benötigen, sind konkrete Handlungsansätze, wie Managing Diversity in der täglichen Praxis umsetzbar ist und wie die Mitarbeiter in diesen Prozess eingebunden werden können, damit die vorstellbaren Ziele erreicht werden.

Eine ähnliche Erfahrung hat Stuber[463] in seiner Studie über Diversity eruiert. „Rund 80 % der deutschen Unternehmen zeigen sich zugeknöpft“ und „... ausgerechnet in ökonomisch schwierigen Zeiten verschenkt die deutsche Wirtschaft wertvolle Potenziale“, so Stuber. Sie sehen ähnlich wie die 70 % der bei Caritas und AOK durchgeführten Studie Widerstände und Probleme bei der Praktizierbarkeit einer umfassenden Offenheit bei der Anwendung von Diversity als Managementkonzept. Mit einem fundierten Business Case und strategischer Kommunikation sei ein Umdenken der Belegschaft möglich und ein Mehrwert durch Diversity erzielbar, so wie es die Deutsche Bank, Ford, BP oder Microsoft bereits zeigen.

VIII. Personenbezogene Daten – Zugehörigkeit:

Wie bereits beschrieben, gilt ein Rücklauf von 50 % und mehr in der quantitativen Sozialforschung als selten.[464] Mit einem Rücklaufergebnis von 55 % bei Caritas und 76 % bei der AOK ist somit ein zufriedenstellendes, bei der AOK sogar ein äußerst positives Ergebnis erreicht worden. Die Begründung liegt sicherlich im Bekanntheitsgrad der Autoren und den vorweg durchgeführten Gesprächen mit einzelnen Direktions- und Geschäftsleitungen. Den geringeren Rücklauf bei der Caritas von rund 20 % gegenüber der AOK begründen die Autoren mit dem ungewohnten Umgang der

463 Stuber, M., Presseinformation, Deutsche Wirtschaft blockt ab, Bloß keine Vielfalt, Trotz Flaute nutzen wenige Unternehmen das Potenzial von „Diversity“, Köln, 18. September 2003.

464 Albrecht, G., in: Albrecht, G., u.a., a.a.O., S. 855.

Teilnehmer bei Caritas mit dem Erhebungsinstrument einer wissenschaftlichen Befragung. So hat beispielsweise die AOK das Instrument der Mitarbeiterbefragung über das Intranet als festen Bestandteil der Personalentwicklung implementiert.
Die Durchführung von Mitarbeiterbefragungen[465] sowie Kundenbefragungen gehören als fester Bestandteil zu einem erfolgsorientierten Unternehmen. Hier sehen die Autoren noch großen Handlungsbedarf, der aber gerade im Hinblick auf die gesetzlichen Anforderungen (Dokumentation der Ergebnisqualität) und der Marktsituation bzw. Marktverschärfung verstärkt den Einsatz solcher Instrumente verlangt.[466] Hinzu, so nehmen die Autoren an, kommt möglicherweise die generelle skeptische Einstellung hinsichtlich Neuerungen und eine geringere Aufgeschlossenheit gegenüber Veränderungen.

5.11 Schlussfolgerungen und Beantwortung der Forschungsfrage

Aufgrund der dargelegten Ergebnisse und deren Interpretation können die eingangs gestellte Forschungsfrage

„Wahrnehmung von Diversity Management in Non-Profit-Organisationen“

und die abgeleiteten Einzelfragen (Punkt 5.2), wie folgt beantwortet werden:

Die Ergebnisse machen deutlich, dass Diversity Management in Non-Profit-Organisationen noch weitgehend unbekannt ist. Das Bewusstsein, dass die Mitarbeiterstruktur sich aus einer Vielzahl von unterschiedlichen Personen zusammensetzt und dass ein effizienter Umgang mit dieser Vielfalt auch zu Wettbewerbsvorteilen führen kann, ist vorhanden. Allerdings fehlt bisher die Verbindung, dass dieser Managementansatz mit dem Tool „Managing Diversity“ gezielt im Unternehmen zu implementieren ist, um dieses brachliegende Potenzial an Human Ressources auch nutzen zu können.

465 Bambach, M., Rezeptvorschlag: Mitarbeiterbefragung – Die Zutaten müssen stimmen, in: Infodienst der Arbeitsgemeinschaft katholischer Heime und Einrichtungen der stationären Altenhilfe in Deutschland e.V., Nr. 1, 2004, S. 16.

466 Bambach, M., Praxis der Personalentwicklung, Bachelor-Projektarbeit, 02/2003, S. 73.

Künftig werden die Personalmanager immer mehr mit den unterschiedlichen Ausprägungen von Diversity konfrontiert, die es zu managen gilt. Der Nutzen für das Unternehmen spricht hierbei für einen bewussten Umgang mit dem Thema „Vielfalt". Insbesondere versprechen sich Non-Profit-Unternehmen von einer Organisation mit einer vielfältigen Mitarbeiterstruktur ein erhöhtes Kreativitätspotenzial und ein verbessertes Problemlösungsdenken der Mitarbeiter. Bei der praktischen Umsetzung von Managing Diversity in der eigenen Organisation sehen die Führungskräfte noch große Probleme. Begründet in der Unsicherheit, wie ein erfolgreiches Umsetzen von Diversity Management stattfinden kann, sind hier der Führungsperson geeignete Werkzeuge an die Hand zu geben, um Diversity Management erfolgreich im Unternehmen implementieren zu können.
Aufgrund der Ergebnisse der Vergleichsstudie von Caritas und AOK kann ausgesagt werden, dass durchweg ein ähnlich gelagertes Gesamt-Antwortverhalten erkennbar ist, wenngleich in bestimmten Einzelfragen Abweichungen vorliegen. Ein abweichendes Verhalten ist bei der Wahrnehmung von Diversity als eher ökonomischer als moralischer Beweggrund erkennbar. Die AOK tendiert ähnlich wie die Vergleichsstudie von Profit-Unternehmen stärker zu den ökonomischen Handlungsgründen als die Caritas, die letztendlich auch zur Ökonomie tendiert – allerdings mit einer geringeren Ausprägung. Bei der AOK ist hier sicher die ständige Diskussion und Auseinandersetzung mit dem Thema „Kostendruck im Gesundheitswesen" eine Ursache. Vielleicht, so vermuten die Autoren, lässt sich an diesem Ökonomisierungstrend der verstärkte Ökonomisierungsdruck erkennen, dem zeitlich verzögert auch die Caritaseinheiten unterliegen. Der Wegfall von Zuschüssen und Subventionen, verstärkter Wettbewerb und freie Marktwirtschaft sowie die Erfordernis höherer Qualität zu sinkenden Preisen lassen Caritas-Unternehmen nach ähnlichen wirtschaftlichen Gesichtspunkten handeln wie die der Profit-Unternehmen.

Verwunderlich ist das gleiche Antwortverhalten von Caritas gegenüber der AOK und der Vergleichsstudie anderer Wirtschaftsunternehmen hinsichtlich der Wertigkeit des Merkmales „religiöse Einstellung". Dies wurde von anderen Unternehmen, auch der Caritas, mit einer äußerst niedrigen Bedeutung angesetzt und ist vor der sexuellen Neigung auf dem vorletzten Platz notiert.
Dies kann sich aus der Annahme ergeben, dass bei Caritas der überwiegende Anteil der beschäftigten Mitarbeiter der katholischen Glaubenslehre angehören und aufgrund der Homogenität dieser Gruppe das Thema hierbei nicht zum Tragen kommt. Andererseits wäre es denkbar, dass auch die Caritas Mitarbeiter den Grad der religiösen Bindung in der Berufswelt ebenso wie in der Arbeit bei Caritas nicht für wesentlich erachten.[467]
Insgesamt lässt sich in den Erhebungsergebnissen von Caritas und AOK zu den Vergleichsstudien mit Wirtschaftsunternehmen keine gravierenden Differenzen in der Gesamtbetrachtung des Antwortverhaltens feststellen, wohl aber in geringem Umfang bei einzelnen Fragestellungen.
Die aufgestellte Hypothese, dass Non-Profit-Organisationen und gerade Wohlfahrtsverbände in Sachen „Diversity Management" nachhinken, kann nicht bestätigt werden. Die Ergebnisse haben kein gravierendes abweichendes Antwortverhalten zwischen den untersuchten Non-Profit-Unternehmen und dem Profit-Bereich erkennen lassen. Hierbei muss jedoch berücksichtigt werden, dass es sich bei der Befragung sehr stark um die Wahrnehmung und Relevanz von Diversity handelt und weniger auf bereits umgesetzte Maßnahmen Bezug genommen wird. Auch wurde der Stand der derzeitigen praktischen Umsetzung nicht abgefragt. Bei einer Vergleichserhebung zwischen deutschen Großunternehmen und der Caritas und AOK hinsichtlich bereits umgesetzter Diversity-Maßnahmen, würden die Autoren, aufgrund der im Laufe der Arbeit gesammelten Erfahrungen, erneut die gleiche These aufstellen. Gerade in vielen sozialen Unternehmen werden umfangreiche Leitbilder artikuliert, die oftmals in der praktischen Umsetzung nicht oder nur teilweise berücksichtigt werden.

467 Hermanns, M., Die karitativen Dienste im Spannungsfeld von Wirtschaftlichkeit und Wertevergewisserung, in: Gabriel, K., Herausforderungen kirchlicher Wohlfahrtsverbände, Berlin, 2001, S. 166 f.

Da sich das Antwortverhalten von Caritas und AOK in der Gesamtbetrachtung ähnlich darstellt, sind die unter Punkt 5.2 aufgestellten Hypothesen, so nicht haltbar. Aufgrund der Ergebnisse kann angenommen werden, dass sich Caritas und AOK, was das Thema Diversity betrifft, zur Zeit auf einem ähnlichen Stand befinden. Lediglich bei der Möglichkeit der praktischen Umsetzung von Diversity-Mangement im Unternehmen fällt bei den Caritas-Führungspersonen eine wesentlich höher gewichtete Skepsis auf. Interessant wäre nunmehr zu eruieren, wie die praktische Umsetzung bei beiden Organisationen angedacht ist bzw. ermöglicht werden könnte und welchen Stellenwert Diversity Management hinsichtlich der zeitlichen Umsetzung einnimmt.

Was die Beteiligungsquote anbelangt, so ist die Beteiligung der Caritas-Führungspersonen geringer ausgefallen als die der AOK. Ob daraus gleichsam abgeleitet werden kann, dass Caritas weniger gegenüber neuen Dingen aufgeschlossen sei, können die Autoren nicht eindeutig zustimmen.

Ein weiteres Ziel, dass sich die Autoren mit der Durchführung dieses Forschungsprojekt versprochen hatten, ist eingetreten. Die an der Befragung teilgenommenen Führungskräfte haben sich bereits schon aufgrund des Durcharbeitens des Fragebogens mit der Thematik des Diversity Managements beschäftigt. Der Fragebogen ist als Lerneinheit aufgebaut, der den Teilnehmer sukzessive immer intensiver mit Managing Diversity vertraut macht.

In zahlreichen Gesprächen mit dem Personenkreis, der sich an der Erhebung beteiligt hat, wurde den Autoren dieser Mehrwert der Befragung als zusätzliche Wissenseinheit bestätigt.

Diversity Management ist eng mit der Organisations- und Personalentwicklung des Unternehmens verwoben. Der Ansatz von Managing Diversity benötigt einen Führungsstil, der Vielfalt und Verschiedenheit zulässt. Wenn man mit Diversity Management Erfolg haben will, halten es die Autoren für wichtig, dass der Denkansatz von Diversity Management in einer Führungs- und Organisationsethik eingebunden sein sollte und somit

ethische und moralische[468] Aspekte Berücksichtigung finden.
Vor dem Hintergrund der steigenden Bedeutung von Diversity und Managing Diversity im Kontext der sich verändernden Rahmenbedingungen, konnten, wie dargelegt, von den Autoren dieses Forschungsprojektes, einige grundlegende Erkenntnisse gewonnen werden und gleichzeitig die Teilnehmer der Führungsebene für dieses Thema sensibilisiert werden. Als nächsten Schritt haben die Führungspersonen die Aufgabe, den dargelegten Nutzen von Diversity Management durch ein entsprechendes Implementieren im Unternehmen umzusetzen.

5.12 Handlungsansätze

Das Verständnis, die Erscheinungsformen und die Relevanz von Diversity Management sind die Grundlagen jeglichen Handelns. Nur Führungspersonen, die sich mit dem Thema beschäftigen und sensibilisiert sind, hinsichtlich der Vielfalt an Mitarbeitern im Unternehmen, verfolgen die weitere praktische Umsetzung. Der Forschungsschwerpunkt bei der vorliegenden Ausarbeitung liegt in der Wahrnehmung von Diversity Management in Non-Profit-Organisationen. Konkrete auf das Forschungsfeld bezogene Handlungsansätze wurden hierbei nicht explizit erarbeitet. Vielmehr haben die Autoren im Kapitel 6 Umsetzungsstrategien für Diversity Management dargestellt und die in der bisherigen Theorie und Praxis vorherrschenden Implementierungsansätze allgemeingültig für Profit- und Non-Profit-Organisationen erörtert.

5.13 Kritische Würdigung

Die vorliegende Arbeit hat zum Ziel, eine Antwort auf die Wahrnehmung von Diversity Management in Non-Profit-Organisationen zu geben. Den Autoren ist gelungen, diesen Ansatz empirisch darzulegen. Caritas und AOK als führende Non-Profit-Unternehmen in ihrem jeweiligen Angebotssektor bieten eine Zielgruppe, die bislang kaum oder gar nicht hinsichtlich Managing Diversity wissenschaftlich betrachtet wurde. Das bedeutet, dass

468 Moralische Werte: Integrität, Fairness, Ehrlichkeit, Vertragstreue, Verantwortung. Heller, A., u.a., a.a.O., S. 401.

das Forschungsprojekt bei der Thematik Diversity und in Konstellation der besonderen Zielgruppe Pionierarbeit leistet. So erbringt diese Arbeit einen Beitrag, erstmalig empirisch belegte Aussagen über dieses Forschungsfeld treffen zu können. Die Ausarbeitung zeigt jedoch auch auf, dass der Theorie- und Praxisteil aufgrund der Rahmenvorgaben nur eingeschränkt bearbeitet werden konnte.

Die erhobenen Daten lassen noch wesentlich mehr Auswertungsmöglichkeiten zu und bieten gerade auch in Kombination und unter Berücksichtigung der demographischen Daten der beteiligten Führungskräfte wie Position, Alter und Geschlecht sicherlich weitere interessante Aufschlüsse.

Gerade auch ein intensiveres Spiegeln der Ergebnisse mit den Daten vergleichbarer Studien aus dem Wirtschaftsbereich wäre hier von Interesse. Die als Vergleichsstudie oft zitierte Ausarbeitung der Siemens AG, war eine der groß angelegten Erhebungen, die jedoch bereits im Jahr 1999 durchgeführt wurde. So hat sich sicherlich, gerade in den vergangenen Jahren, das Bewusstsein bei Siemens hinsichtlich Diversity stark verändert. Ein Spiegeln mit aktuelleren Umfrageergebnissen von Profit-Unternehmen wäre daher nochmals aussagekräftiger. Die Autoren haben daher auch andere Studien, wie die von Stuber und dem DGFP angesprochen.

Bei der Ergebnisdarstellung ist den Autoren aufgefallen, dass der Fragebogen eine Reihe von Fragen beinhaltet, die zur Beantwortung der Forschungsfrage nicht unbedingt relevant waren. Meist hätte die Zusammenfassung in Form der abgefragten Rangreihenfolge für eine Aussage zur abgefragten Thematik genügt. Die zusätzlichen Einzelabfragen beispielsweise hinsichtlich der Vorteile von Marketing, Personalmarketing, Märkte und Kunden haben den Fragebogen aufgebläht und der Zusatznutzen ist nicht direkt ersichtlich. Die Rangreihenfolge, in der die Ergebnisse nochmals gewichtet wurden, wäre für die vorliegende Forschungsarbeit ausreichend gewesen.

Bei der Frage nach den Vorbehalten gegen Managing Diversity hätten die Autoren eine Abfrage vorweg schalten sollen, um herauszufiltern, ob über-

haupt Vorbehalte seitens des Befragten bestehen. In der vorliegenden Frage musste jeder die aufgelisteten Vorurteile bewerten und gewichten, unabhängig ob Teilnehmer überhaupt ein Vorurteil gegenüber Diversity hat. Diese Frage hätte mit einer „ja/nein Frage" – beim Vorliegen keinerlei Vorurteile – ein Überspringen der Bewertung von Vorurteilen ermöglicht.
Da Diversity Management in Deutschland noch als neues Managementmodell gesehen wird und beim Großteil der deutschen mittelständischen Unternehmen Neuland ist, wären weitere Erhebungen von großem Interesse. Auch wenn sich alleine in den vergangenen zwei Jahren die Publizität und der Gebrauch von Managing Diversity stark erweitert hat, zählt die Thematik nach Auffassung der Autoren noch immer als relativ wenig verbreitet. Hier ist auch die Wissenschaft gefordert, dass Thema salonfähig zu machen. Hier zählen vor allem Themenfelder wie die Bestimmung von Diversity-Erfolgsfaktoren und deren Umsetzung in mess- und vergleichbare Größen. Ebenso wäre es wünschenswert, Diversity-Programme zu gestalten und Instrumente und ganzheitliche Konzepte zur Implementierung von Diversity-Strategien zu entwickeln. Gerade durch vergleichende Firmenstudien unter Berücksichtigung von Firmenkultur, -branche, geografischen und politischen Rahmenbedingungen kann die Forschung hinsichtlich betriebswirtschaftlicher messbarer Größen ausgebaut werden.

5.14 Zusammenfassung

Globalisierung, demografische Entwicklung, die Veränderung der politischen sowie der rechtlichen Rahmenbedingungen erfordern eine Förderung, Nutzung und Steuerung der Vielfalt im Unternehmen. Nicht zuletzt die Einführung des Antidiskriminierungsgesetzes in der Bundesrepublik Deutschland stellt aktuell die Diversity-Thematik in den Mittelpunkt. Die Erkenntnis, dass auch Non-Profit-Unternehmen einen Pool an Mitarbeitergruppen beschäftigt und dass ein effizienter Umgang mit diesen Unterschieden zu Wettbewerbsvorteilen führen kann, ist den Führungskräften dieser Organisationen bewusst.

Dass es sich bei diesen Unterschiedlichkeiten um Diversity handelt, es den Umgang mit diesem vielfältigen Personenkreis zu organisieren gilt und unter dem Begriff des „Managing Diversity" zusammengefasst wird, ist eine Verknüpfung, die so bisher vom überwiegenden Teil der Non-Profit-Manager nicht wahrgenommen wurde.

Die Ergebnisse der Studie untermauern die These, dass Diversity und Diversity Management zu einer besseren Ausschöpfung vorhandener Potenziale bei den Mitarbeitern führen und durch die Steigerung des Kreativitäts- und Innovationsgrades und der Produktivität auch ökonomische Vorteile mit sich bringen kann. Demnach findet der Businessorientierte Ansatz, nach dem Unternehmen und Organisationen durch Diversity einen höheren Return on Investment in Humankapital[469] erzielen, große Akzeptanz. Beachtenswert ist der hohe Erkennungsgrad der Vorteile, die mit Managing Diversity erzielt werden können. Den Führungskräften sind jedoch noch die nötigen Werkzeuge und Tools an die Hand zu geben, wenn sie ihre eigenen Ängste und die möglichen Widerstände der Belegschaft meistern sollen.

Zukünftig wird eine der Hauptaufgaben des Personalmanagements Diversity Management sein. Noch fehlt es hier an ganzheitlichen Personalstrategien. Diversity-Initiativen werden sich letztlich im Wettbewerb von klugen Köpfen und neuen Märkten auszahlen. Diversity ist vergleichbar mit einem Puzzle, jedes Teil fügt dem Ganzen etwas hinzu. Synergie und Wettbewerbsvorteile in vielen Bereichen sind als Ergebnis von Diversity zu sehen. Für den einzelnen Mitarbeiter bedeutet Managing Diversity die Wertschätzung seiner Individualität und somit vielleicht mehr Menschlichkeit im Unternehmen und eine humanere Gesellschaft. Dies erfordert einen Management-Denkansatz, der in einer Organisations- und Führungsethik eingebunden ist. Bezogen auf die Theorieentwicklung ist Diversity Management nach Meinung der Autoren somit ein auf Werte basierender Führungsansatz.

469 Bambach, M., Titelthema: Mitarbeiter sind unser Kapital – Gute Personalführung bringt gute Mitarbeiter, in: neue Caritas, 104. Jahrgang, Heft 22, Dezember 2003, S. 9 ff.

6 Umsetzungsstrategien von Diversity Management

Vor Einführung von Diversity Management sollte man sich über seine langfristige Strategie sowie über seine aktuelle Mitarbeiter- und Kundenstruktur bewusst sein, denn mit der Einführung von Diversity Management sind in den meisten Fällen tiefer greifende Veränderungen verbunden, die größtenteils darin bestehen, die bisherigen Monokulturen zugunsten von Unternehmenskulturen, die sich an Vielfalt orientieren, weiterzuentwickeln.[470]
Der Diversity Change Prozess nimmt etwa fünf bis acht Jahre in Anspruch und verlängert sich, wenn man vermeidbare Fehler übersieht.[471]
Da die Rahmenbedingungen für Diversity Management von Unternehmen zu Unternehmen variieren, müssen spezifische Handlungsanweisungen für die jeweilige Unternehmenssituation entwickelt werden. Die Lösungsvorschläge und Umsetzungspläne in der Literatur sind ebenso verschiedenartig wie das Thema Diversity selbst.
Die Diversity-Trainings-Gesellschaft Wagner & Partner[472] benennt unter anderem folgende Kriterien für die erfolgreiche Umsetzung von Diversity Management:

- In jedem Fall sollte eine ausführliche Analyse vorgeschaltet werden, um zu gewährleisten, dass die Maßnahmen dem tatsächlichen Bedarf angepasst sind und um die Akzeptanz des gesamten Ansatzes zu gewährleisten.
- Es besteht die Gefahr, dass die Betonung von Unterschieden zu einer Überbetonung wird, die eine Zusammenarbeit schwerer werden lässt. Es gilt: Es geht nicht um den Unterschied, es geht um die optimale Nutzung der Ressourcen und die Förderung aller, unabhängig von den Unterschieden.
- Das Management, das Top-Management inklusive des mittleren Managements, muss den Gesamtansatz unterstützen.

470 Blom, H., u.a., a.a.O., S. 268.

471 Stuber, M., Diversity Management – Alle Fähigkeiten nutzen, in: Uni 1/2002, S.52.

472 Wagner & Partner, Was ist Diversity Management?, Online in Internet: URL: http://diversitytraining.at /sitemap/fachart/diversity1/htm [21.04.03].

- Nur einzelne, punktuelle Weiterbildungen erscheinen nicht sinnvoll, Diversity Management muss als umfassender Ansatz betrachtet werden.
- Teilnehmer sollten als Individuen und nicht als Repräsentanten einer Gruppe oder „Kultur" gesehen werden. Genauso wie es viele unterschiedliche Gruppen gibt, gibt es sehr viele Unterschiede in den Gruppen selbst.
- Es gibt nicht das ultimative Angebot, das für alle Unternehmen gilt, Diversity Management sollte immer auf das jeweilige Unternehmen zugeschnitten sein.

Maßnahmen zur Implementierung und kontinuierlichen Aktualisierung von Diversity im Unternehmen können beispielsweise die Berücksichtigung Diversity relevanter Merkmale bei der jährlich aktualisierten Balanced Scorecard sowie bei der Gestaltung der Instrumente zur Unternehmens- und Personalführung, insbesondere auch in dem unternehmensinternen Zielvereinbarungs- und Leistungsbeurteilungssystem, sein.

6.1 Argumente zur Einführung

Gertraude Krell[473], Professorin für Wirtschaftswissenschaften an der FU Berlin, benennt in diesem Zusammenhang acht Argumente, die für die Notwendigkeit der Einführung von Managing Diversity auch in deutschen Unternehmen sprechen:

- Beschäftigtenstruktur-Argument
- Kosten-Argument
- Kreativitäts- und Problemlösungs-Argument
- Personalmarketing-Argument
- Marketing-Argument
- Finanzierungs-Argument
- Flexibilitäts-Argument
- Internationalisierungs-Argument

473 Benzerari, U., u.a., Managing Diversity – Vielfalt als Erfolgsfaktor?, Berlin, 2002, S. 11 f.

Das Beschäftigtenstruktur-Argument: Aufgrund der demographischen Entwicklungen werden die Unternehmen zwangsläufig mit Belegschaften umzugehen haben, die interkultureller, älter und weiblicher sind. Das macht eine an der Vielfalt orientierte Personalpolitik erforderlich.
Das Kosten-Argument: Anpassungsbemühungen absorbieren bei den Beschäftigten, die nicht zur dominanten Gruppe im Unternehmen gehören, Energie, die sonst deren Leistung zugute käme. Kommen Diskriminierungserfahrungen hinzu, wirkt das demotivierend. Es kann daher angenommen werden, dass sich Managing Diversity in Unternehmen mit diverser Belegschaft Effizienz steigernd und dadurch Kosten senkend auswirkt.
Das Kreativitäts- und Problemlösungsargument: Zwar können homogene Gruppen Probleme schneller lösen als heterogene, aber die Lösungen der gemischt zusammengesetzten Gruppen sind in der Regel kreativer und tragfähiger. Voraussetzung dafür ist allerdings eine fundierte Vorbereitung der Mitarbeiter auf die Arbeit in „divers" zusammengesetzten Teams.
Das Personalmarketing-Argument: Firmen, die Managing Diversity erfolgreich praktizieren, sind attraktivere Arbeitgeber für alle, die nicht zur dominanten Gruppe im Unternehmen gehören. Auch das vorhandene Personal wird dadurch stärker motiviert und besser eingebunden.
Das Marketing-Argument: Eine vielfältig zusammengesetzte Belegschaft kann besser den Bedürfnissen und Wünschen der ebenfalls vielfältigen Kundschaft gerecht werden. Darüber hinaus können Firmen, die Managing Diversity praktizieren, durch gezielte Öffentlichkeitsarbeit Käufer und Käuferinnen ansprechen, die ihre Kaufentscheidungen stark an ethischen Aspekten ausrichten.
Das Finanzierungs-Argument: Anlageentscheidungen orientieren sich heute im hohen Maße an sozialen Aspekten. Demzufolge wird stärker in Aktien der Unternehmen mit Diversity-Programmen investiert. Managing Diversity spielt als Bonitätsfaktor auch bei Ratings eine wichtige Rolle.
Das Flexibilitäts-Argument: Monokulturelle Organisationen kennzeichnen sich durch die Homogenität der Entscheidungsgremien und einen hohen

Konformitätsdruck. Sie sind daher im Unterschied zu transkulturellen Organisationen bzw. Organisationen, die Managing Diversity praktizieren, schlecht in der Lage, flexibel auf Veränderungen in ihrem Umfeld zu reagieren.

Das Internationalisierungs-Argument: Die Vielfalt innerhalb des Unternehmens fördert Wertschätzung, baut Vorurteile ab und bereitet dadurch auf das erfolgreiche Agieren auf den internationalen Märkten vor. Außer den genannten Argumenten lassen sich noch weitere Wettbewerbsvorteile für Unternehmen identifizieren. Insbesondere Umsatz- und Marktanteilssteigerungen durch globale Aktivitäten, verbesserte Rekrutierungsmöglichkeiten, die Steigerung von Arbeitszufriedenheit und Motivation, bis hin zum sanfteren Übergang bei Fusionen und Firmenaufkäufen können in diesem Zusammenhang angeführt werden.[474]

6.2 Ansätze zur Implementierung

Um Diversity als „neue Grundhaltung" in ein Unternehmen einzuführen, bieten sich zwei parallele Implementierungsansätze an:[475]

- „Diversity-Einführung":

Einbringung und Einführung eines neuen Konzepts in die Organisation mittels Herbeiführung kultureller Veränderungen, über mehrere Jahre hinweg. Mit dem Einbringen des neuen Konzeptes Diversity in eine Organisation wird meist eine kulturelle Veränderung initiiert, die sich über mehrere Jahre erstreckt. Es erfolgt die „Einführung" eines neuen Ansatzes bzw. Paradigmas für bestehende Ansätze.

- „Diversity Mainstreaming"[476]:

In einem zweiten Prozess wird das Prinzip Diversity in bestehende Strukturen der Organisation integriert und die Geschäftstätigkeit nachhaltig auf Nutzung von Diversity ausgerichtet. Bei diesem Diversity Main-

474 Vetter, G., Diversity Management und Interkulturalität, München, Mering, 2004, S. 181.

475 Stuber, M., Diversity Mainstreaming, in: Personal Heft 03/2002 S. 49.

476 Mainstreaming = in den Hauptstrom bringen, d.h. dass ein bestimmtes Handeln zum normalen und selbstverständlichen Handlungsmuster gehört.

streaming kommen Human-Resources-Bereich und Unternehmenskommunikation zentrale Bedeutung zu.
Die beiden Prozesse überlagern sich, wobei anfänglich die Einführung und später die Mainstreaming-Anteile der Diversity-Arbeit den größeren Raum einnehmen. Wie man der folgenden Abbildung entnehmen kann, nehmen die Anteile der Einführungsaktivitäten im Laufe der Zeit zwar ab, sind aber immer unterstützend vorhanden, während später die Mainstreaming-Anteile überwiegen.[477]
Zu den wichtigen Maßnahmen im Rahmen des Diversity Mainstreaming gehört es beispielsweise, Stellenbeschreibungen oder Personalmanagementsysteme unter der Fragestellung zu prüfen, wie mehr Vielfalt etwa im Hinblick auf Arbeitsformen, Arbeitszeiten und Arbeitsplätze herbeigeführt werden könnte.

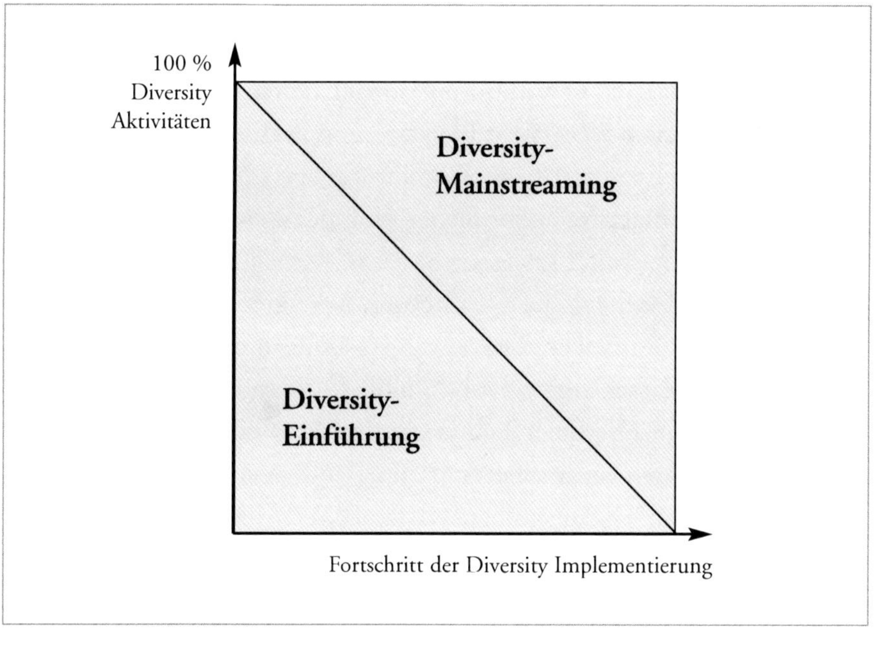

Abbildung 26: Implementierung von Diversity[478]
Copyright: Ungleich Besser Diversity Consulting

477 Stuber, M., Diversity Mainstreaming, in: Personal Heft 03/2002 S. 49.
478 Stuber, M., 10 gute Gründe für Diversity, Online in Internet: URL http://www.mi-st.de/download/Div-03-Dez-InPact.pdf [10.01.05].

6.3 Top-Down-Ansatz und Bottom-Up-Einführung

Zur effektiven Einführung eines neuen Themas bedarf es der glaubwürdigen Vertretung durch die Unternehmensleitung. Essenziell für die Einführung von Diversity Management ist deshalb die Unterstützung von Seiten der Unternehmensleitung – der Geschäftsführung sowie Managern auf allen Ebenen. Dies setzt voraus, dass die Führungskräfte geeignet sind für den Umgang mit Diversity und gegebenenfalls speziell geschult werden.

Als weitere Voraussetzung ist der Zusammenhang mit dem Kerngeschäft zu nennen, weshalb Diversity Management als langfristiges strategisches Konzept der Unternehmensführung zu sehen ist.[479]

Die Einführung erfolgt zuerst in den oberen Management-Ebenen, ausgehend von der Unternehmensführung („Top-Down"). Dies kann in Form von Zielvereinbarungen, Workshops oder ähnlichen Maßnahmen geschehen.

Noch während sich dieser Prozess fortsetzt, beginnt parallel dazu die Einführung der so genannten „Bottom-Up-Aktivitäten", um die Belegschaft mit der neuen Strategie vertraut zu machen und für die Wertschätzung von Vielfalt zu sensibilisieren. Bei der Einführung von Netzwerken, Diskussionsforen und sonstigen Veranstaltungen wird großen Wert auf Anregungen von Seiten der Mitarbeiter gelegt.

Sowohl bei Top-Down- als auch bei Bottom-Up-Aktivitäten geht es um die Sensibilisierung für Vielfalt. Der zuvor erwähnte monolithische Organisationstyp wird hierbei langsam zum multikulturellen entwickelt.

In beiden Implementierungs-Richtungen soll Bewusstsein für die unterschiedlichen Facetten von Vielfalt und für deren Relevanz im Unternehmen geschaffen werden. Darauf aufbauend wird Wertschätzung für Individualität und der konstruktive Umgang mit Unterschieden entwickelt.[480]

479 Stuber, M., Diversity Mainstreaming, in: Personal Heft 03/2002, S. 50.
480 Ebenda, S. 50.

Abbildung 27: Die Einführung von Diversity[481]
Quelle: Stuber, M., 10 gute Gründe für Diversity, a.a.O.

Ein Beispiel für eine Bottom-Up-Initiative sind zwei Anzeigenkampagnen der Deutschen Bank in ihrer Mitarbeiterzeitschrift mit dem Titel „Es sind die Unterschiede, die uns weiterbringen". Die Motive dieser Anzeigen wurden auch für Klappkarten und Aufsteller in der Kantine oder bei Veranstaltungen verwendet, die zur Bewusstmachung eingesetzt wurden. Beispielhaftes Element einer Top-Down-Einführung ist eine von Ford veröffentlichte Diversity Policy, in der als Erwartung formuliert wird, was mit Diversity erreicht werden soll, wie man sich künftig verhalten wird und was von den Mitarbeiterinnen und Mitarbeitern erwartet wird – unterschrieben vom obersten europäischen Chef von Ford.

6.4 Instrumente

Auch wenn sich Organisationskulturen nicht am grünen Tisch entwerfen und implementieren lassen, so erfordert das Management ihres Wandels doch eine systematische Vorgehensweise. Krell[482] orientiert sich mit ihrem Modell für den kulturellen Wandel am Regelkreis-Modell von Cox.[483]

481 Stuber, M., 10 gute Gründe für Diversity, Online in Internet: URL http://www.mi-st.de/download/Div-03-Dez-InPact.pdf [10.01.05].

482 Krell, G., a.a.O., S. 52 f.

483 Cox, T., Creating the Multicultural Organization, San Francisco, 2001, S.19.

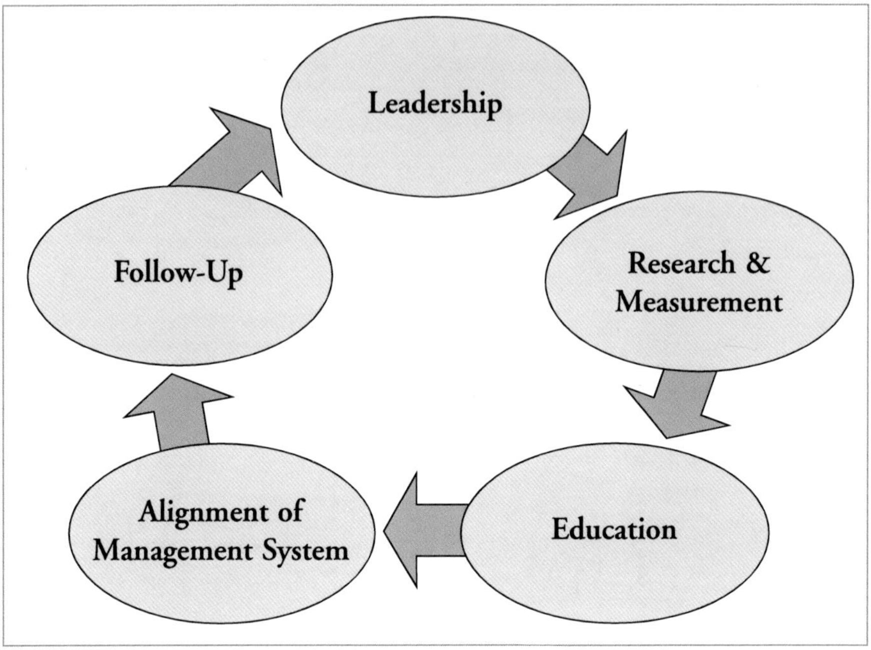

Abbildung 28: Modell für den kulturellen Wandel – Regelkreismodell von Cox
Quelle: Cox, T., Creating the Multicultural Organization, San Francisco, 2001, in: Krell, G., a.a.O., S. 53.

- „Leadership" bezieht sich zunächst darauf, Managing Diversity in der Strategie und im Leitbild bzw. den Grundsätzen einer Organisation zu verankern und dies auch umfassend zu kommunizieren (Bekenntnis der Unternehmensleitung, Rolle von Führungskräften, Diversity-Verantwortlicher).
- „Research & Measurement" bezieht sich auf die Gewinnung von Daten, die für den Veränderungsprozess bedeutsam sind (statistische Daten über Veränderung der Zusammensetzung der Kunden und Arbeitnehmer, Diversity Audits[484], Mitarbeiterbefragungen).
- „Education" bezieht sich auf die Aufklärungs- und Überzeugungsarbeit (Diversity-Training, Coaching, Mentoring).
- „Alignment of Management Systems" bezieht sich auf die Personalpolitik. Alle personalpolitischen Instrumente, Kriterien, Verfahren und

484 Analyse mit speziellen Methoden, welche unterschiedlichen „Kulturen" im Betrieb zu finden sind.

Praktiken werden zum einen auf ihr Diskriminierungspotenzial und zum anderen auf ihr Gleichstellungspotenzial untersucht und entsprechend den Ergebnissen angepasst.
- „Follow-Up“ überlappt mit allen anderen Komponenten, aber insbesondere mit „Research & Measurement“. Denn es geht darum, nachhaltige Ergebnisse zu erzielen, und das setzt wiederum einen kontinuierlichen Verbesserungsprozess voraus.

Diversity-Trainings sind in den USA die im Zusammenhang mit Managing Diversity am häufigsten eingesetzten Instrumente und sind einer Umfrage[485] der Deutschen Gesellschaft für Personalführung mbH (DGFP) zufolge mittlerweile auch in Deutschland auf dem Vormarsch. Es haben sich zwei Varianten[486] von Diversity-Trainings durchgesetzt, die in der Praxis häufig kombiniert werden:

- Awareness-Trainings sind bewusstseinsbildende Maßnahmen. Ausgangspunkt dieser Variante ist, dass Führungskräften und Mitarbeitern erst einmal bewusst gemacht werden muss, dass und hinsichtlich welcher Merkmale in ihrem Unternehmen Vielfalt existiert und dass diejenigen, die nicht zur dominanten Gruppe gehören, mit Benachteiligungen rechnen müssen.
- Bei Skill-Building-Trainings geht es um den Erwerb konkreter Fähigkeiten, die für die Zusammenarbeit und Führung einer vielfältigen Belegschaft oder im Kontakt mit einer anderen (Landes-)Kultur erforderlich sind.

Die Wirksamkeit von Trainings kann und sollte auch dadurch erhöht werden, dass diese nicht als Einzelmaßnahme, sondern als einer von vielen Bausteinen eines umfassenden Diversity-Programms konzipiert und durchgeführt werden.

485 Ivanova, F., a.a.O., S. 45.

486 Gieselmann, A., u.a., Diversity-Trainings, in: Krell, G., a.a.O., S. 395.

Weitere Instrumente nach Cox – entnommen aus der Tabelle „Tools for Organizational Transformation"[487] – sind beispielsweise Diversity-orientierte Beurteilungen von Führungskräften, Beratungsgruppen für das Top-Management, Mentorenprogramme, Durchführungen von sozialen Veranstaltungen, Chancengleichheitsseminare, Projektgruppen und Heterogenität in Entscheidungsgremien.

6.5 Implementierungszyklus

Idealerweise sollte der Implementierungsprozess von Managing Diversity die folgenden acht Phasen durchlaufen:[488]

- Diversity-Profil eines Unternehmens erstellen
- Identifizierung von Schwachstellen in Bezug auf Diversity
- Design von Diversity-Konzepten in Bezug auf die Schwachstellen
- Interne Kommunikation[489] des Konzeptes und der Partizipationsmöglichkeiten für die Mitarbeiter
- Training zur Unterstützung der Diversity-Konzepte
- Evaluation (auf der Basis von Messungen)
- Entwicklung eines Managing Diversity Modells, das als Teil der Corporate Culture (Unternehmenskultur) weiterläuft
- Externe Kommunikation

Als Management-Dimensionen von Diversity sind dabei zu werten: ein unternehmensspezifisches Konzept, Training und passende Instrumente sowie eine sorgfältige ausgearbeitete Strategie, Leadership[490] und Controlling.

Eine effektive Umsetzung ist geknüpft an die Vision eines Unternehmens. Darüber hinaus ist ein zwingendes wirtschaftliches Motiv eine solide Basis.

487 Cox, T. H., a.a.O., 1994, S. 243.

488 European Institute for Managing Diversity, Online in Internet: URL http://www.iegd.org/English/FramesHomePage.htm [30.01.05].

489 Kommunikation ist sicher auch über das Mitarbeitergespräch möglich; siehe auch Kuhn, C., Das Mitarbeitergespräch, Bachelor of Business Administration, Projektarbeit 2003.

490 Leadership bezieht sich zunächst darauf, Managing Diversity in der Strategie und im Leitbild bzw. den Grundsätzen einer Organisation zu verankern.

Die Klarsicht in Bezug auf Diversity-Konzepte ist ebenso notwendig wie ein strategischer Plan, klare Handlungsvorgaben und Prozessverfahren, Konzentration auf die Erfordernisse und ein positiver Umgang mit Diversity Spannungen und Komplexität.[491]

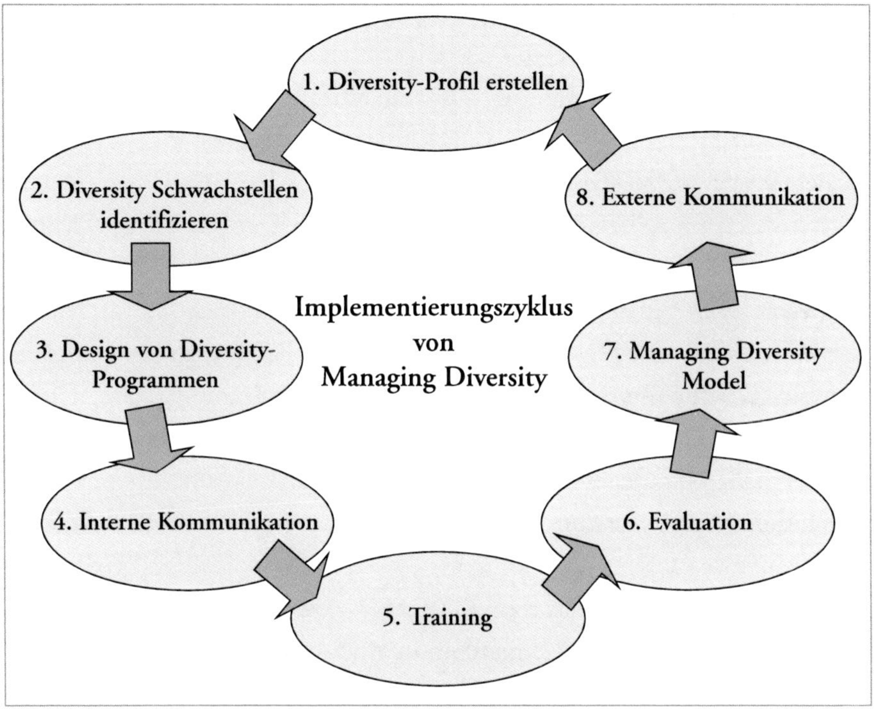

Abbildung 29: Implementierungszyklus von Managing Diversity
Quelle: Eigene Darstellung, vgl. Fischer, E., Managing Diversity und Gender Politics, Passau, 2004, S. 50.

6.6 Zusammenfassung

Diversity stellt ein Schlüsselthema mit Blick auf die grundlegenden Veränderungen in der Wirtschaft – von Globalisierung bis Shareholder Value – dar. Die Implementierung besteht aus zwei ineinander greifenden Prozessen. Die Einführung bringt ein neues Thema in das Unternehmen ein und schafft Bewusstsein und Veränderungen. Das Mainstreaming stellt

491 Thomas, R. R., a.a.O., 1996, S. 268.

sicher, dass Diversity in alle Systeme, Prozesse und Inhalte nachhaltig integriert wird. Im Zeitverlauf nimmt die Bedeutung der Einführung ab und die des Mainstreamings zu. Neben einer strategischen Einführung von Diversity ist ein umfassendes Diversity Mainstreaming also sinnvoll, um die nachhaltige Nutzung der Potenziale von Vielfalt zu nutzen.

Die unübersehbare Komplexität des Diversity-Ansatzes erfordert eine sorgfältige, vorausschauende Planung. Zum einen müssen Unternehmen erkennen, dass die Systeme, die bisher zum Erfolg geführt haben, dies in Zukunft nicht mehr gewährleisten können. Um Verbesserungen zu erzielen, braucht Diversity einen fundierten Business Case, sowie Führungskräfte und Mitarbeiter, die den Change-Prozess unterstützen und vorantreiben. Dies wiederum bedarf einer genauen Soll/Ist-Analyse. Daraus lässt sich die Implementierungsstrategie ableiten. Den Rahmen dafür bilden eine gut vernetzte Diversity-Organisation und ein entsprechendes Erfolgsmesssystem. Diversity muss von Unternehmen zu Unternehmen differenziert betrachtet werden. Deshalb muss jedes Unternehmen von vornherein überlegen, welche Dimensionen im Mittelpunkt stehen und was genau verbessert werden soll.[492]

Zusammenfassend kann festgestellt werden, dass durch die Implementierung von Diversity eine Organisation umfangreiche Vorteile und Verbesserungen erwarten kann, die durch wenige Nachteile und Risiken kaum geschmälert werden. Die meisten Benefits[493] können jedoch nur erwartet werden, wenn eine umfassende, strategische Implementierung erfolgt, die eine intensive Kommunikation nach innen und außen, umfassende Trainings und ein ganzheitliches Mainstreaming beinhaltet.[494]

492 Sepehri, P., u.a., a.a.O., 2000, S. 460.

493 Nutzen für den Adressaten. Duden - das Fremdwörterbuch, Software, a.a.O.

494 Stuber, M., Diversity. Das Potenzial von Vielfalt nutzen - den Erfolg durch Offenheit steigern, München, 2004, S. 245.

7 Fazit und Ausblick

„Es kommt nicht darauf an,
die Zukunft richtig vorherzusagen,
sondern auf sie vorbereitet zu sein."

Perikles[495]

Unser Motto „ Zukunft stiften" heißt, den Wandel ermöglichen, das Gute bewahren. In diesem Sinne wollen wir „Zukunftsstifter" sein, Veränderungen als Chance begreifen, ohne zugleich Bewährtes leichtfertig aufs Spiel zu setzen. Veränderungen, die wir initiieren, sollen Menschen zugute kommen. Jeder Wandel braucht eine klare Zielorientierung. Er muss in einen Rahmen eingebettet sein, der die Würde des Menschen fördert und seine Persönlichkeit schützt.

Damit soll diese Arbeit einen Beitrag dazu leisten, innovativ und kreativ auf gesetzliche, demographische und personalpolitische Herausforderungen zu reagieren.

7.1 Erkenntnisse

„Die Zukunft beginnt heute – Leben heißt denken und handeln,
denken und handeln aber – heißt verändern."

James, Allen[496]

Rund oder eckig, richtig oder falsch, alles oder nichts, Freund oder Feind. In unserer Gesellschaft herrscht oftmals ein polarisierendes Schwarz-Weiß-Denken. Ein facettenreiches „Sowohl-als-auch-Denken" ermöglicht dagegen ganz neue Perspektiven und wesentlich bessere Resultate in Wirtschaft und Privatleben. Dafür bedarf es aber einer bewussten Einstellungsänderung.

495 HypoVereinsbank AG, Trend-Book Volkswirtschaft, Trendforschung in der HVB Group, München, 2001, S. 3.

496 James, Allen, zitiert in: Pflege neu denken, Robert-Bosch-Stiftung, Stuttgart, 2001, S. 9.

Gemeinsame Ziele, verbindlich vereinbarte Kooperationsregeln, Verständnis sowie gegenseitige Wertschätzung sind tragende Säulen, um die Synergien der bereichernden Unterschiedlichkeiten zu erschließen.
Die Autoren wollten das Thema Diversity Management für das Praxisfeld favorisieren und konkretisieren. Dabei hatten sie ein Forschungsprojekt angelegt, das sich der Fragestellung widmete, ob Diversity Management überhaupt tragfähig sei. Hierbei kamen sie zu dem Ergebnis, dass Diversity-Ansätze gewünscht und notwendig sind. In den Theorie-Kapiteln hatten sie vor allem die Abgrenzung zwischen Managementmodul und ökonomischer Relevanz beleuchtet. Es kommt zum Ausdruck, dass Diversity sehr wohl ein ökonomisches Tool, aber auch einen Führungs- und Personalentwicklungsansatz darstellt. Die Interpretation der Ergebnisse hat für die Autoren deutlich gemacht, dass Diversity Management in einem wertebasierten Führungsverhalten erfolgreich umgesetzt werden kann.
Aufgrund der grundsätzlichen wirtschaftlichen Orientierung von Diversity stellt sich grundsätzlich die Frage, ob und wieweit Diversity auch für Non-Profit-Unternehmen (NPOs) relevant und sinnvoll ist oder sein könnte. Für den gesamten nicht gewinnorientierten Bereich gilt: Sowohl die Definitionen als auch die Bedeutung und die Ziele von Diversity sind analog zum privatwirtschaftlichen Bereich relevant. Die internen Betrachtungen, d. h. mit Blick auf Produktivität, Zusammenarbeit und das Arbeitgeber-Arbeitnehmer-Verhältnis, erscheinen gleichermaßen zutreffend. Gleiches gilt auch für die Frage der Kunden- und Ertragsorientierung. Auch im nicht gewinnorientierten Bereich erscheint es sinnvoll, dass Organisationen ihr Engagement für Diversity nach außen tragen, so dass es von der Öffentlichkeit wahrgenommen wird.
Wie bereits in den verschiedenen Kapiteln ausgeführt, sind die Autoren der Auffassung, dass die Anwendung des Diversity-Grundgedankens dazu führt, dass auch caritative Organisationen wie Caritas und öffentliche Verwaltungen wie die AOK, durch Diversity Management Mehrwerte erzielen können.
Eine mittelfristige Zielsetzung von Diversity bezieht sich auf die externe

Wahrnehmung einer Organisation mit Blick auf die bewusste Wertschätzung von Vielfalt und gezielte Nutzung von Unterschieden. Ein solches Diversity-Image ist nach Meinung der Autoren ein Zusatznutzen und wirkt sich positiv auf das Ansehen und das Image von Caritas und AOK als Arbeitgeber und Institution, nach außen und innen, aus.
Der Abt von Gera legt sehr treffend die kommenden Ziele der kirchlichen Organisationen dar: „Traditionen zu bewahren und sie aufzuheben auch in schwieriger Zeit; klassische Begriffe neu zu definieren; neue Netze auszuwerfen, um eine neue Wirklichkeit einzufangen und dafür manches, was nicht mehr recht brauchbar ist, ins Museum zu stellen.“ [497] Diese dreifache Aufgabe öffnet sehr anschaulich den bevorstehenden Weg von Caritas als auch von AOK, um auch weiterhin zukunfts- und marktfähig zu bleiben bzw. zu werden.

7.2 Grenzen

Bedingt durch die Begrenzung der Abhandlung mussten die Autoren eine Reduzierung von Theorie vornehmen und sich auf den in der Ausarbeitung dargestellten Erhebungs- und Auswertungsumfang beschränken. Interessant wäre, die Befragung auf eine größere Teilnehmerzahl auszudehnen und dadurch ein höheres repräsentativeres Ergebnis zu erzielen. Ein intensiveres Spiegeln der Ergebnisse mit denen von Wirtschaftsunternehmen könnte weitere Aufschlüsse von Unterschiedlichkeiten zwischen Profit-Unternehmen und Non-Profit-Organisationen ermöglichen.
Für eine weitere Ausarbeitung des Themas wäre der Ansatz von Interesse, bestimmte Zielgruppen von Diversity, wie beispielsweise Behinderte oder Ausländer, zu befragen und so einen Abgleich zwischen Vorstellung der Führungskräfte und der tatsächlichen Praxis im Unternehmen gegenüberstellen zu können und hieraus Handlungsansätze für das Personalmanagement zu formulieren. In der Gesamtbetrachtung wäre es sinnvoll, eine eigene Theorie-Entwicklung für den deutschsprachigen Einführungsbereich etablieren zu können.

497 Lehner, M., u.a., a.a.O., S. 70.

7.3 Ausblick

"Where do you want to go tomorrow ?"

Microsoft[498]

Diese Frage müssen sich im 21. Jahrhundert immer mehr Unternehmen, Non-Profit-Organisationen, Caritas und AOK stellen. Bevorstehende Veränderungen werden zu neuen Herausforderungen, sowohl für Unternehmer als auch für Mitarbeiter.

Bedingt durch das Antidiskriminierungsgesetz das von der EU-Kommission verpflichtend vorgeschrieben und nun als Landesgesetz auch in Deutschland verbindlich eingeführt wurde, meinen die Autoren, dass dieses Thema auch im Führungs- und Personalmanagementbereich künftig an Bedeutung gewinnen wird. Gerade für Sozial- und Gesundheitsorganisationen wie die im Forschungsfeld bevorzugten Organisationen Caritas und AOK, ist der Umgang mit Vielfalt entscheidend, da sie in ihrem täglichen Handlungsvollzug mit einer Vielzahl von verschiedenartigen Kunden und Mitarbeitern zu tun haben. Langfristig müssen auch diese Unternehmen ihre Leitbilder oder Unternehmensphilosophien erweitern und die Sichtweise des Diversity Managements in diesen integrieren, so wie es die Global Player[499] Siemens, Deutsche Bank, DaimlerChrysler tun.

Wie sichtbar wird, müssen sich immer mehr Gesundheits- und Sozialunternehmen international, insbesondere im osteuropäischen Raum, vernetzen. Um Synergieeffekte nutzen zu können, sind Ansätze im Diversity-Bereich dringender denn je als Führungsansatz auszuformulieren. Dies macht unsere Gesellschaft humaner, kulturell vielfältiger und weicht gesellschaftliche Abgrenzungen auf. Diese Akzeptanzenergien werden sich nach Meinung der Autoren auf weitere soziale Felder unserer Gesellschaft übertragen.

Wenn es in Organisationen möglich ist, dass Menschen unterschiedlicher Gesinnung, Einstellung oder Veranlagung gut zusammenarbeiten und

498 Werbeslogan der Firma Microsoft.

499 (engl.) Unternehmen mit weltweitem Wirkungskreis, das sich an internationalen Produktions- und Absatzmärkten ausrichtet. Duden - Das Fremdwörterbuch, Software, a.a.O.

dadurch produktive und positive Ergebnisse gemeinsam erzielen können, wird dies auch gesamtgesellschaftliche Auswirkungen haben. In einer zusammenwachsenden globalen Welt wird dies eine Grundvoraussetzung für ein friedliches und humanes Handeln sein.

2007 wird das Europäische Jahr der Chancengleichheit. Ziel der von der Europäischen Kommission ausgerufenen Initiative ist es, Diskriminierungen wirksam zu bekämpfen, die Vielfalt als positiven Wert zu vermitteln und Chancengleichheit für alle zu fördern. Zur Umsetzung des Jahres hat die Europäische Kommission 13,6 Millionen Euro zur Verfügung gestellt. Vier zentrale Themen stehen im Mittelpunkt des Europäischen Jahres:

- Rechte – Sensibilisierung für das Recht auf Gleichbehandlung und Nichtdiskriminierung
- Gesellschaftliche Präsenz – Anregung einer Debatte über Möglichkeiten, die Teilhabe bisher benachteiligter Gruppen an der Gesellschaft zu stärken
- Anerkennung – Vielfalt würdigen und berücksichtigen
- Respekt und Toleranz – den gesellschaftlichen Zusammenhalt fördern.

Das Jahr der Chancengleichheit bietet auch die Chance, aus einer europäischen Perspektive heraus das Thema Diversity in Deutschland in den Blickpunkt zu rücken.

Diversity Management ist Inbegriff für Vielfalt[500], Toleranz und Wertschätzung sowie für eine moderne Unternehmenskultur. Die Autoren sind davon überzeugt, dass Diversity-Strategien dazu beitragen, die Innovationsfähigkeit und Wirtschaftlichkeit insgesamt zu stärken. Denn nur wer die unterschiedlichen Voraussetzungen und Fähigkeiten seiner Beschäftigten erkennt, fördert und nutzt, wird langfristig Erfolg haben. Dabei können alle Seiten nur gewinnen – Mitarbeiter, Unternehmen und Kunden. Betriebe, Einrichtungen, Träger, Unternehmen, Organisationen und Verwaltungen, die heute ihre Personalpolitik an Diversity-Konzeptionen orientieren, werden die Gewinner von morgen sein.

500 Anhang A.09: Vielfalt – Die Welt und Du.

Bei der Erarbeitung der vorliegenden Arbeit haben die Autoren auch erkannt, wie umfangreich und komplex das Thema Diversity ist und dass eine Einführung z. B. bei AOK oder Caritas nicht ohne weiteres vonstatten gehen kann. Wie bei allen anderen Instrumenten, die den Erfolg des Unternehmens steigern sollen, benötigt auch Diversity bei der Einführung tatkräftige Unterstützung der Unternehmensleitung und einen umfassenden Implementierungsplan.
Der Wunsch der Autoren wäre zumindest die Einführung von einzelnen Programmen, die AOK und Caritas Schritt für Schritt hin zu einer Vielfalt führen, die „unsichtbare Potenziale“ fördert. Der Nutzen, den ihre Unternehmen daraus ziehen können, ist auf alle Fälle höher, als die zu tätigenden Investitionen, davon sind die Autoren überzeugt. Sie erwarten sich positive Effekte hinsichtlich Mitarbeiterzufriedenheit, ein positives Image am Markt und eine Verbesserung der Wettbewerbschancen. Dies sind erstrebenswerte Ziele für beide Unternehmen.
Zusammenfassend lässt sich sagen, dass Diversity mehr Chancen als Einschränkungen bietet und keine neue Managementmethode aus den USA ist, die über kurz oder lang verschwinden wird. Vielmehr baut Diversity auf den Grundfesten jeder zivilisierten Gesellschaftsordnung auf, die Respekt für jedes ihrer Mitglieder aufbringt.
In Abänderung eines geflügelten Wortes bedeutet die Herausforderung Diversity: „Behandle niemanden so, wie Du selbst behandelt werden möchtest, sondern stets so, wie dieser Mensch es möchte.“[501]
Stoffer[502] beschreibt in seinem Buch „Sozialmanagement 2000“ sehr treffend den Um- und Einstieg in ein neues Management, in ein verändertes Führungsverhalten, um den Wandel mit seinen neuen Herausforderungen zu begegnen: „Wundern Sie sich nicht, dass Sie keine Spuren hinterlassen, wenn Sie nur ausgetretenen Pfaden folgen“. Führungskräfte sind keine Personen, die verborgen hinter ihrem Schreibtisch sitzen; sie sind Begleiter, die sich stets hilfsbereit am „Spielfeldrand“ bewegen und Probleme und Ansichten ihrer Mitarbeiter kennen und für sie da sind.

501 Stuber, M., Führung und Vielfalt, in: Personalführung 8/2002, S. 1.
502 Stoffer, F., a.a.O., S. 16.

Die Autoren wünschen zum Abschluss viele positive Erfahrungen und Erlebnisse bei der Aufgabe, das Giraffenhaus so umzubauen, dass auch Elefanten dort gut arbeiten und leben können. Ein Haus für Diversity, in dem die bisher unsichtbaren Potenziale zum Wohle aller Beteiligten gefördert werden.

Glossar

Begriff	Erklärung
Antidiskrimierungsgesetz	Das Gesetz soll Benachteiligungen aufgrund des Geschlechts, der ethnischen Herkunft, der sexuellen Orientierung, der Religion oder Weltanschauung, des Alters oder aufgrund einer Behinderung entgegenwirken und stellt die (verspätete) Umsetzung von drei entsprechenden EU-Richtlinien dar.
Assessmentcenter	Psychologisches Testverfahren, Einstufungstest
Ausgleichsabgabe	(Behinderung) Nach dem Sozialgesetzbuch (SGB) IX müssen derzeit Arbeitgeber, die über durchschnittlich mindestens 20 Arbeitsplätze verfügen, 5 % ihrer Arbeitsplätze mit schwer behinderten Mitarbeitern besetzen. Wenn sie dies nicht tun, zahlen sie eine Abgabe an den Staat.
Balanced Scorecard	Analyse von Wirkungszusammenhängen
Best Practise	Beste Beispiele, Vorzeigeunternehmen
Bottom-up-Implementierung	Diversity-Maßnahmen, die „von unten" umgesetzt werden, z. B. von einer Mitarbeitergruppe. Bei der Einführung von Netzwerken, Diskussionsforen und sonstigen Veranstaltungen wird großen Wert auf Anregungen von Seiten der Mitarbeiter gelegt.

Coming-out	Als Coming-out wird die Selbsterkenntnis von Homosexuellen bezeichnet, dass sie die gleichgeschlechtliche Liebe bevorzugen.
Community	Gemeinschaft, Gesellschaft. Im Diversity-Kontext: Öffentlichkeit, die Diversity Management von Unternehmen wahrnimmt.
Diversity	Diversity übersetzen wir mit dem Begriff „Vielfalt" und beziehen uns vor allem auf personelle und menschliche Vielfalt. Menschen unterscheiden sich in sichtbaren Merkmalen deutlich. Solche sichtbaren Merkmale wie Geschlecht und Rasse sind auch in der betrieblichen Praxis häufig Ansatzpunkte, sich Vielfalt oder Facettenreichtum bewusst zu machen. Zusammen mit weiteren Dimensionen wie Alter, Zugehörigkeit zu verschiedenen ethnischen Gruppen bzw. religiöse Anschauungen, sexuelle Orientierung und körperliche Leistungsfähigkeit sind sie als die primären Dimensionen von Diversity anzusehen.
Diversity Image	Externe Wahrnehmung einer Organisation mit Blick auf die bewusste Wertschätzung von Vielfalt und gezielte Nutzung von Unterschieden.
Diversity Mainstreaming	Diversity wird in bestehende Strukturen der Organisation integriert und die Geschäftstätigkeit nachhaltig auf Nutzung von Diversity ausgerichtet.

Diversity Management	Unterschiede und Vielfalt seiner Mitarbeiter bewusst fördern und nutzen.
Diversity Marketing	Darstellung der Diversity-Maßnahmen bei Mitarbeitern, Kunden und Zulieferern.
Diversity Mix	Bestimmte Kombination der Diversity-Maßnahmen, individuell für das jeweilige Unternehmen gestaltet.
Diversity-Aspekte	Folgende Merkmale bzw. Erscheinungsformen werden auch als Kerndimensionen von Diversity genannt: - Geschlecht - Alter - Nationalität und ethnische/kulturelle Prägung - Behinderung/körperliche und geistige Befähigung - Religionszugehörigkeit/religiöse Glaubensprägung - Sexuelle Orientierung Diese Dimensionen sind den Menschen mitgegeben und können nicht willentlich verändert werden. Daneben gibt es noch Dimensionen mit weiterreichenden Faktoren, die als Diversity-Aspekte betrachtet werden können, wie z. B.: Herkunft, Werte, Familienstand, Bildung, Sprache, Hierarchie, Fachkompetenz, Lebenserfahrung, Einkommen, Denkweisen und Kultur. Weiteren Erscheinungsformen sind keine Grenzen gesetzt.

Diversity-Effekte	Wirtschaftlicher Nutzen aufgrund von Diversity Management im Unternehmen.
Diversity-Initiative	Meist vom Personalmarketing angestoßene Initiative, die das Handeln im Unternehmen zum Thema Diversity anregt.
Diversity-Kerndimensionen	siehe Diversity-Aspekte
Diversity-Konzept	Konzept zur Umsetzung von Diversity in einem Unternehmen. Das Diversity-Konzept umfasst nicht nur den fairen Umgang mit ausländischen Beschäftigten oder alleinerziehenden Vätern. Es geht darum, generell jedem Menschen mit Offenheit gegenüberzutreten und Unterschiede als Bereicherung für das eigene Unternehmen zu verstehen.
Diversity-Kriterien	siehe Diversity-Aspekte
Diversity-Merkmale	siehe Diversity-Aspekte
Diversity-Politik	Politik meint hier Strategie und Auftreten bei der Implementierung und Kontrolle von Diversity.
Diversity-Programm	Bündelung einzelner Diversity-Maßnahmen.
Freie Wohlfahrtspflege	Es gibt Menschen, die in schwierigen Lebenslagen die Hilfe anderer brauchen – und es gibt Menschen, die helfen wollen. Ein Großteil der Menschen, die helfen, arbeiten unter dem Dach der Spitzenverbände der Freien Wohlfahrtspflege. Die Spitzenverbände bringen die Interessen der Benachteiligten in den gesellschaftlichen Dialog ein. Zur Freien Wohlfahrtspflege

	werden alle sozialen Hilfen gezählt, die gemeinnützig und organisiert geleistet werden. Dieser Wohlfahrtsbereich bildet neben dem staatlichen und dem wirtschaftlichen Sektor den so genannten „dritten" Sektor.
Gender Mainstreaming	Konzentration auf die Gleichstellung zwischen Mann und Frau.
Genderperspektive	Soziales Geschlecht (gender). Mit Gender werden gesellschaftlich, religiös und kulturell geprägte Rollen, Rechte, Pflichten, Ressourcen und Interessen von Frauen und Männern bezeichnet.
Global Player	Unternehmen, das weltweit aktiv ist.
Globalisierung	Prozess der zunehmenden internationalen Verflechtung in allen Lebensbereichen (vor allem in der Wirtschaft).
Handicap	Im Zusammenhang mit Diversity: Nachteil.
High Potentials	Vielversprechende Nachwuchstalente.
Individualisierung	Prozess eines Übergangs des einzelnen Menschen von der Fremd- zur Selbstbestimmung.
Job-Sharing	Zwei oder mehr Mitarbeiter „teilen" sich eine Vollzeitstelle und einen Arbeitsplatz.
Leitkultur	Der Begriff wurde erstmals 1998 vom Orientalisten Bassam Tibi in der Politikwissenschaft genannt, um einen gesellschaftlichen Wertekonsens zu beschreiben. In Deutschland wurde „Leitkultur" im Herbst 2000 in der politischen Diskussion verwendet, um die Forderung nach einer

	Integration von Einwanderern zu unterstreichen. Der Begriff hatte danach eine weitreichende gesellschaftliche Diskussion ausgelöst und wurde bis 2004 zur polemischen Formel, die negativ behaftet ist.
Likert-Item	Bei den Likert-Items wird eine Frage als Feststellung formuliert und die Antwort erfolgt durch die Angabe, wie stark die befragte Person dieser Feststellung zustimmt bzw. wie stark sie diese ablehnt.
Managing Diversity	Für die Personalführung bedeutet Managing Diversity oder Diversity Management, die Fähigkeiten der Mitarbeiter so zu entwickeln, dass sie ihre Höchstleistung in der Verfolgung der Unternehmensziele erbringen können, ohne dabei durch Geschlecht, Alter oder sonstigen Diversity-Merkmalen behindert zu werden und sich in interpersonellen Kämpfen zu verlieren.
Mentoring-Programme	Programme, die die Einführung neuer Mitarbeiter bzw. die Entwicklung junger Führungskräfte unterstützen, indem der Mitarbeiter einen Mentoren, einen erfahrenen Kollegen, als Ansprechpartner hat.
multikulturell	Bezeichnung einer Gruppe, in der Menschen unterschiedlicher Herkunft, Nationalität, Sprache, Religion und Ethnie zusammenleben.
Non-Profit-Organisation	Bei dieser Organisationsform fehlt die Gewinnorientierung. Damit soll dieser Organisationstypus abgegrenzt werden von

	gewerblichen Unternehmen, bei denen die Gewinnerzielung den zentralen Unternehmenszweck darstellt. Allerdings bedeutet dies nicht, dass keine Gewinne erzielt werden dürfen. Eine Non-Profit-Organisation darf nach dem Gemeinnützigkeitsrecht sicherlich in einem gewissen Umfang auch Gewinne erzielen. Es handelt sich hierbei dann um so genannte „Überschüsse". Diese Gewinne dürfen jedoch nicht für private oder außerhalb des Sachzieles der Non-Profit-Organisation liegende Zwecke verwendet werden. Es geht also primär um die Gewinnverwendung, nicht um die Gewinnerzielung.
Quick Wins	Diversity: Schnell sichtbare Erfolge der Diversity-Umsetzung.
Skill-Building-Training	Bei Skill-Building-Trainings geht es um den Erwerb konkreter Fähigkeiten, die für die Zusammenarbeit und Führung einer vielfältigen Belegschaft oder im Kontakt mit einer anderen (Landes-)Kultur erforderlich sind.
Stereotyp, Stereotypisierung	Stereotyp ist die Bezeichnung eines Denkens und Verhaltens nach feststehenden Orientierungen, die häufig zu Vorurteilen, Starrheit und Vereinfachung bei der Beurteilung von Personen oder Sachen führen.
Subsidiaritätsprinzip	Es bedeutet, dass eine größere Einheit wie Staat und Wohlfahrtsverbände erst dann

zur Erfüllung einer Aufgabe herangezogen werden sollen, wenn der Einzelne, die Familie oder eine Gruppe die Aufgabe aus eigener Kraft nicht mehr bewältigen kann.

Top-down-Implementierung Diversity-Maßnahmen, die „von oben“ umgesetzt werden, also vom Management. Dies kann in Form von Zielvereinbarungen, Workshops oder ähnlichen Maßnahmen geschehen.

Unternehmenskultur Unternehmenskulturen sind komplexe, schwer fassbare Phänomene, die sich aus der Entstehung von gemeinsamen Sinn- und Orientierungsmustern, aus Werten, Normen, Symbolen und spezifischen Überzeugungen zusammensetzen. Sie sind im Wesentlichen implizit, sind gemeinsam geteilte Überzeugungen, die das Selbstverständnis und die Eigendefinition der Unternehmung prägen. Sie liegen wie selbstverständlich dem täglichen Handeln zugrunde und werden, in der Regel ohne viel Nachdenken, in der vertrauten Alltagspraxis gelebt.

Win-win-Situation Es profitieren beide beteiligten Gruppen.

Wohlfahrtspflege siehe Freie Wohlfahrtspflege

Wohlfahrtsverband Ungeachtet unterschiedlicher Wertorientierungen vereint die Wohlfahrtsverbände das gemeinsame Grundverständnis ihres gemeinwohlorientierten Handelns. Erzielte Überschüsse werden wieder zum Wohl bedürftiger Menschen eingesetzt. Die

	Wohlfahrtsverbände in Deutschland haben sich in sechs Spitzenverbänden zusammengeschlossen. Diese sind: - die Arbeiterwohlfahrt (AWO), - der Deutsche Caritasverband (DCV), - das Deutsche Rote Kreuz (DRK), - der Deutsche Paritätische Wohlfahrtsverband (Der Paritätische), - das Diakonische Werk der Evangelischen Kirche in Deutschland (DW), - die Zentralwohlfahrtsstelle der Juden in Deutschland (ZWST).
Work-Life-Balance	Vereinbarkeit von Beruf und Privatleben

Literaturverzeichnis

Albrecht, G., u.a. Handbuch Soziale Probleme, Opladen, 1999

Alexander, A., u.a. Krankenkassen im Wandel, Wiesbaden, 2001

Alfermann, D. Geschlechterrollen und geschlechtstypisches Verhalten, Stuttgart, Berlin, 1996

Atteslander, P. Methoden der empirischen Sozialforschung, Berlin, 1995

Bambach, M. Praxis der Personalentwicklung, Bachelor-Projektarbeit, 02/2003

Barth, M. Qualitätsentwicklung und -sicherung in der Altenpflege, München, Jena, 1999

Beck, M. Handbuch Sozialmanagement – Soziale Unternehmen erfolgreich führen, Stuttgart, Berlin, 2000

Becker, F. Lexikon des Personalmanagements, München, 2002, 2. Auflage

Becker, M., u.a. Personalentwicklung, Stuttgart, 1999, 2. Auflage

Belinszki, E., u.a. Diversity Management: Best Practices im internationalen Feld, Münster, 2003

Benzerari, U., u.a. Managing Diversity – Vielfalt als Erfolgsfaktor?, Berlin, 2002

Bergemann, N., u.a. Interkulturelles Management, Berlin, Heidelberg, u.a., 2003, 3. Auflage

Bertelsmann Forschungsgruppe Politik (Hrsg.) Toleranz, Grundlage für ein demokratisches Miteinander, Gütersloh, 2002

Besamusca-Janssen, M. Interkulturelles Management in Beruf und Betrieb, Frankfurt, 1998

Betz, G. Was die Chefsachen sind, damit mehr Himmel auf Erden wird, Regensburg, 2003

Hermsen, T. Wohlfahrtsverbände und Sozialmanagement, Differenzierung und Verselbstständigung in der sozialen Hilfe, Frankfurt am Main, 2000

Hinz, S. Migration und Gesundheit, Prämierte Arbeiten des BKK-Innovationspreises Gesundheit 2003, Frankfurt, 2004

Hoffmann, G., u.a. Behinderung, München, 2004

Hofstede, G. Lokales Denken, globales Handeln, München, 1997

Hurrelmann, K., u.a. Handbuch Gesundheitswissenschaften, Weinheim, München, 1998

Immerfall, S. Einführung in den Europäischen Gesellschaftsvergleich, Passau, 1998

Ivanova, F. Managing Diversity, Neue Herausforderungen für die internationale Unternehmung, Ökonomische und sozialwissenschaftliche Relevanz, Düsseldorf, 2003

Junker, P., u.a. Arbeitslogistische Verfahren im Pflegebereich, Stuttgart, 2001

Kleinmann, M., u.a. Potenzialfeststellung und Personalentwicklung, Göttingen, 2000, 2. Auflage

Konerding, P. Gleichberechtigt – Leben mit Behinderung, München, 2003

Krell, G. Chancengleichheit durch Personalpolitik, Wiesbaden, 2004, 4. Auflage

Kuhn, C. Projektarbeit, Das Mitarbeitergespräch, Bachelor of Business Administration, 2003

Kurz, J., u.a. Qualifizierungs- und Weiterbildungsberatung im Kontext der Personalentwicklung, Frankfurt am Main, 1991

Laun, A.	Homosexualität aus katholischer Sicht, Eichstätt, 2001
Lehner, M., u.a.	Anwaltschaft und Dienstleistung, Organisierte Caritas im Spannungsfeld, Freiburg im Breisgau, 2001
Lerche, W.	Personalentwicklung in Sozialorganisationen, Frankfurt am Main, 2001, 2. Auflage
Linde, L.	Frauen im Management, Stuttgart, 1999
LSVD (Hrsg.)	Liebe verdient Respekt, Berlin, 1999
LSVD sozial e.V.	Eingetragene Partnerschaft, Berlin, 2001
Ludermann, G., u.a.	Rechtsformen kirchlich-caritativer Einrichtungen, Freiburg im Breisgau, 2000
Maier, H.	Welt ohne Christentum – was wäre anders?, Freiburg, 1999
Marburger, H.	Öffentlichkeitsarbeit der Krankenkassen, Sankt Augustin, 1992
Mayer, H.	Pflegeforschung – Elemente und Basiswissen, Wien, 2001, 2. Auflage
Meier-Gerlich, G.	Organisationstheologie und Caritatives Management, Trier, 2001
Mentzel, W.	Personalentwicklung, München, 2001
Merchel, J.	Sozialmanagement, Münster, 2001
Müller-Böling, u.a.	Methoden empirischer Wirtschafts- und Sozialforschung, Köln, 1996
Ohms, C., u.a.	Diversity – Vielfalt als Politikansatz in Theorie und Praxis, Berlin, 2003
Ottersbach, M., u.a.	Migration in der metropolitanen Gesellschaft, Münster, 2004
Perrier, J.	Die Berücksichtigung von Diversity bei der Personalbeschaffung, Darmstadt, 2001

Pohlmann, S.	Der demografische Imperativ, Von der internationalen Sozialpolitik zu einem nationalen Aktionsplan, Hannover, 2003
Pollack, W., u.a.	Personalentwicklung in lernenden Organisationen, Wiesbaden, 2001
Riekhof, H. C.	Strategien der Personalentwicklung, Wiesbaden, 2002, 5. Auflage
Rosenstiel, L. v., u.a.	Führungsnachwuchs im Unternehmen, München, 1989
Rosenstiel, L. v., u.a.	Führung von Mitarbeitern – Handbuch für erfolgreiches Personalmanagement, Stuttgart, 1999, 4. Auflage
Rühl, M., u.a.	Chancengleichheit managen, Basis moderner Personalpolitik, Wiesbaden, 2001
Sattelberger, T., u.a.	Wissenskapitalisten oder Söldner?, Personalarbeit in Unternehmensnetzwerken des 21. Jahrhunderts, Wiesbaden, 1999
Schmitz, C.	Diversity – Vielfalt als Unternehmensprinzip, Köln, 2002
Schreyögg, G.	Organisation, Grundlagen moderner Organisationsgestaltung, Wiesbaden, 1999
Schuber, H.	Sozialmanagement, Zwischen Wirtschaftlichkeit und fachlichen Zielen, Opladen, 2001
Schuler, H.	Lehrbuch der Personalpsychologie, Göttingen, Bern, 2001
Schumacher, A.	Im Anruf des Guten – Zur Wertorientierung des Menschen im kirchlichen Ehrenamt, München, 2002
Seeberger, B.	Zur Wirksamkeit von Qualitätsmanagement in Altenpflegeeinrichtungen, Frankfurt am Main, 2004

Seifert, C.	Vorbehalte gegenüber Managing Diversity, Passau, 2003
Sepehri, P.	Diversity und Managing Diversity in internationalen Organisationen: Wahrnehmungen zum Verständnis und ökonomischer Relevanz, München, 2002
Sinn, H. W.	Ist Deutschland noch zu retten?, München, 2003
Sonntag, K.	Personalentwicklung in Organisationen, Göttingen, 1992, 2. Auflage
Stanjek, K.	Altenpflege konkret – Sozialwissenschaften, München, Jena, 2001, 2. Auflage
Steinforth, T.	Selbstachtung im Wohlfahrtsstaat, München, 2001
Stoffer, F.	Sozial Management 2000, Overath, 1995
Stuber, M.	Diversity. Das Potenzial von Vielfalt nutzen – den Erfolg durch Offenheit steigern, München, 2004
Stuber, M., u.a.	Gay Marketing, Von der neuen Offenheit profitieren, Neuwied, 2002
Thomas, R. R.	Beyond Race and Gender: Unleashing the Power of Your Total Work force by Managing Diversity, New York, 1991
Thomas, R. R.	Redefining Diversity, New York, 1996
Thomas, R. R.	Management of Diversity, Neue Personalstrategien für Unternehmen, Wie passen Giraffe und Elefant in ein Haus?, Wiesbaden, 2001
Thurau, C.	Die Kundenorientierung von Mitarbeitern – Schlüsselgröße für den Unternehmenserfolg, Lohmar, Köln, 2002
Thurnherr, U.	Angewandte Ethik – zur Einführung, Hamburg, 2000

Töns, H. Hundert Jahre gesetzliche Krankenversicherung, Bonn, 1983

Uske, H., u.a. Risiko Migration, Krankheit und Behinderung durch Arbeit, Duisburg, 2001

Vahsen, F. Migration und Soziale Arbeit, Konzepte und Perspektiven im Wandel, Darmstadt, 2000

Vedder, G. Diversity Management und Interkulturalität, Trierer Beiträge zum Diversity Management, München, 2004

Voigt, B. Work-Group "Measures & Benchmarks", 3. Internationale Managing Diversity Konferenz, Potsdam, 2001

Wächter, H., u.a. Anwendungsfelder des Diversity Management, Trierer Beiträge zum Diversity Management, München, 2004

Wächter, H., u.a. Personelle Vielfalt in Organisationen, Trierer Beiträge zum Diversity Management, München, 2003

Wörner, J. Strukturdaten: Freie Wohlfahrtspflege, gemeinnützige Verbände und Vereine in Deutschland, Berlin, 2002

Wüllenweber, E. Soziale Probleme von Menschen mit geistiger Behinderung, Stuttgart, 2004

Internetquellen:

Anders denken – anders handeln	„anders denken – anders handeln“, Online in Internet: URL: http://www.sozial.de/archiv/a8804.php3 [10.09.2004]
Arbeitsrechtliche Sonderzone	Arbeitsrechtliche Sonderzone, Online in Internet: URL: http://www.br-online.de/bayern-heute/thema/arbeitgeber/caritasdiakonie.xml [15.11.2003]
Behnke, A.	Abbau von Diskriminierung durch diversity management, Online in Internet: URL: http://www.news.jugendsozialarbeit.de/010917diversity. html [19.04.2004]
Brockhaus	Brockhaus in einem Band, Online in Internet: URL: http://www.brockhaus.de [10.12.2004]
Classen, M.	Sinn meets Management, Online in Internet: URL: http://www.mbest.de/Online/SmM/cont/content.html [14.08.2004]
Commer, K.	Universität Dortmund: „Managing Gender & Diversity“, Online in Internet: URL: http://www.news.jugendsozialarbeit.de/010917diversity. htm [19.04.2003]
Corporate Identity	Corporate Identity – It's the American Way!, Online in Internet: URL: http://bfw-pp.de/muenchen/betrieb222.php [07.01.2005]

DaimlerChrysler AG — Daimler Chrysler, Der Konzern im Überblick, Online in Internet: URL: http://www.daimlerchrysler.com [14.06.2004]

Deutscher Caritasverband — Der Deutsche Caritasverband, Online in Internet: URL: http://www.caritas.de [25.09.03]

Deutscher Caritasverband — Statistik des Deutschen Caritasverbandes, Online in Internet: URL: http://www.caritas.de/2246.html [02.07.03]

Englisch, A. — Die Wahrheit unterm Feigenblatt, Hamburger Abendblatt, Online in Internet: URL: http://lsbk.ch/articles/die_wahrheit_unterm_feigenblatt. asp [15.12.2004]

Evangelische Kirche in Deutschland — Das Konzept Arbeit Plus, Online in Internet: URL: http://www.arbeit-plus.de [16.09.2003]

Ford-Werke AG — Diversity Management, Online in Internet: URL: http://www.ford.de [10.08.2004]

Ford-Werke AG — Ford erhält Diversity –Preis im „Capital"-Wettbewerb „Deutschlands beste Arbeitgeber 2004", Online in Internet: URL: http://www.presseportal.de/story.htx?nr=524112 [10.06.2004]

Gehlen, M. — In Teufels Küche, Online in Internet: http://www.bistum-wuburg.de/bwo/opencms/bistum/verwaltung/mav/archiv/spardiskussion.htm [28.09.2004]

Globert, Y. Diversity Management: Auf den Unterschied kommt es an, Online in Internet: URL: http://zeus.zeit.de/text/chancen/jobletter/html [07.01.2005]

Great place to work Great place to work, Die Studie, Online in Internet: URL: http://www.greatplaceto-work.de/die_studie_main.html [06.07.2003]

Homosexualität und Gesellschaft Homosexualität und Gesellschaft, Online in Internet: URL: http://www.de.wikipedia.org/wiki/Homosexualität, [15.12.2004]

Huk e.V. Homosexuelle und Kirche, Online in Internet: URL: http://www.huk.org [10.08.2004]

Köhler, A. Personalmarketing, Online in Internet: URL: http://www.hrgate.ch/files/de/archive/list1/sp_personal-marketing.pdf [05.01.2003]

LEXicon LEXicon, Online in Internet, http://www.legamedia.net [15.12.2004]

LSVD (Hrsg.) Forsa-Institut, Meinungsumfrage, Online in Internet: URL: http://www.homosexualität.de/buergerrechte.html [01.08.2004]

LSVD (Hrsg.) Kann denn Liebe Sünde sein?, Online in Internet: URL: http://www.homosexualität.de/glaube.htm [01.08.2004]

LSVD LSVD, Online in Internet: URL: http://www.lsvd.de [10.08.2004]

Lueg, A. Interview: Vom Umgang mit den Unterschieden – Diversity Management in deutschen Unternehmen, Online in Internet: URL: http://www.dradio.de/klf/sendungen/hiwi/289781/ [07.01.2005]

Obermeier, B.	Diversity Management: Vielfalt bereichert, Online in Internet: URL: http://www.jobpilot.de/gateway/partner/coop.phtml/journal/hr/thema/diversity51-02.html [19.04.2003]
Plansecur-Stiftung	Kurzporträt, Online in Internet: URL: http://www.plansecur-stiftung.de/01_start/01_inhalt_op.htm [24.04.2004]
Redaktionshandbuch Katholische Kirche	Deutscher Caritasverband, Online in Internet: URL: http://www.zivildienst.de/einber/plaein4c.htm [02.07.03]
Stuber, M.	Die Vorteile von Diversity, Online in Internet: URL: http://www.ungleich-besser.de/4-companies/2-3.html [11.08.04]
Vielfalt als Chance	Vielfalt als Chance – Internationale Konferenz „Managing Diversity" in Internet: URL: http://premium-link.net/$44926$1453447602$07.07.2004/1229690.pnn [22.01.2005]
VK-Pressestelle	Sind Schwule die besseren Chefs? Online in Internet: URL: http://www.vk-online.de [15.06.2004]
Völklinger Kreis	Völklinger Kreis, Online im Internet: URL: http://www.völklinger-kreis.de [10.12.2004]
Wagner + Partner	Was ist Diversity Management? in Internet: URL: http://diversitytraining.at/sitemap/fachart/diversity1/htm [21.04.03]

Unterlagen über Diversity von folgenden Firmen bzw. Institutionen:

AOK Hessen

- Broschüre Chancengleichheit für Frauen und Männer bei der AOK Hessen
- Information zum Pilot für Frauen 2004/ 2005 C.O.M Chancen Orientierung Mentoring
- Flexibel arbeiten – Vereinbarkeit von Familie und Beruf in der AOK Hessen
- Kinder-Betreuungs-Service bei der AOK Hessen

Commerzbank

- Vielfalt leben, Diversity im Fokus, Frankfurt, 2004
- Betriebsvereinbarung zum Comeback-Plus, Frankfurt am Main, 10.04.2001, Betriebsvereinbarung zur Kinderbetreuung, Frankfurt am Main, 27.01.2000
- Flexibel Arbeiten, Handout, Frankfurt am Main, Juli 2004
- FAIF – Frankfurter Agentur für Innovation und Forschung, Das Modellprojekt Kids & Co. Eine Initiative der Commerzbank AG, Kinderbetreuung in Ausnahmefällen – eine Evaluationsstudie. Frankfurt am Main, 2000

DaimlerChrysler AG

Chancengleichheit, Gemeinsame Erklärung zur Förderung von Chancengleichheit in der DaimlerChrysler AG, Stuttgart, 2000

Anhang

A.01: E-Mail-Anschreiben:

Forschungsprojekt, Diversity Management

Diversity Management –
Unsichtbare Potenziale fördern

Sehr geehrte Damen und Herren,

in Zusammenarbeit mit der Steinbeis-Hochschule Berlin, der Caritas in Unterfranken und der AOK-Bayern wird eine Befragung zum Thema "Diversity" durchgeführt. Diversity im Sinne von Unterschiedlichkeit oder Vielfalt zielt darauf ab, dass in einem Unternehmen unterschiedliche MitarbeiterInnen beschäftigt sind. Diversity beschreibt dabei die gezielte Nutzung und Förderung der Vielfalt der MitarbeiterInnen zur Steigerung des Erfolges eines Unternehmens. Hierbei geht es unter anderem um die Themen Geschlecht, Alter, Religion, Ausländer usw.

Firmen wie Ford, Lufthansa und vor allem die Deutsche Bank haben das Thema in ihre Unternehmensziele aufgenommen. Im Bereich von sog. Non-Profit-Unternehmen ist das Thema bisher eher unbekannt.

Aus diesem Grund wird eine entsprechende Umfrage durchgeführt. Angesprochen sind gezielt Führungspersonen von sog. Non-Profit-Organisationen insbesondere AOK und Caritas.

Wir bitten Sie deshalb, den auf der Internetseite

http://www.marco-bambach.de

befindlichen Fragebogen auszufüllen. Dies dauert max. 10 Minuten und ist selbstverständlich anonym.

Sie würden uns mit dem Ausfüllen des Fragebogens einen großen Gefallen tun. Wir bedanken uns bereits jetzt für Ihre Teilnahme spätestens bis 21.12.2004.

Vielen Dank.

Freundliche Grüße aus Würzburg

Christine Kuhn und Marco Bambach

A.02: Online Befragung – Startseite:

Forschungsprojekt, Diversity Management

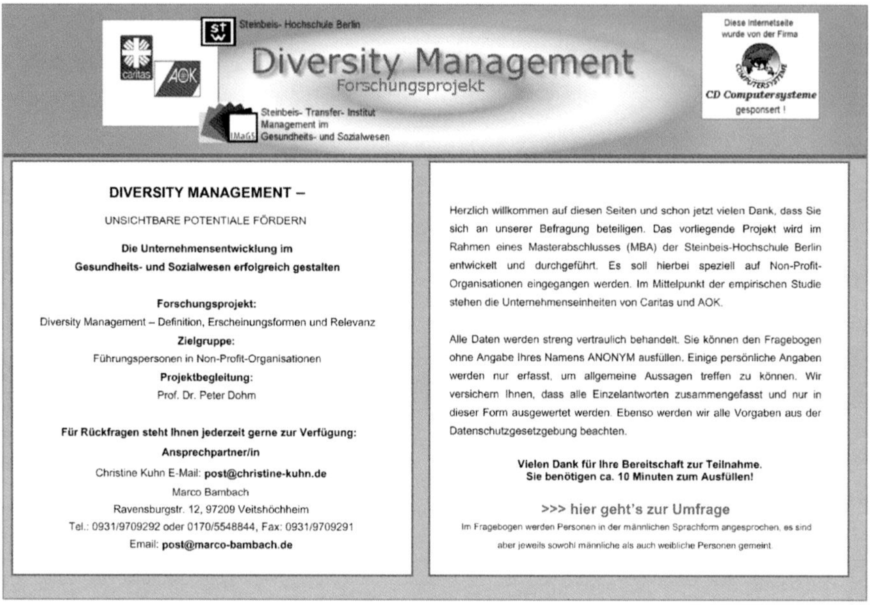

Steinbeis- Hochschule Berlin

Diversity Management
Forschungsprojekt

Steinbeis- Transfer- Institut
Management im
Gesundheits- und Sozialwesen

Diese Internetseite wurde von der Firma
CD Computersysteme
gesponsert !

DIVERSITY MANAGEMENT –

UNSICHTBARE POTENTIALE FÖRDERN

Die Unternehmensentwicklung im Gesundheits- und Sozialwesen erfolgreich gestalten

Forschungsprojekt:
Diversity Management – Definition, Erscheinungsformen und Relevanz
Zielgruppe:
Führungspersonen in Non-Profit-Organisationen
Projektbegleitung:
Prof. Dr. Peter Dohm

Für Rückfragen steht Ihnen jederzeit gerne zur Verfügung:
Ansprechpartner/in
Christine Kuhn E-Mail: **post@christine-kuhn.de**
Marco Bambach
Ravensburgstr. 12, 97209 Veitshöchheim
Tel.: 0931/9709292 oder 0170/5548844, Fax: 0931/9709291
Email: **post@marco-bambach.de**

Herzlich willkommen auf diesen Seiten und schon jetzt vielen Dank, dass Sie sich an unserer Befragung beteiligen. Das vorliegende Projekt wird im Rahmen eines Masterabschlusses (MBA) der Steinbeis-Hochschule Berlin entwickelt und durchgeführt. Es soll hierbei speziell auf Non-Profit-Organisationen eingegangen werden. Im Mittelpunkt der empirischen Studie stehen die Unternehmenseinheiten von Caritas und AOK.

Alle Daten werden streng vertraulich behandelt. Sie können den Fragebogen ohne Angabe Ihres Namens ANONYM ausfüllen. Einige persönliche Angaben werden nur erfasst, um allgemeine Aussagen treffen zu können. Wir versichern Ihnen, dass alle Einzelantworten zusammengefasst und nur in dieser Form ausgewertet werden. Ebenso werden wir alle Vorgaben aus der Datenschutzgesetzgebung beachten.

Vielen Dank für Ihre Bereitschaft zur Teilnahme.
Sie benötigen ca. 10 Minuten zum Ausfüllen!

>>> hier geht's zur Umfrage

Im Fragebogen werden Personen in der männlichen Sprachform angesprochen, es sind aber jeweils sowohl männliche als auch weibliche Personen gemeint.

A.03: Online Befragung – Internetauftritt/Fragebogen:

Forschungsprojekt, Diversity Management

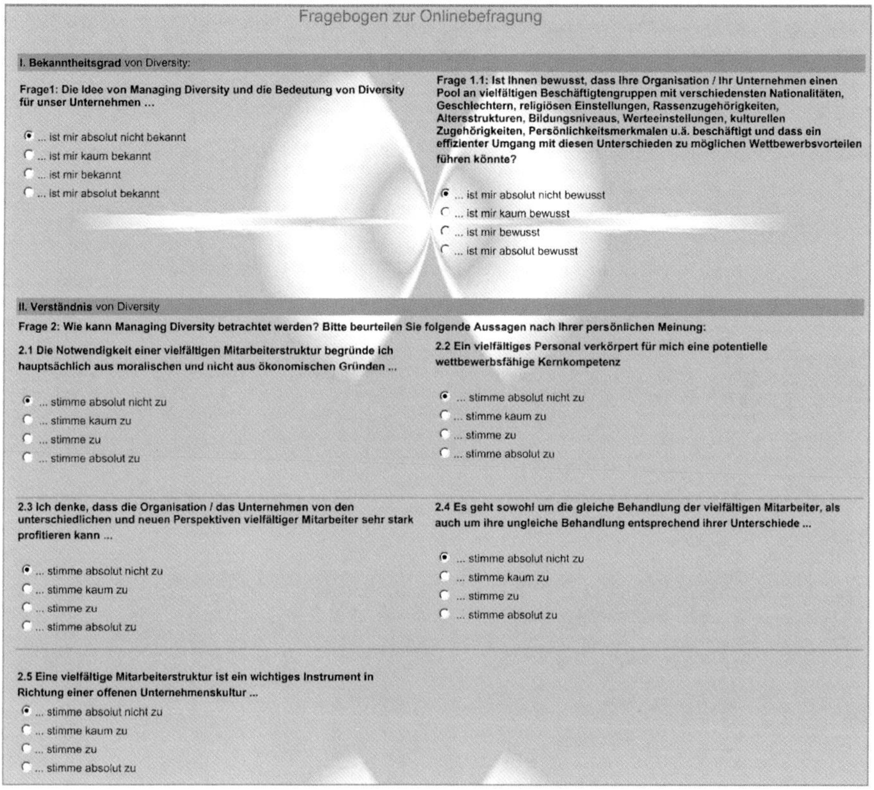

Fragebogen zur Onlinebefragung

I. Bekanntheitsgrad von Diversity:

Frage1: Die Idee von Managing Diversity und die Bedeutung von Diversity für unser Unternehmen ...

- ... ist mir absolut nicht bekannt
- ... ist mir kaum bekannt
- ... ist mir bekannt
- ... ist mir absolut bekannt

Frage 1.1: Ist Ihnen bewusst, dass Ihre Organisation / Ihr Unternehmen einen Pool an vielfältigen Beschäftigtengruppen mit verschiedensten Nationalitäten, Geschlechtern, religiösen Einstellungen, Rassenzugehörigkeiten, Altersstrukturen, Bildungsniveaus, Werteeinstellungen, kulturellen Zugehörigkeiten, Persönlichkeitsmerkmalen u.ä. beschäftigt und dass ein effizienter Umgang mit diesen Unterschieden zu möglichen Wettbewerbsvorteilen führen könnte?

- ... ist mir absolut nicht bewusst
- ... ist mir kaum bewusst
- ... ist mir bewusst
- ... ist mir absolut bewusst

II. Verständnis von Diversity

Frage 2: Wie kann Managing Diversity betrachtet werden? Bitte beurteilen Sie folgende Aussagen nach Ihrer persönlichen Meinung:

2.1 Die Notwendigkeit einer vielfältigen Mitarbeiterstruktur begründe ich hauptsächlich aus moralischen und nicht aus ökonomischen Gründen ...

- ... stimme absolut nicht zu
- ... stimme kaum zu
- ... stimme zu
- ... stimme absolut zu

2.2 Ein vielfältiges Personal verkörpert für mich eine potentielle wettbewerbsfähige Kernkompetenz

- ... stimme absolut nicht zu
- ... stimme kaum zu
- ... stimme zu
- ... stimme absolut zu

2.3 Ich denke, dass die Organisation / das Unternehmen von den unterschiedlichen und neuen Perspektiven vielfältiger Mitarbeiter sehr stark profitieren kann ...

- ... stimme absolut nicht zu
- ... stimme kaum zu
- ... stimme zu
- ... stimme absolut zu

2.4 Es geht sowohl um die gleiche Behandlung der vielfältigen Mitarbeiter, als auch um ihre ungleiche Behandlung entsprechend ihrer Unterschiede ...

- ... stimme absolut nicht zu
- ... stimme kaum zu
- ... stimme zu
- ... stimme absolut zu

2.5 Eine vielfältige Mitarbeiterstruktur ist ein wichtiges Instrument in Richtung einer offenen Unternehmenskultur ...

- ... stimme absolut nicht zu
- ... stimme kaum zu
- ... stimme zu
- ... stimme absolut zu

Forschungsprojekt, Diversity Management – Fortsetzung Internetauftritt/Fragebogen:

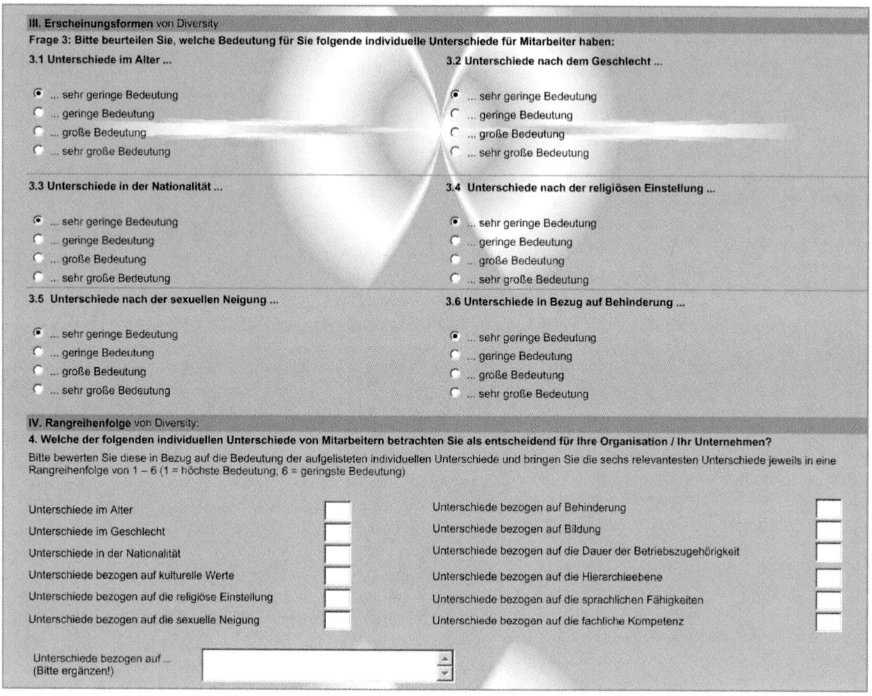

III. Erscheinungsformen von Diversity

Frage 3: Bitte beurteilen Sie, welche Bedeutung für Sie folgende individuelle Unterschiede für Mitarbeiter haben:

3.1 Unterschiede im Alter ...

- ... sehr geringe Bedeutung
- ... geringe Bedeutung
- ... große Bedeutung
- ... sehr große Bedeutung

3.2 Unterschiede nach dem Geschlecht ...

- ... sehr geringe Bedeutung
- ... geringe Bedeutung
- ... große Bedeutung
- ... sehr große Bedeutung

3.3 Unterschiede in der Nationalität ...

- ... sehr geringe Bedeutung
- ... geringe Bedeutung
- ... große Bedeutung
- ... sehr große Bedeutung

3.4 Unterschiede nach der religiösen Einstellung ...

- ... sehr geringe Bedeutung
- ... geringe Bedeutung
- ... große Bedeutung
- ... sehr große Bedeutung

3.5 Unterschiede nach der sexuellen Neigung ...

- ... sehr geringe Bedeutung
- ... geringe Bedeutung
- ... große Bedeutung
- ... sehr große Bedeutung

3.6 Unterschiede in Bezug auf Behinderung ...

- ... sehr geringe Bedeutung
- ... geringe Bedeutung
- ... große Bedeutung
- ... sehr große Bedeutung

IV. Rangreihenfolge von Diversity:

4. Welche der folgenden individuellen Unterschiede von Mitarbeitern betrachten Sie als entscheidend für Ihre Organisation / Ihr Unternehmen?

Bitte bewerten Sie diese in Bezug auf die Bedeutung der aufgelisteten individuellen Unterschiede und bringen Sie die sechs relevantesten Unterschiede jeweils in eine Rangreihenfolge von 1 – 6 (1 = höchste Bedeutung; 6 = geringste Bedeutung)

Unterschiede im Alter
Unterschiede im Geschlecht
Unterschiede in der Nationalität
Unterschiede bezogen auf kulturelle Werte
Unterschiede bezogen auf die religiöse Einstellung
Unterschiede bezogen auf die sexuelle Neigung
Unterschiede bezogen auf Behinderung
Unterschiede bezogen auf Bildung
Unterschiede bezogen auf die Dauer der Betriebszugehörigkeit
Unterschiede bezogen auf die Hierarchieebene
Unterschiede bezogen auf die sprachlichen Fähigkeiten
Unterschiede bezogen auf die fachliche Kompetenz

Unterschiede bezogen auf ...
(Bitte ergänzen!)

Forschungsprojekt, Diversity Management – Fortsetzung Internetauftritt/Fragebogen:

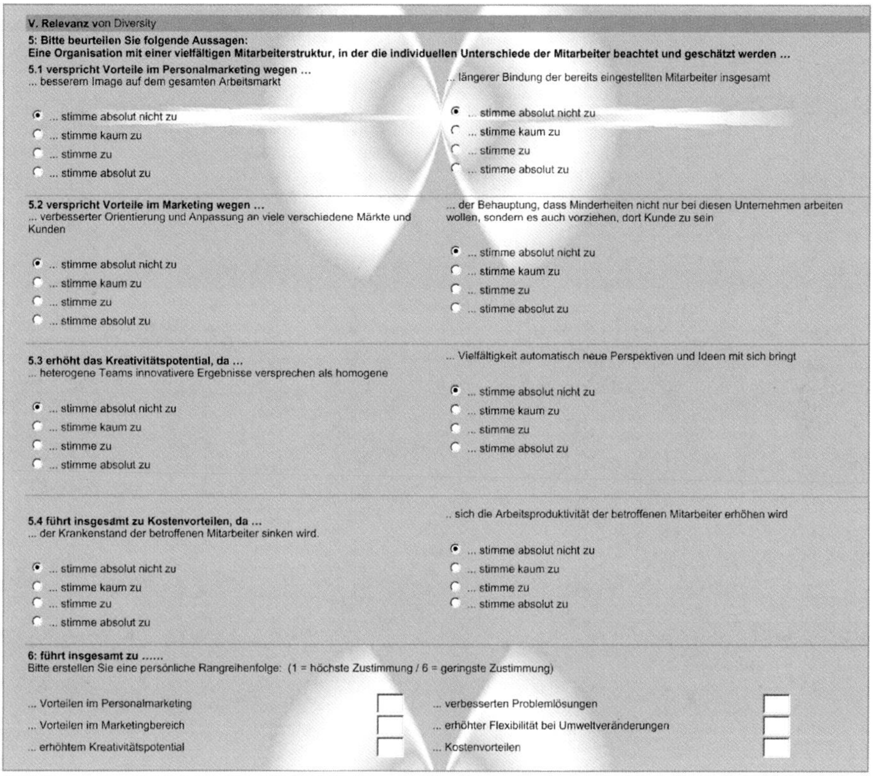

V. Relevanz von Diversity

5: Bitte beurteilen Sie folgende Aussagen:
Eine Organisation mit einer vielfältigen Mitarbeiterstruktur, in der die individuellen Unterschiede der Mitarbeiter beachtet und geschätzt werden ...

5.1 verspricht Vorteile im Personalmarketing wegen ...

... besserem Image auf dem gesamten Arbeitsmarkt

- ... stimme absolut nicht zu
- ... stimme kaum zu
- ... stimme zu
- ... stimme absolut zu

... längerer Bindung der bereits eingestellten Mitarbeiter insgesamt

- ... stimme absolut nicht zu
- ... stimme kaum zu
- ... stimme zu
- ... stimme absolut zu

5.2 verspricht Vorteile im Marketing wegen ...

... verbesserter Orientierung und Anpassung an viele verschiedene Märkte und Kunden

- ... stimme absolut nicht zu
- ... stimme kaum zu
- ... stimme zu
- ... stimme absolut zu

... der Behauptung, dass Minderheiten nicht nur bei diesen Unternehmen arbeiten wollen, sondern es auch vorziehen, dort Kunde zu sein

- ... stimme absolut nicht zu
- ... stimme kaum zu
- ... stimme zu
- ... stimme absolut zu

5.3 erhöht das Kreativitätspotential, da ...

... heterogene Teams innovativere Ergebnisse versprechen als homogene

- ... stimme absolut nicht zu
- ... stimme kaum zu
- ... stimme zu
- ... stimme absolut zu

... Vielfältigkeit automatisch neue Perspektiven und Ideen mit sich bringt

- ... stimme absolut nicht zu
- ... stimme kaum zu
- ... stimme zu
- ... stimme absolut zu

5.4 führt insgesamt zu Kostenvorteilen, da ...

... der Krankenstand der betroffenen Mitarbeiter sinken wird.

- ... stimme absolut nicht zu
- ... stimme kaum zu
- ... stimme zu
- ... stimme absolut zu

.. sich die Arbeitsproduktivität der betroffenen Mitarbeiter erhöhen wird

- ... stimme absolut nicht zu
- ... stimme kaum zu
- ... stimme zu
- ... stimme absolut zu

6: führt insgesamt zu ......

Bitte erstellen Sie eine persönliche Rangreihenfolge: (1 = höchste Zustimmung / 6 = geringste Zustimmung)

... Vorteilen im Personalmarketing	☐	... verbesserten Problemlösungen	☐
... Vorteilen im Marketingbereich	☐	... erhöhter Flexibilität bei Umweltveränderungen	☐
... erhöhtem Kreativitätspotential	☐	... Kostenvorteilen	☐

Forschungsprojekt, Diversity Management – Fortsetzung Internetauftritt/Fragebogen:

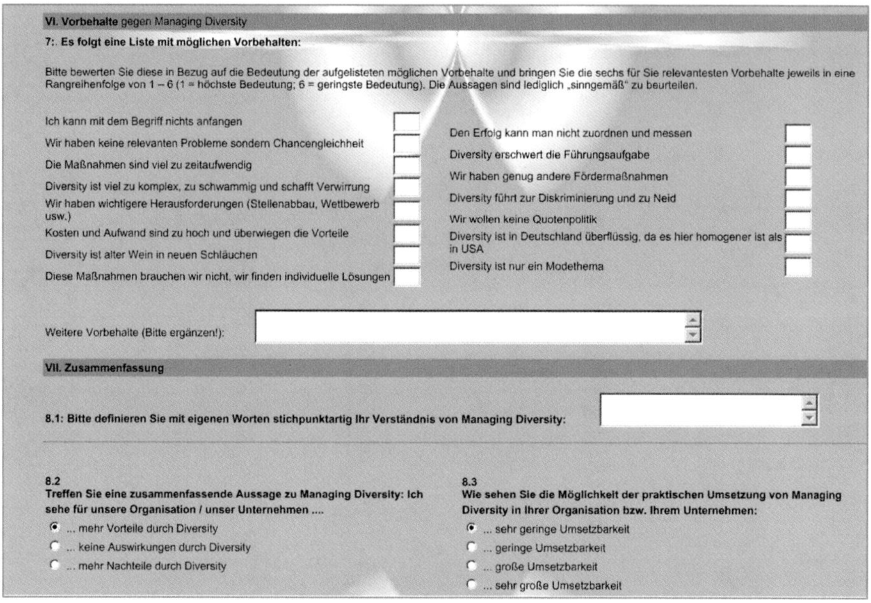

VI. Vorbehalte gegen Managing Diversity

7:. Es folgt eine Liste mit möglichen Vorbehalten:

Bitte bewerten Sie diese in Bezug auf die Bedeutung der aufgelisteten möglichen Vorbehalte und bringen Sie die sechs für Sie relevantesten Vorbehalte jeweils in eine Rangreihenfolge von 1 – 6 (1 = höchste Bedeutung; 6 = geringste Bedeutung). Die Aussagen sind lediglich „sinngemäß" zu beurteilen.

Ich kann mit dem Begriff nichts anfangen

Wir haben keine relevanten Probleme sondern Chancengleichheit

Die Maßnahmen sind viel zu zeitaufwendig

Diversity ist viel zu komplex, zu schwammig und schafft Verwirrung

Wir haben wichtigere Herausforderungen (Stellenabbau, Wettbewerb usw.)

Kosten und Aufwand sind zu hoch und überwiegen die Vorteile

Diversity ist alter Wein in neuen Schläuchen

Diese Maßnahmen brauchen wir nicht, wir finden individuelle Lösungen

Den Erfolg kann man nicht zuordnen und messen

Diversity erschwert die Führungsaufgabe

Wir haben genug andere Fördermaßnahmen

Diversity führt zur Diskriminierung und zu Neid

Wir wollen keine Quotenpolitik

Diversity ist in Deutschland überflüssig, da es hier homogener ist als in USA

Diversity ist nur ein Modethema

Weitere Vorbehalte (Bitte ergänzen!):

VII. Zusammenfassung

8.1: Bitte definieren Sie mit eigenen Worten stichpunktartig Ihr Verständnis von Managing Diversity:

8.2
Treffen Sie eine zusammenfassende Aussage zu Managing Diversity: Ich sehe für unsere Organisation / unser Unternehmen ....

- ... mehr Vorteile durch Diversity
- ... keine Auswirkungen durch Diversity
- ... mehr Nachteile durch Diversity

8.3
Wie sehen Sie die Möglichkeit der praktischen Umsetzung von Managing Diversity in Ihrer Organisation bzw. Ihrem Unternehmen:

- ... sehr geringe Umsetzbarkeit
- ... geringe Umsetzbarkeit
- ... große Umsetzbarkeit
- ... sehr große Umsetzbarkeit

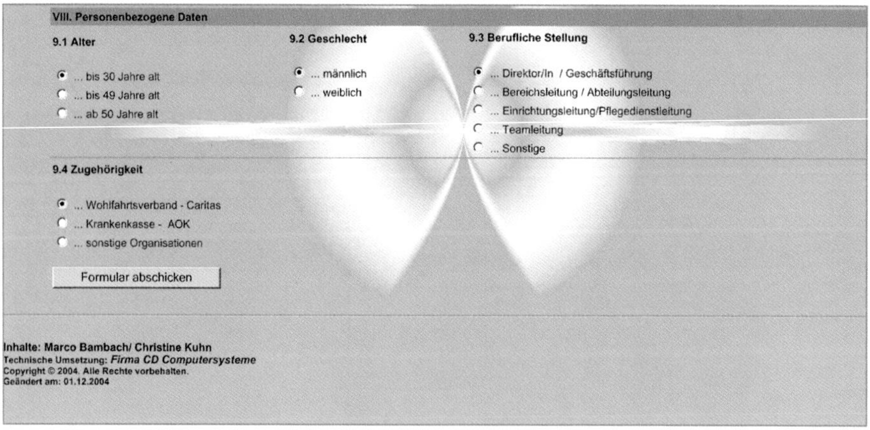

VIII. Personenbezogene Daten

9.1 Alter

- ... bis 30 Jahre alt
- ... bis 49 Jahre alt
- ... ab 50 Jahre alt

9.2 Geschlecht

- ... männlich
- ... weiblich

9.3 Berufliche Stellung

- ... Direktor/In / Geschäftsführung
- ... Bereichsleitung / Abteilungsleitung
- ... Einrichtungsleitung/Pflegedienstleitung
- ... Teamleitung
- ... Sonstige

9.4 Zugehörigkeit

- ... Wohlfahrtsverband - Caritas
- ... Krankenkasse - AOK
- ... sonstige Organisationen

Formular abschicken

Inhalte: Marco Bambach/ Christine Kuhn
Technische Umsetzung: *Firma CD Computersysteme*

Geändert am: 01.12.2004

A.04: Online Befragung – Internetauftritt/Bestätigungsseite:

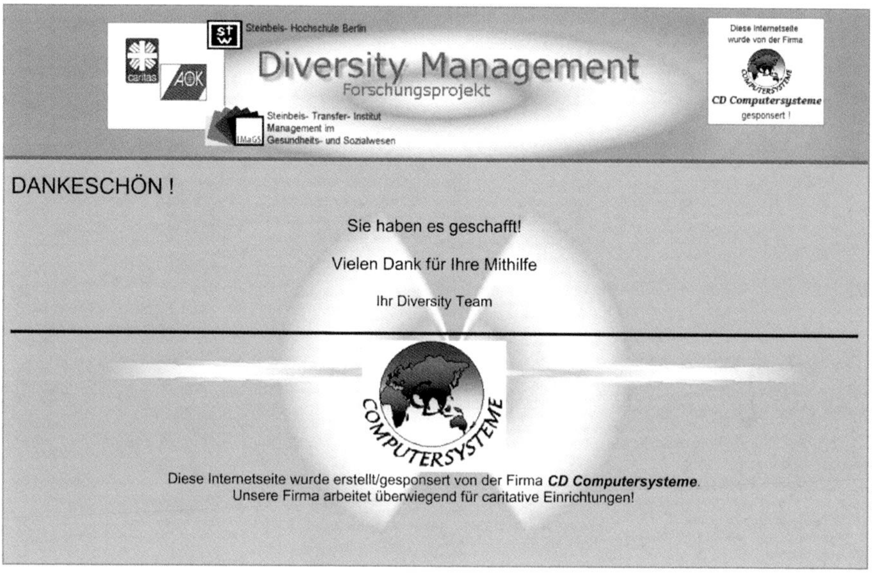

A.05: Online Befragung – Fragebogen:

Forschungsprojekt, Diversity Management

Fragebogen zur Onlinebefragung

I. Bekanntheitsgrad von Diversity:

Frage1: Die Idee von Managing Diversity und die Bedeutung von Diversity für unser Unternehmen ...

- (•) ... ist mir absolut nicht bekannt
- ( ) ... ist mir kaum bekannt
- ( ) ... ist mir bekannt
- ( ) ... ist mir absolut bekannt

Frage 1.1: Ist Ihnen bewusst, dass Ihre Organisation / Ihr Unternehmen einen Pool an vielfältigen Beschäftigtengruppen mit verschiedensten Nationalitäten Geschlechtern, religiösen Einstellungen, Rassenzugehörigkeiten, Altersstrukturen, Bildungsniveaus, Werteeinstellungen, kulturellen Zugehörigkeiten, Persönlichkeitsmerkmalen u.ä. beschäftigt und dass ein effizienter Umgang mit diesen Unterschieden zu möglichen Wettbewerbsvorteilen führen könnte?

- (•) ... ist mir absolut nicht bewusst
- ( ) ... ist mir kaum bewusst
- ( ) ... ist mir bewusst
- ( ) ... ist mir absolut bewusst

II. Verständnis von Diversity

Frage 2: Wie kann Managing Diversity betrachtet werden? Bitte beurteilen Sie folgende Aussagen nach Ihrer persönlichen Meinung:

2.1 Die Notwendigkeit einer vielfältigen Mitarbeiterstruktur begründe ich hauptsächlich aus moralischen und nicht aus ökonomischen Gründen ...

- (•) ... stimme absolut nicht zu
- ( ) ... stimme kaum zu
- ( ) ... stimme zu
- ( ) ... stimme absolut zu

2.2 Ein vielfältiges Personal verkörpert für mich eine potentielle wettbewerbsfähige Kernkompetenz

- (•) ... stimme absolut nicht zu
- ( ) ... stimme kaum zu
- ( ) ... stimme zu
- ( ) ... stimme absolut zu

2.3 Ich denke, dass die Organisation / das Unternehmen von den unterschiedlichen und neuen Perspektiven vielfältiger Mitarbeiter sehr stark profitieren kann ...

- (•) ... stimme absolut nicht zu
- ( ) ... stimme kaum zu
- ( ) ... stimme zu
- ( ) ... stimme absolut zu

2.4 Es geht sowohl um die gleiche Behandlung der vielfältigen Mitarbeiter, als auch um ihre ungleiche Behandlung entsprechend ihrer Unterschiede ...

- (•) ... stimme absolut nicht zu
- ( ) ... stimme kaum zu
- ( ) ... stimme zu
- ( ) ... stimme absolut zu

2.5 Eine vielfältige Mitarbeiterstruktur ist ein wichtiges Instrument in Richtung einer offenen Unternehmenskultur ...

- (•) ... stimme absolut nicht zu
- ( ) ... stimme kaum zu
- ( ) ... stimme zu
- ( ) ... stimme absolut zu

III. Erscheinungsformen von Diversity

Frage 3: Bitte beurteilen Sie, welche Bedeutung für Sie folgende individuelle Unterschiede für Mitarbeiter haben:

3.1 Unterschiede im Alter ...

- (•) ... sehr geringe Bedeutung
- ( ) ... geringe Bedeutung
- ( ) ... große Bedeutung
- ( ) ... sehr große Bedeutung

3.2 Unterschiede nach dem Geschlecht ...

- (•) ... sehr geringe Bedeutung
- ( ) ... geringe Bedeutung
- ( ) ... große Bedeutung
- ( ) ... sehr große Bedeutung

3.3 Unterschiede in der Nationalität ...

- (•) ... sehr geringe Bedeutung
- ( ) ... geringe Bedeutung
- ( ) ... große Bedeutung
- ( ) ... sehr große Bedeutung

3.4 Unterschiede nach der religiösen Einstellung ...

- (•) ... sehr geringe Bedeutung
- ( ) ... geringe Bedeutung
- ( ) ... große Bedeutung
- ( ) ... sehr große Bedeutung

3.5 Unterschiede nach der sexuellen Neigung ...

- (•) ... sehr geringe Bedeutung
- ( ) ... geringe Bedeutung
- ( ) ... große Bedeutung
- ( ) ... sehr große Bedeutung

3.6 Unterschiede in Bezug auf Behinderung ...

- (•) ... sehr geringe Bedeutung
- ( ) ... geringe Bedeutung
- ( ) ... große Bedeutung
- ( ) ... sehr große Bedeutung

IV. Rangreihenfolge von Diversity:

4. Welche der folgenden individuellen Unterschiede von Mitarbeitern betrachten Sie als entscheidend für Ihre Organisation / Ihr Unternehmen?

Bitte bewerten Sie diese in Bezug auf die Bedeutung der aufgelisteten individuellen Unterschiede und bringen Sie die sechs relevantesten Unterschiede jeweils in eine Rangreihenfolge von 1 – 6 (1 = höchste Bedeutung; 6 = geringste Bedeutung)

- Unterschiede im Alter [ ]
- Unterschiede im Geschlecht [ ]
- Unterschiede in der Nationalität [ ]
- Unterschiede bezogen auf kulturelle Werte [ ]
- Unterschiede bezogen auf die religiöse Einstellung [ ]
- Unterschiede bezogen auf die sexuelle Neigung [ ]
- Unterschiede bezogen auf Behinderung [ ]
- Unterschiede bezogen auf Bildung [ ]
- Unterschiede bezogen auf die Dauer der Betriebszugehörigkeit [ ]
- Unterschiede bezogen auf die Hierarchieebene [ ]
- Unterschiede bezogen auf die sprachlichen Fähigkeiten [ ]
- Unterschiede bezogen auf die fachliche Kompetenz [ ]

Unterschiede bezogen auf ...
(Bitte ergänzen!) [ ]

V. Relevanz von Diversity

5: Bitte beurteilen Sie folgende Aussagen:

Eine Organisation mit einer vielfältigen Mitarbeiterstruktur, in der die individuellen Unterschiede der Mitarbeiter beachtet und geschätzt werden ...

5.1 verspricht Vorteile im Personalmarketing wegen ...

... besserem Image auf dem gesamten Arbeitsmarkt

- (•) ... stimme absolut nicht zu
- ( ) ... stimme kaum zu
- ( ) ... stimme zu
- ( ) ... stimme absolut zu

... längerer Bindung der bereits eingestellten Mitarbeiter insgesamt

- (•) ... stimme absolut nicht zu
- ( ) ... stimme kaum zu
- ( ) ... stimme zu
- ( ) ... stimme absolut zu

5.2 verspricht Vorteile im Marketing wegen ...

... verbesserter Orientierung und Anpassung an viele verschiedene Märkte und Kunden

- (•) ... stimme absolut nicht zu
- ( ) ... stimme kaum zu
- ( ) ... stimme zu
- ( ) ... stimme absolut zu

... der Behauptung, dass Minderheiten nicht nur bei diesen Unternehmen arbeiten wollen, sondern es auch vorziehen, dort Kunde zu sein

- (•) ... stimme absolut nicht zu
- ( ) ... stimme kaum zu
- ( ) ... stimme zu
- ( ) ... stimme absolut zu

5.3 erhöht das Kreativitätspotential, da ...

... heterogene Teams innovativere Ergebnisse versprechen als homogene

- (•) ... stimme absolut nicht zu
- ( ) ... stimme kaum zu
- ( ) ... stimme zu
- ( ) ... stimme absolut zu

... Vielfältigkeit automatisch neue Perspektiven und Ideen mit sich bringt

- (•) ... stimme absolut nicht zu
- ( ) ... stimme kaum zu
- ( ) ... stimme zu
- ( ) ... stimme absolut zu

5.4 führt insgesamt zu Kostenvorteilen, da ...

... der Krankenstand der betroffenen Mitarbeiter sinken wird.

- (•) ... stimme absolut nicht zu
- ( ) ... stimme kaum zu
- ( ) ... stimme zu
- ( ) ... stimme absolut zu

.. sich die Arbeitsproduktivität der betroffenen Mitarbeiter erhöhen wird

- (•) ... stimme absolut nicht zu
- ( ) ... stimme kaum zu
- ( ) ... stimme zu
- ( ) ... stimme absolut zu

6: Bitte beurteilen Sie folgende Aussage:
Eine Organisation mit einer vielfältigen Mitarbeiterstruktur, in der die individuellen Unterschiede der Mitarbeiter beachtet und geschätzt werden ...

führt insgesamt zu ......
Bitte erstellen Sie eine persönliche Rangreihenfolge: (1 = höchste Zustimmung / 6 = geringste Zustimmung)

... Vorteilen im Personalmarketing	[ ]	... verbesserten Problemlösungen	[ ]
... Vorteilen im Marketingbereich	[ ]	... erhöhter Flexibilität bei Umweltveränderungen	[ ]
... erhöhtem Kreativitätspotential	[ ]	... Kostenvorteilen	[ ]

VI. Vorbehalte gegen Managing Diversity

7:. Es folgt eine Liste mit möglichen Vorbehalten:

Bitte bewerten Sie diese in Bezug auf die Bedeutung der aufgelisteten möglichen Vorbehalte und bringen Sie die sechs für Sie relevantesten Vorbehalte jeweils in eine Rangreihenfolge von 1 – 6 (1 = höchste Bedeutung; 6 = geringste Bedeutung). Die Aussagen sind lediglich „sinngemäß" zu beurteilen.

Ich kann mit dem Begriff nichts anfangen	[ ]		
Wir haben keine relevanten Probleme sondern Chancengleichheit	[ ]		
Die Maßnahmen sind viel zu zeitaufwendig	[ ]	Den Erfolg kann man nicht zuordnen und messen	[ ]

Diversity ist viel zu komplex, zu schwammig und schafft Verwirrung	☐	Diversity erschwert die Führungsaufgabe	☐
Wir haben wichtigere Herausforderungen (Stellenabbau, Wettbewerb usw.)	☐	Wir haben genug andere Fördermaßnahmen	☐
Kosten und Aufwand sind zu hoch und überwiegen die Vorteile	☐	Diversity führt zur Diskriminierung und zu Neid	☐
Diversity ist alter Wein in neuen Schläuchen	☐	Wir wollen keine Quotenpolitik	☐
Diese Maßnahmen brauchen wir nicht, wir finden individuelle Lösungen	☐	Diversitv ist in Deutschland überflüssig, da es hier homogener ist als in USA	☐
		Diversity ist nur ein Modethema	☐

Weitere Vorbehalte (Bitte ergänzen!):

VII. Zusammenfassung

8.1: Bitte definieren Sie mit eigenen Worten stichpunktartig Ihr Verständnis von Managing Diversity:

8.2
Treffen Sie eine zusammenfassende Aussage zu Managing Diversity: Ich sehe für unsere Organisation / unser Unternehmen ....

- (•) ... mehr Vorteile durch Diversity
- ( ) ... keine Auswirkungen durch Diversity
- ( ) ... mehr Nachteile durch Diversity

8.3
Wie sehen Sie die Möglichkeit der praktischen Umsetzung von Managing Diversity in Ihrer Organisation bzw. Ihrem Unternehmen:

- (•) ... sehr geringe Umsetzbarkeit
- ( ) ... geringe Umsetzbarkeit
- ( ) ... große Umsetzbarkeit
- ( ) ... sehr große Umsetzbarkeit

VIII. Personenbezogene Daten

9.1 Alter

- (•) ... bis 30 Jahre alt
- ( ) ... bis 49 Jahre alt
- ( ) ... ab 50 Jahre alt

9.2 Geschlecht

- (•) ... männlich
- ( ) ... weiblich

9.3 Berufliche Stellung

- (•) ... Direktor/In / Geschäftsführung
- ( ) ... Bereichsleitung / Abteilungsleitung
- ( ) ... Einrichtungsleitung/Pflegedienstleitung
- ( ) ... Teamleitung
- ( ) ... Sonstige

9.4 Zugehörigkeit

- (•) ... Wohlfahrtsverband - Caritas
- ( ) ... Krankenkasse - AOK
- ( ) ... sonstige Organisationen

Formular abschicken

A.06: Online Befragung – Auswertung:

Forschungsprojekt, Diversity Management

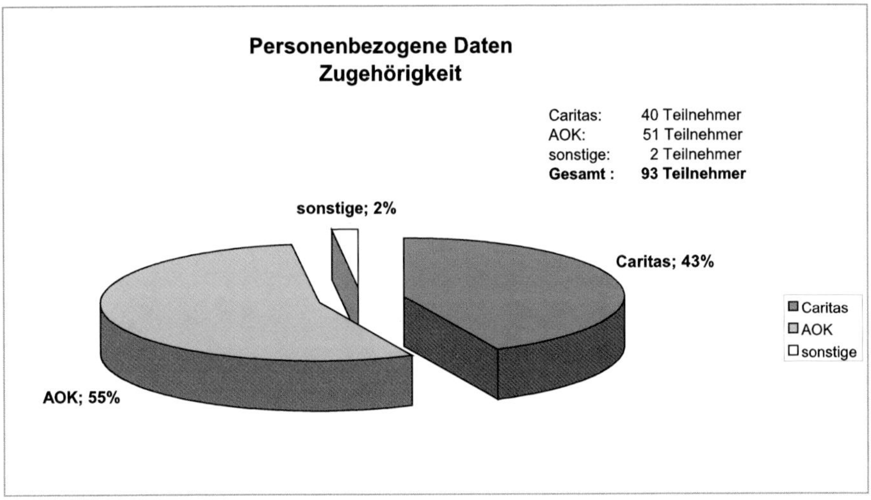

I. Bekanntheitsgrad von Diversity:

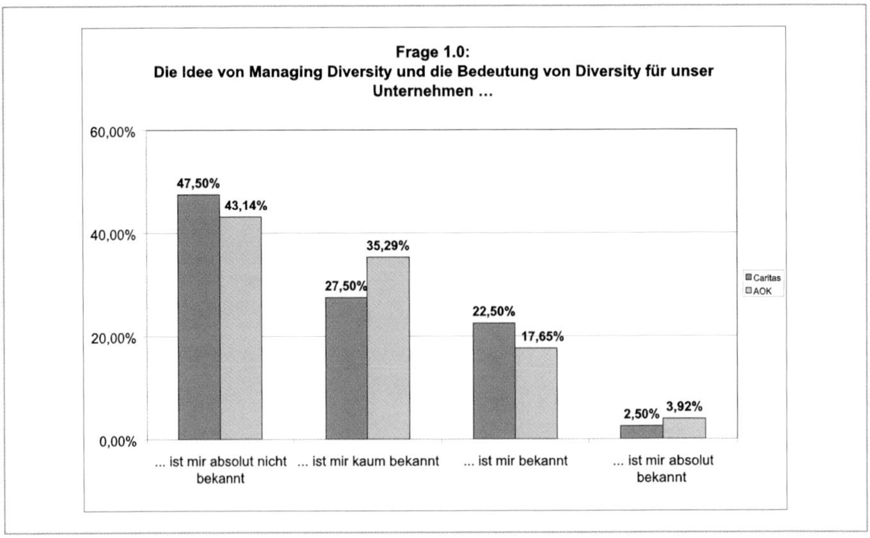

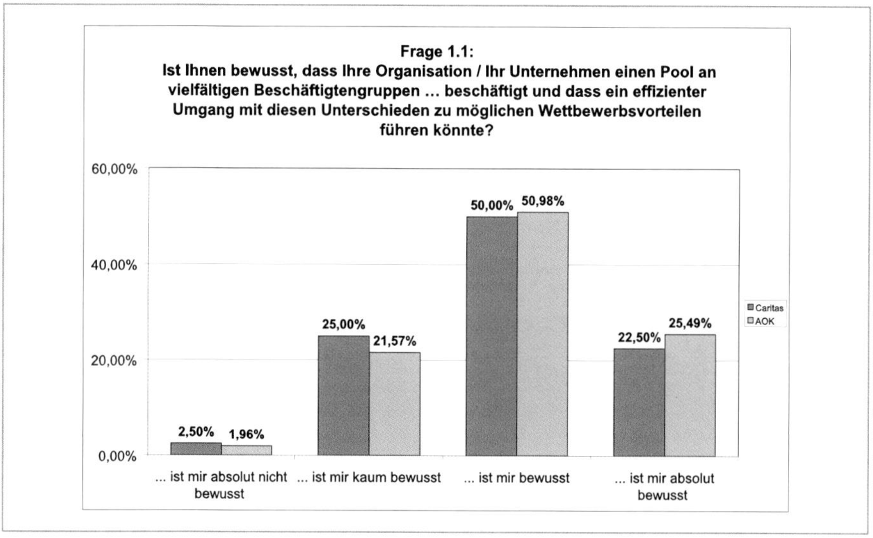

II. Verständnis von Diversity:

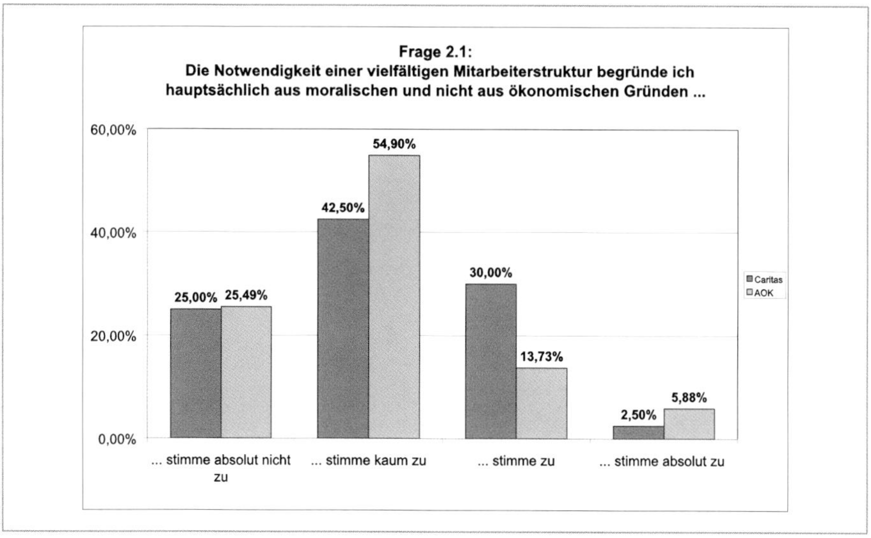

Forschungsprojekt, Diversity Management – Fortsetzung Auswertung:

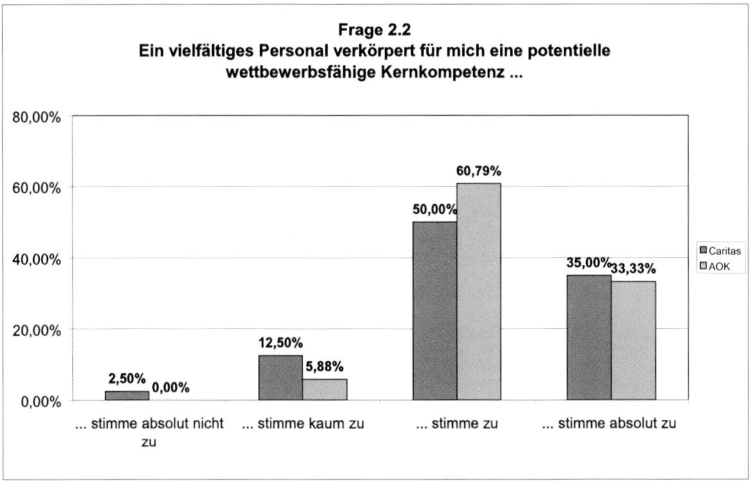

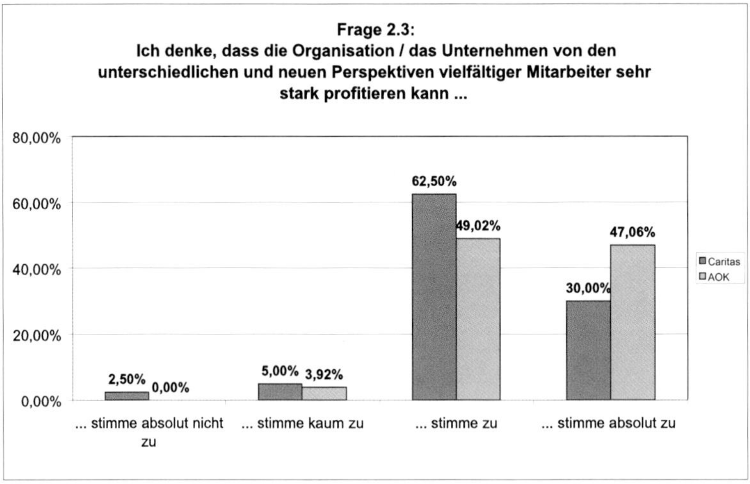

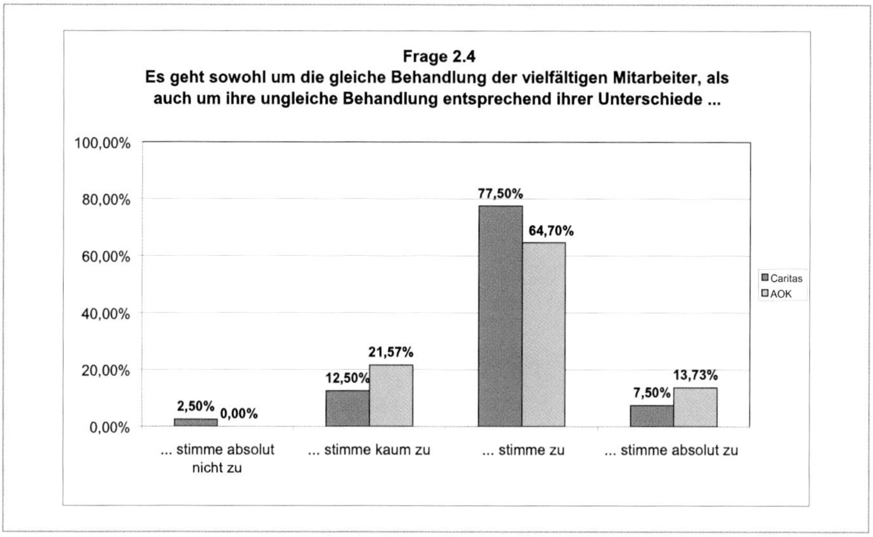
Frage 2.4
Es geht sowohl um die gleiche Behandlung der vielfältigen Mitarbeiter, als auch um ihre ungleiche Behandlung entsprechend ihrer Unterschiede ...
100,00%
80,00%
60,00%
40,00%
20,00%
0,00%
2,50%
0,00%
12,50%
21,57%
77,50%
64,70%
7,50%
13,73%
... stimme absolut nicht zu
... stimme kaum zu
... stimme zu
... stimme absolut zu
Caritas
AOK

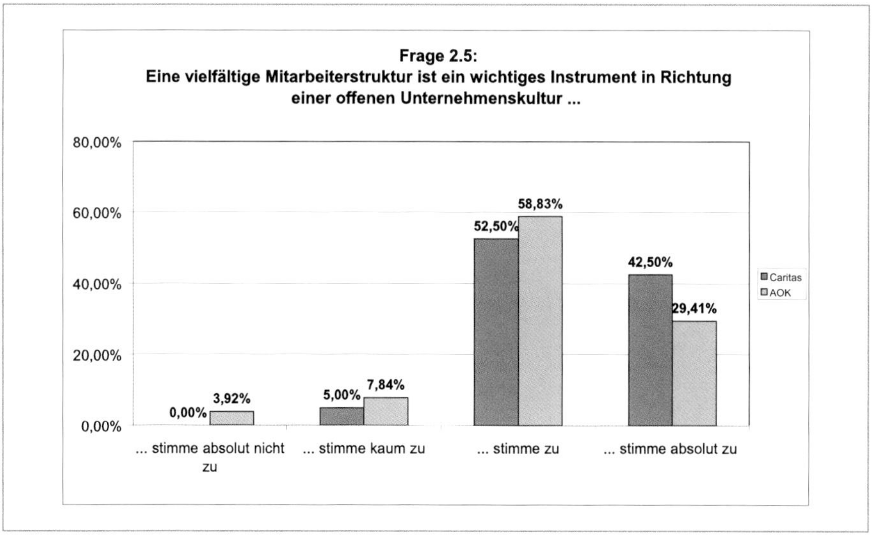
Frage 2.5:
Eine vielfältige Mitarbeiterstruktur ist ein wichtiges Instrument in Richtung einer offenen Unternehmenskultur ...
80,00%
60,00%
40,00%
20,00%
0,00%
0,00%
3,92%
5,00%
7,84%
52,50%
58,83%
42,50%
29,41%
... stimme absolut nicht zu
... stimme kaum zu
... stimme zu
... stimme absolut zu
Caritas
AOK

III. Erscheinungsformen von Diversity:

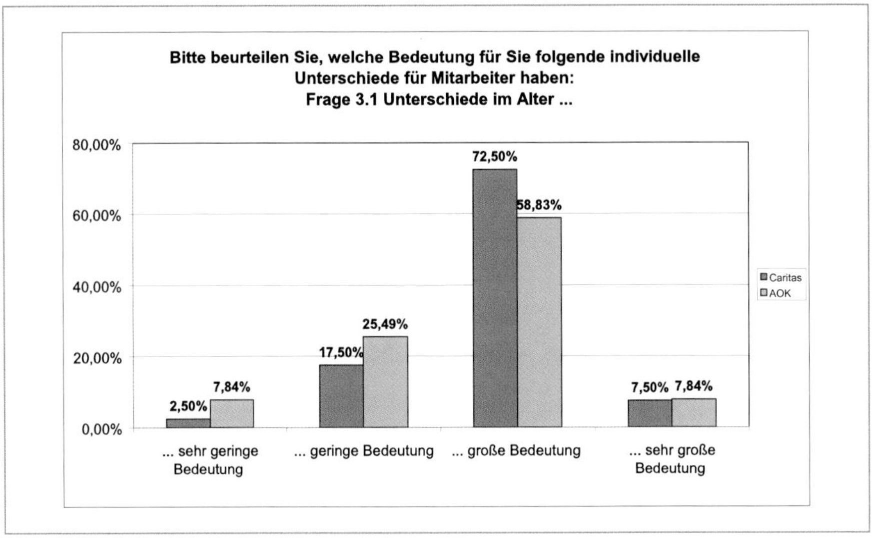

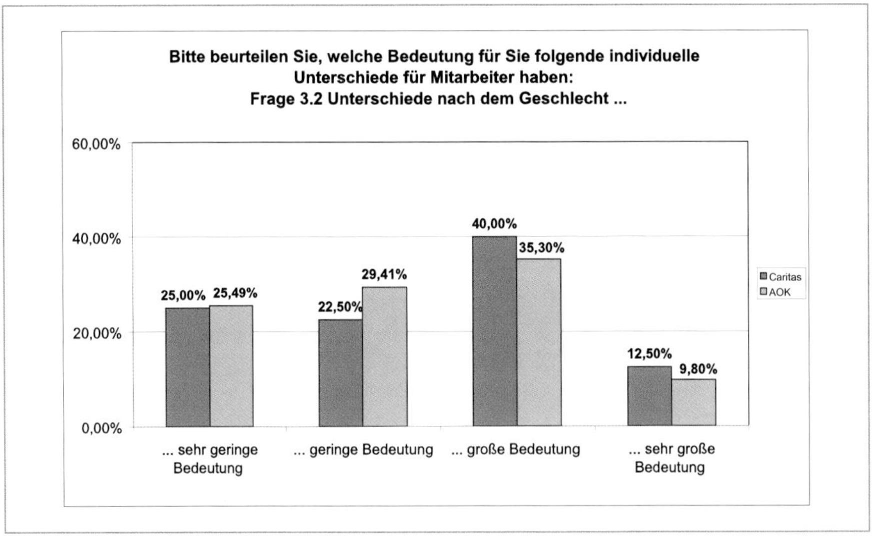

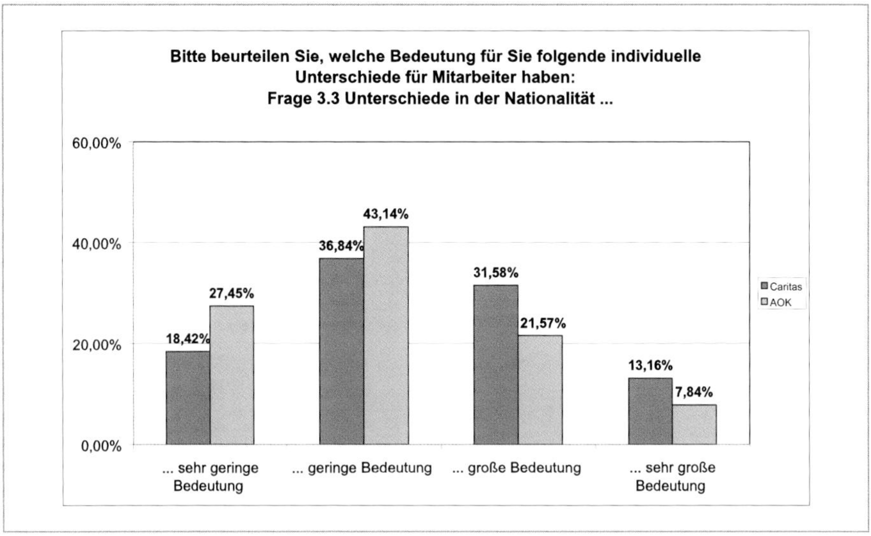
Bitte beurteilen Sie, welche Bedeutung für Sie folgende individuelle Unterschiede für Mitarbeiter haben:
Frage 3.3 Unterschiede in der Nationalität ...
60,00%
40,00%
20,00%
0,00%
18,42%
27,45%
36,84%
43,14%
31,58%
21,57%
13,16%
7,84%
... sehr geringe Bedeutung
... geringe Bedeutung
... große Bedeutung
... sehr große Bedeutung
Caritas
AOK

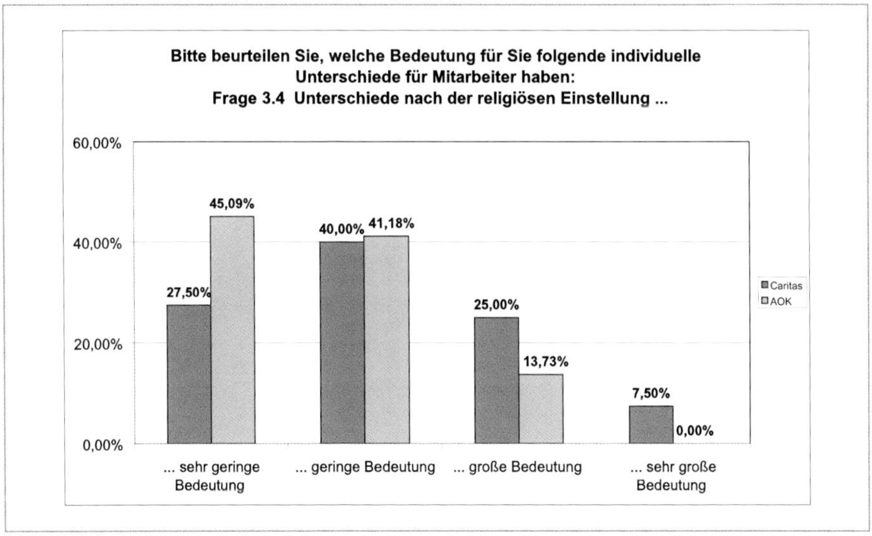
Bitte beurteilen Sie, welche Bedeutung für Sie folgende individuelle Unterschiede für Mitarbeiter haben:
Frage 3.4 Unterschiede nach der religiösen Einstellung ...
60,00%
40,00%
20,00%
0,00%
27,50%
45,09%
40,00%
41,18%
25,00%
13,73%
7,50%
0,00%
... sehr geringe Bedeutung
... geringe Bedeutung
... große Bedeutung
... sehr große Bedeutung
Caritas
AOK

Forschungsprojekt, Diversity Management – Fortsetzung Auswertung:

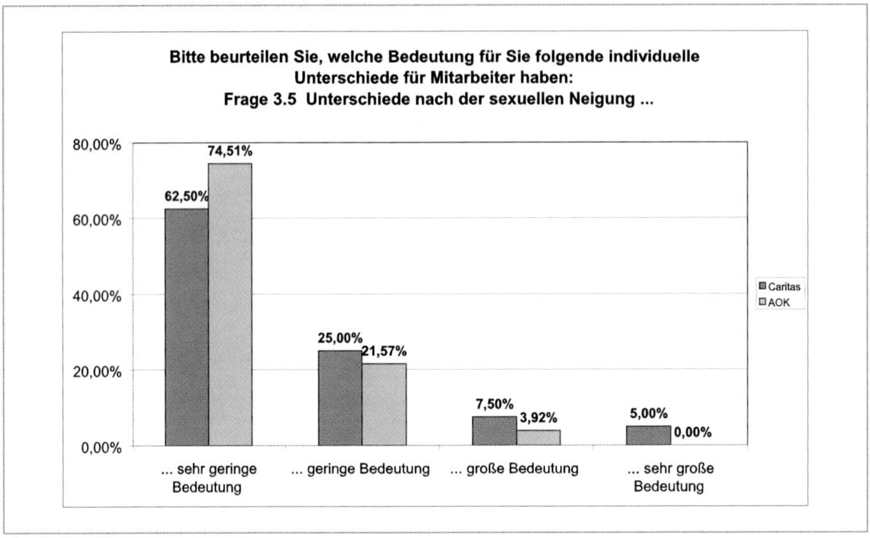

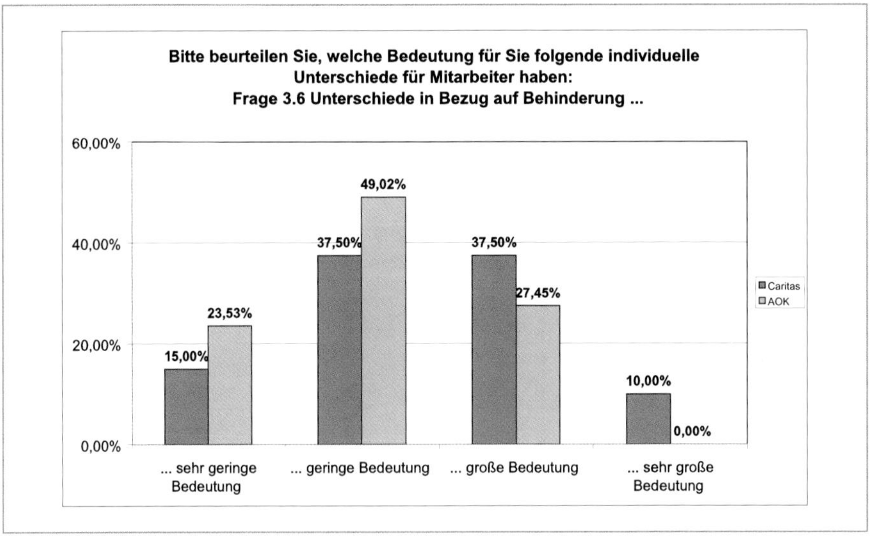

IV: Rangreihenfolge von Diversity:

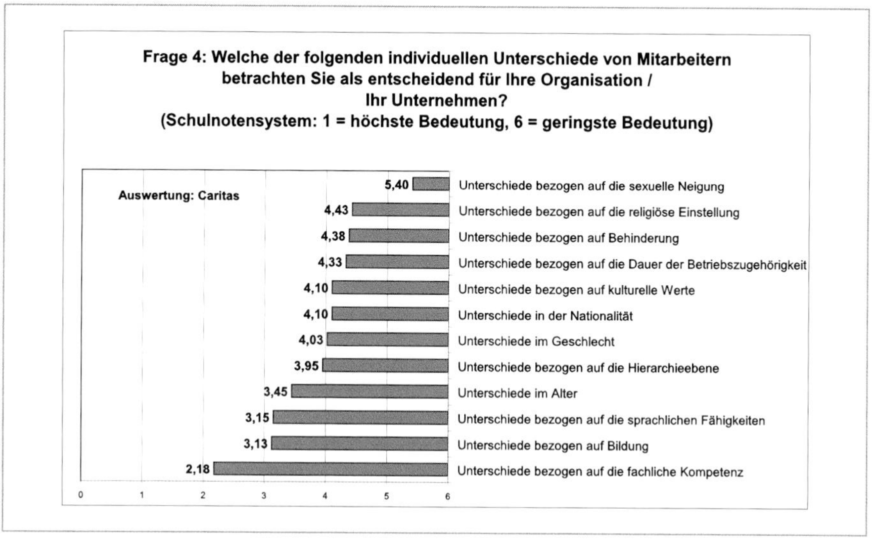

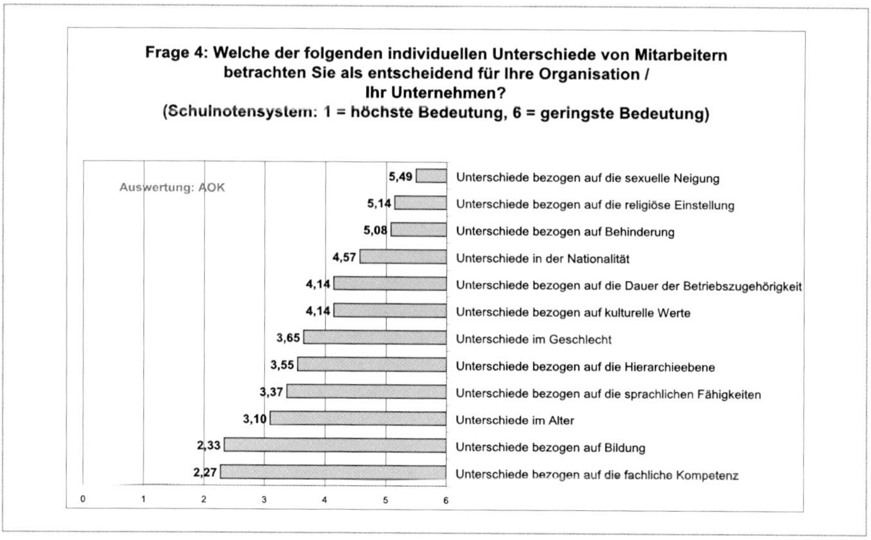

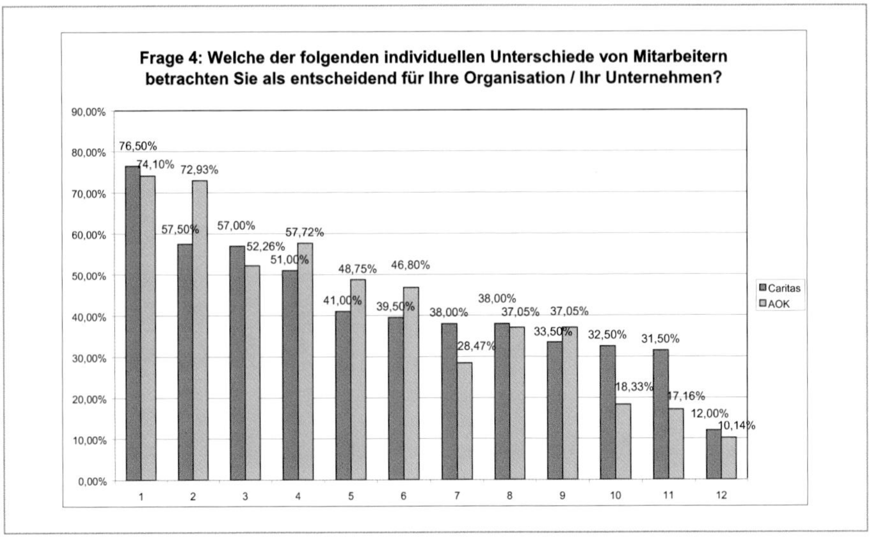

1 Unterschiede bezogen auf die fachliche Kompetenz
2 Unterschiede bezogen auf Bildung
3 Unterschiede bezogen auf die sprachlichen Fähigkeiten
4 Unterschiede im Alter
5 Unterschiede bezogen auf die Hierarchieebene
6 Unterschiede im Geschlecht
7 Unterschiede in der Nationalität
8 Unterschiede bezogen auf kulturelle Werte
9 Unterschiede bezogen auf die Dauer der Betriebszugehörigkeit
10 Unterschiede bezogen auf Behinderung
11 Unterschiede bezogen auf die religiöse Einstellung
12 Unterschiede bezogen auf die sexuelle Neigung

Weitere Unterschiede: (offene Fragestellung zur Ergänzung)

Caritas:

- Kommunikationsfähigkeit
- persönliche Sozialisation
- Engagement
- Belastbarkeit, soziale Kompetenz

AOK:

- Vitamin B, Beziehungen
- gemeinsame private Interessen
- Identifikation mit der Unternehmensphilosophie
- gesellschaftliche Aktivitäten
- soziale Herkunft
- Charaktereigenschaften
- Engagement und aktivierbare Potenziale
- persönliche Entwicklungsbedürfnisse; z. B. Karriere; Wunsch nach Sicherheit, etc.
- Gesamtbetrachtung hinsichtlich Personalplanung, fachlicher Input

V. Relevanz von Diversity:

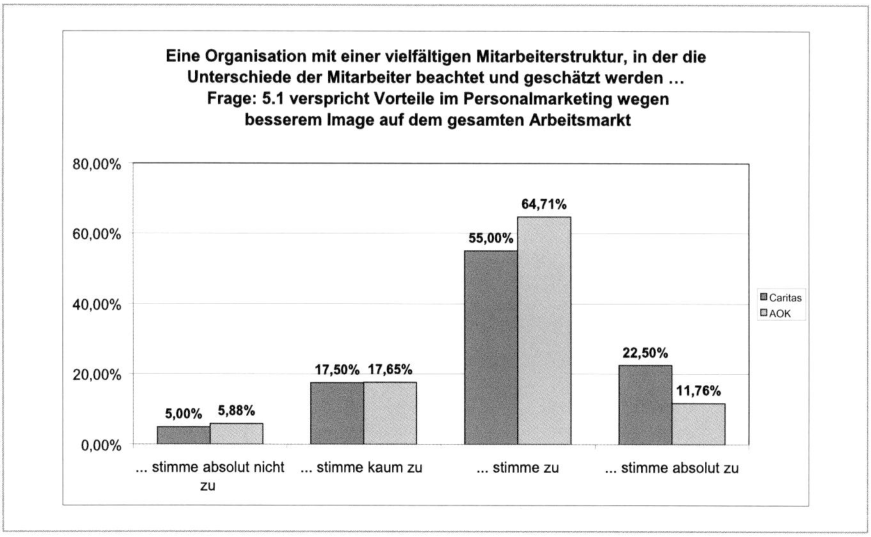

Forschungsprojekt, Diversity Management – Fortsetzung Auswertung:

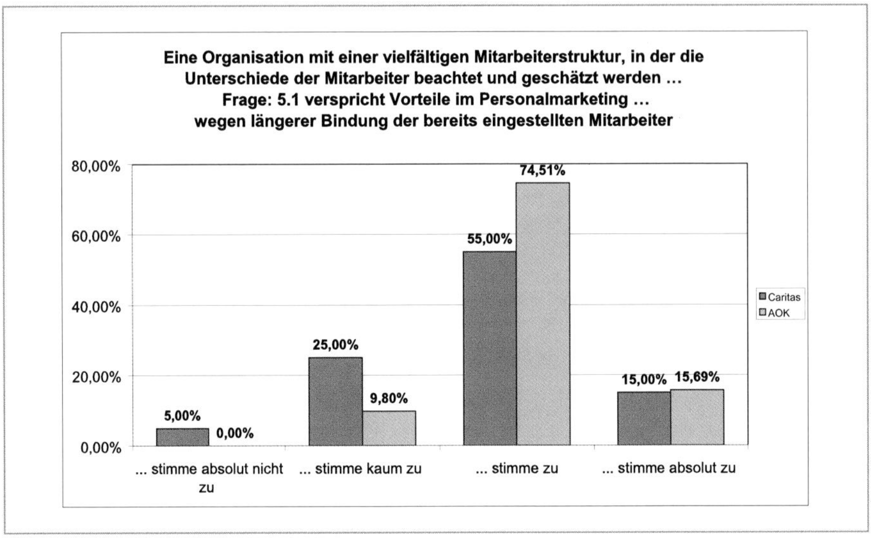

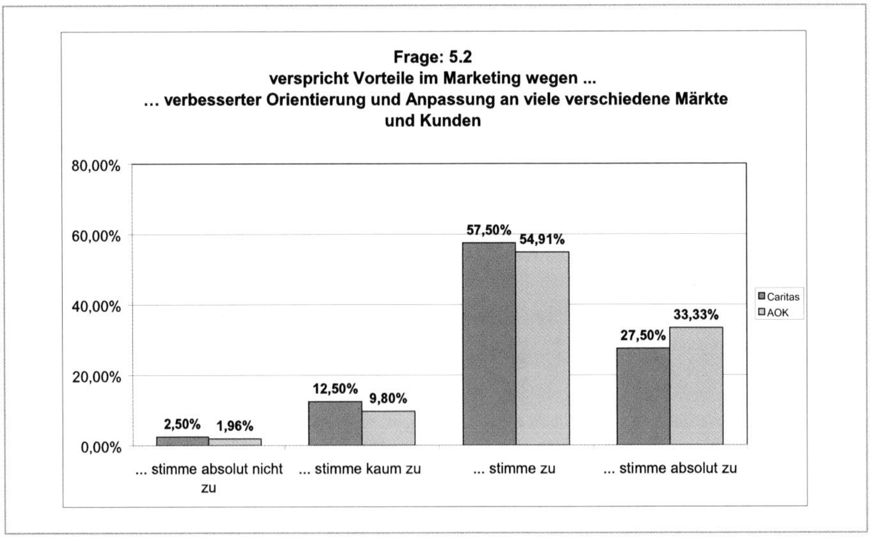

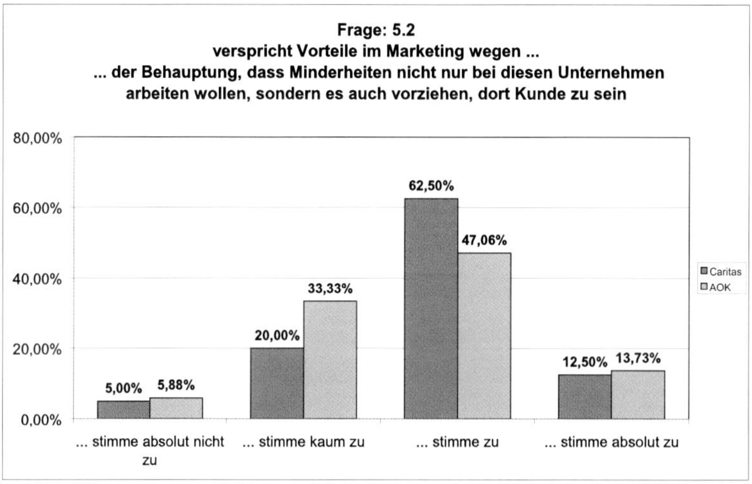
Frage: 5.2
verspricht Vorteile im Marketing wegen ...
... der Behauptung, dass Minderheiten nicht nur bei diesen Unternehmen arbeiten wollen, sondern es auch vorziehen, dort Kunde zu sein
80,00%
60,00%
40,00%
20,00%
0,00%
5,00%
5,88%
20,00%
33,33%
62,50%
47,06%
12,50%
13,73%
... stimme absolut nicht zu
... stimme kaum zu
... stimme zu
... stimme absolut zu
Caritas
AOK

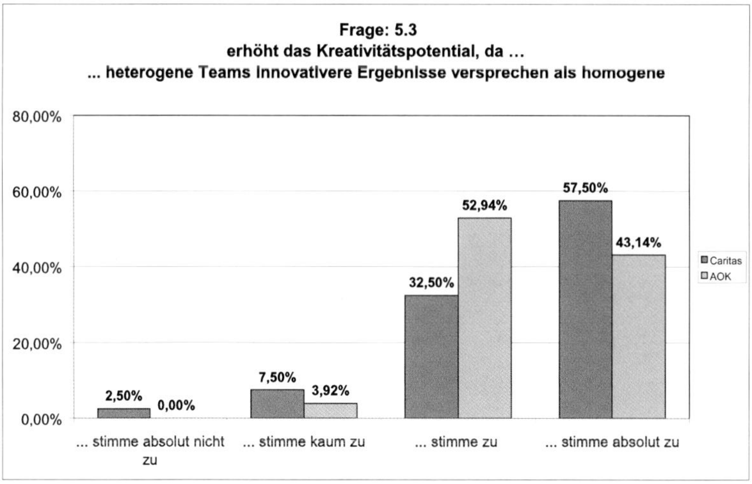
Frage: 5.3
erhöht das Kreativitätspotential, da ...
... heterogene Teams innovativere Ergebnisse versprechen als homogene
80,00%
60,00%
40,00%
20,00%
0,00%
2,50%
0,00%
7,50%
3,92%
32,50%
52,94%
57,50%
43,14%
... stimme absolut nicht zu
... stimme kaum zu
... stimme zu
... stimme absolut zu
Caritas
AOK

Forschungsprojekt, Diversity Management – Fortsetzung Auswertung:

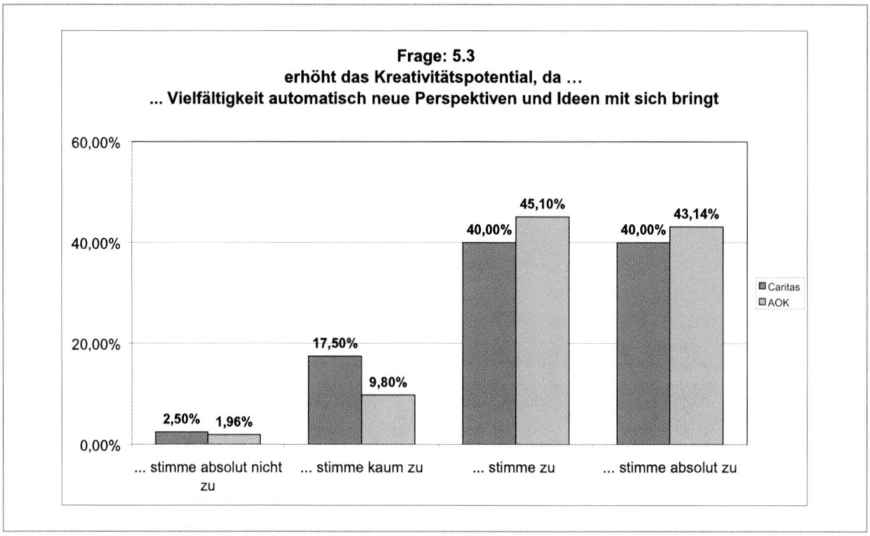

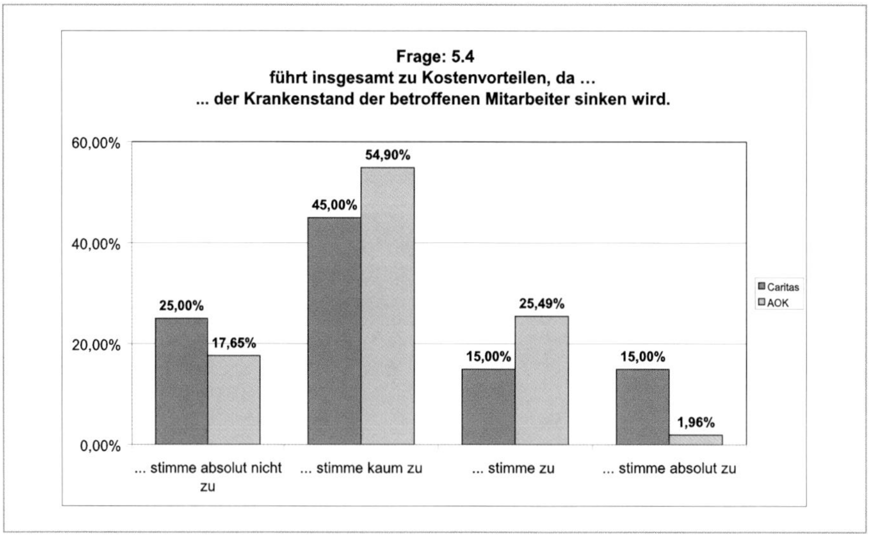

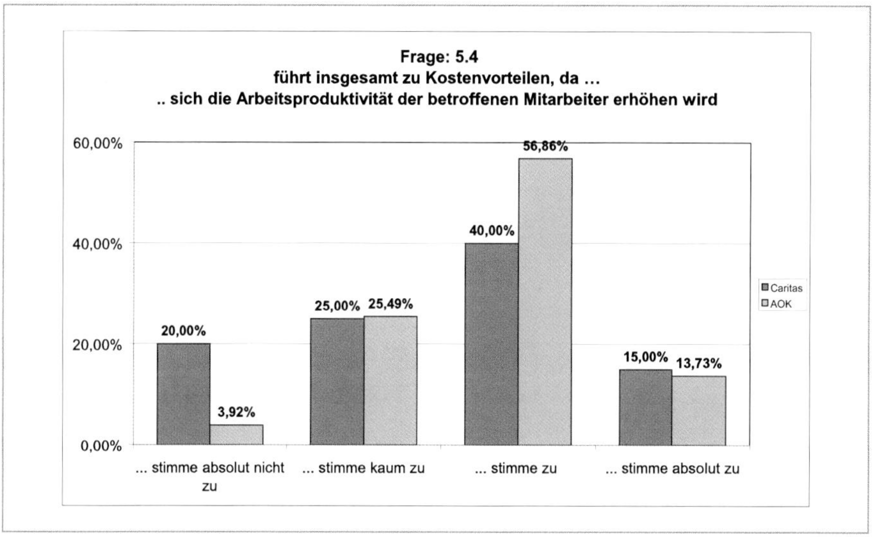
Frage: 5.4
führt insgesamt zu Kostenvorteilen, da ...
.. sich die Arbeitsproduktivität der betroffenen Mitarbeiter erhöhen wird
60,00%
40,00%
20,00%
0,00%
20,00%
3,92%
25,00%
25,49%
40,00%
56,86%
15,00%
13,73%
... stimme absolut nicht zu
... stimme kaum zu
... stimme zu
... stimme absolut zu
Caritas
AOK

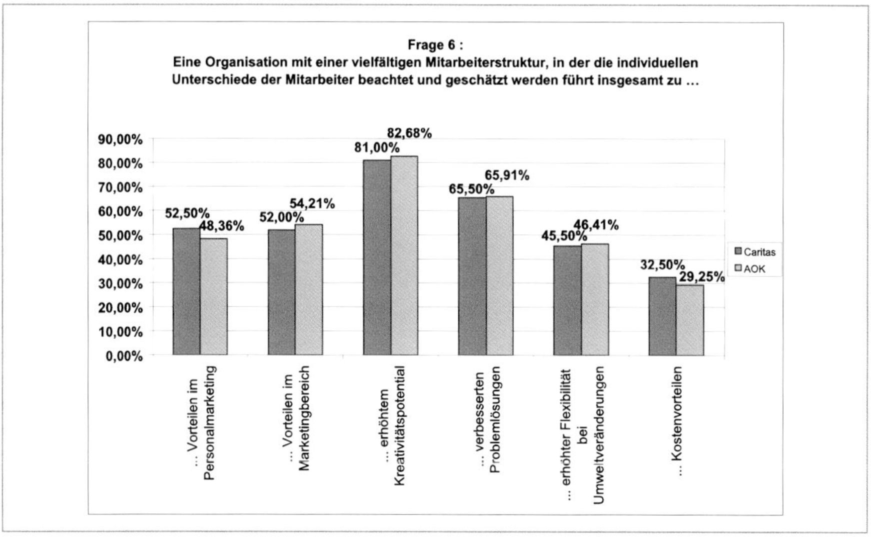
Frage 6 :
Eine Organisation mit einer vielfältigen Mitarbeiterstruktur, in der die individuellen Unterschiede der Mitarbeiter beachtet und geschätzt werden führt insgesamt zu ...
90,00%
80,00%
70,00%
60,00%
50,00%
40,00%
30,00%
20,00%
10,00%
0,00%
52,50%
48,36%
52,00%
54,21%
81,00%
82,68%
65,50%
65,91%
45,50%
46,41%
32,50%
29,25%
... Vorteilen im Personalmarketing
... Vorteilen im Marketingbereich
... erhöhtem Kreativitätspotential
... verbesserten Problemlösungen
... erhöhter Flexibilität bei Umweltveränderungen
... Kostenvorteilen
Caritas
AOK

VI. Vorbehalte gegen Managing Diversity:

Frage 7: Vorbehalte gegen Managing Diversity

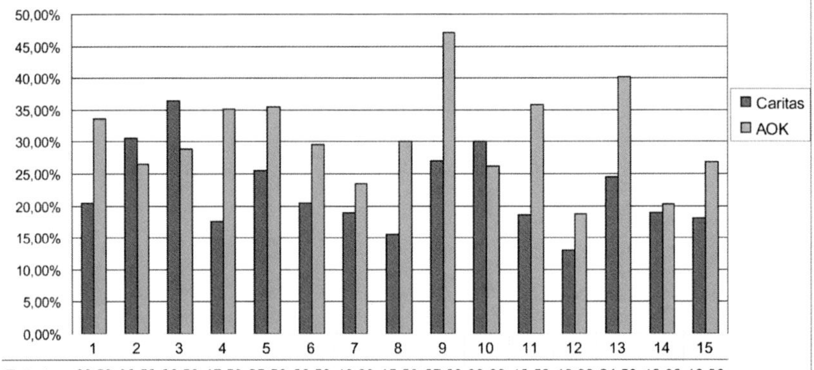

	1	2	3	4	5	6	7	8	9	10	11	12	13	14	15
Caritas	20,50	30,50	36,50	17,50	25,50	20,50	19,00	15,50	27,00	30,00	18,50	13,00	24,50	19,00	18,00
AOK	33,54	26,52	28,86	35,10	35,49	29,64	23,40	30,03	47,19	26,13	35,88	18,72	40,17	20,28	26,91

1. Ich kann mit dem Begriff nichts anfangen
2. Wir haben keine relevanten Probleme sondern Chancengleichheit
3. Die Maßnahmen sind viel zu zeitaufwendig
4. Diversity ist viel zu komplex, zu schwammig und schafft Verwirrung
5. Wir haben wichtigere Herausforderungen (Stellenabbau, Wettbewerb usw.)
6. Kosten und Aufwand sind zu hoch und überwiegen die Vorteile
7. Diversity ist alter Wein in neuen Schläuchen
8. Diese Maßnahmen brauchen wir nicht, wir finden individuelle Lösungen
9. Den Erfolg kann man nicht zuordnen und messen
10. Diversity erschwert die Führungsaufgabe
11. Wir haben genug andere Fördermaßnahmen
12. Diversity führt zu Diskriminierung und zu Neid
13. Wir wollen keine Quotenpolitik
14. Diversity ist in Deutschland überflüssig, da es hier homogener ist als in USA
15. Diversity ist nur ein Modethema

Weitere Vorbehalte: (offene Fragestellung zur Ergänzung)

Antworten – Caritas:

- Größe des Betriebes – jeder muss vieles tun und können.
- Von meiner Seite aus bestehen keine Vorbehalte.

Antworten – AOK:

- Allgemeine Verweigerung gegenüber neuen Ideen und Ansatzpunkten!
- Zielgerichtete Integrationspolitik ist sinnvoller.

VII. Zusammenfassung:

Frage 8.1: Bitte definieren Sie mit eigenen Worten stichpunktartig Ihr Verständnis von Managing Diversity: (Antworten in unsortierter Reihenfolge und ohne Gewichtung)

Antworten – Caritas:

- Stärken und Schwächen der Mitarbeiter kennen und diese Kenntnis gezielt nutzen.
- Nutzung der individuellen Fähigkeiten und Potenziale aller Mitarbeiterinnen und Mitarbeiter zur Erfüllung der Unternehmensaufgaben und Steigerung des Service für die Kunden.
- Führungsstil, der die Belange bzw. Stärken/Schwächen des einzelnen Mitarbeiters berücksichtigt.
- Durch gezielte Maßnahmen, Prozesse und Programme die Unterschiedlichkeit von Mitarbeitern sicherstellen und fördern, um auf die interkulturellen und innovationsgeprägten Herausforderungen der nahen Zukunft vorbereitet zu sein.
- Vielfalt.
- Darauf achten, dass die Mitarbeiterstruktur nicht allzu homogen ist.
- Personalmanagement in Abhängigkeit der Verschiedenheit der Angestellten.
- Einstellung, Einbindung und Chancengleichheit von Mitarbeitern unabhängig von Religion, Herkunft, Alter oder Geschlecht.
- Die BRD ist eh ein „Multi-Kulti" Land, wo meiner Meinung nach solche Maßnahmen nicht nötig sind.
- Hervorhebung, Tolerierung und Wertschätzung von Unterschieden zwischen Mitarbeitern (bzgl. Alter, Geschlecht, Religion, sexueller Neigung, Nationalität, ...); daraus folgt eine umfassende Betrachtung der Mitarbeiter als Ganzes, was Mitarbeitern und Unternehmen zugute kommt.

- In Verbindung verschiedener Gruppen (Homosexuellen, Behinderten, Andersgläubigen, etc.) eine neue Richtung finden.
- Ausreichend erläutert.
- Vielfältig, offen für alle Bereiche und Neuerungen.
- Menschliche und fachliche Unterschiede in der gesamten Mitarbeiterstruktur: dies anzuerkennen und als Führungspotential nutzen und einsetzen.
- Die Verschiedenartigkeit der Mitarbeiter nutzen.
- Viele unterschiedliche Mitarbeiter fördern ein positives Denken im Sinne der Firmenideologie.
- Es werden gezielt Menschen mit unterschiedlicher Herkunft, persönlichen Hintergründen eingestellt.
- Offener Umgang mit unterschiedlichen Werthaltungen und „Eigenarten" zur Nutzung vorhandener Ressourcen und Erreichung gemeinsamer Ziele auf globaler Ebene.
- Diversity ist wie ein Fruchtsalat, jede Frucht fügt dem ganzen etwas hinzu. Synergie und positives Arbeitsklima sind als Ergebnis von Diversity zu sehen.

Antworten – AOK:

- Möglichst individuelles Fördern der Mitarbeiter unter Berücksichtigung aller Neigungen und Fähigkeiten.
- Die Unterschiede einzelner Personen als Führungskraft und Unternehmen nutzen und hieraus für das Unternehmen Vorteile zu erzielen.
- Jeder Mitarbeiter hat spezielle Fähigkeiten, die bei Förderung und Aktivierung dem Gesamtunternehmen zugute kommen. Je mehr Mitarbeiter so gefördert und „aktiviert" werden, umso höher kann ggf. der Unternehmenserfolg potenziert werden.
- Nutzung der Potenziale der unterschiedlichen Mitarbeiter hinsichtlich Geschlecht, Alter.

- Möglichst individuelles Fördern der Mitarbeiter unter Berücksichtigung aller Neigungen und Fähigkeiten.
- Individuelle Förder-/Entwicklungsmaßnahmen zum Wohle der Mitarbeiter und des Unternehmens, Zielsetzung: Erhöhung Arbeitszufriedenheit und Produktivität.
- Konsequente Berücksichtigung von sozialen, kulturellen und geschlechtsspezifischen Unterschieden im Handeln eines Unternehmens.
- Mitarbeiter in Ihrer Unterschiedlichkeit fördern. Potenziale personen- bzw. gruppenorientiert zu entwickeln.
- Coachen, Potenziale erkennen und nutzen, Kommunizieren + Verbinden.
- Gezielte Förderung der Mitarbeiter für bessere Teamarbeit und besseren Erfolg für das Unternehmen.
- Unterschiedliche Potenziale von unterschiedlichen Personen unterschiedlich fördern und nutzen.
- Nutzung unterschiedlicher Personentypen.
- Unabdingbar für eine zukunftsorientierte Unternehmensführung mit entsprechendem Marktauftritt. Ein wichtiger Beitrag zur Lösung bestehender bzw. bevorstehender Kulturen-Konflikte.
- Die Stärken und Schwächen der unterschiedlichsten Mitarbeiter können sich untereinander ausgleichen bzw. verstärken. Dieses Potenzial zu nutzen, Stärken gegenseitig zu stärken und Schwächen zu schwächen.
- Diversity ist die Berücksichtigung der Individualität der Mitarbeiter.
- Chancengleichheit – unabhängig von Nationalität, Alter ...
- Interessant, nice to have, aber nicht von existenzieller Bedeutung.
- Potential und Möglichkeiten von unterschiedlichen Mitarbeitern nutzen.
- Gemeinsames Wertesystem.
- Verschiedenartigkeit für den Erfolg des Unternehmens nutzen, wo machbar und sinnvoll.
- Bewusst machen der Verschiedenartigkeit der Mitarbeiter und deren gezielt geplanter Einsatz.

- Jeden Mitarbeiter nach seinen Fähigkeiten und Vorteilen aufgrund der persönlichen Unterschiede bestmöglich für das Unternehmen einsetzen.
- Vielfältigkeit entsteht, Denkweisen in verschiedenen Richtungen entstehen, Chancengleichheit für jede Mitarbeitergruppe muss bestehen, Diskriminierung muss vermieden werden.
- Die Unterschiedlichkeiten der Mitarbeiter zum einen wahrzunehmen und zu akzeptieren sowie zum anderen diese Unterschiedlichkeiten zu koordinieren und für die Unternehmungsziele gezielt zu nutzen.
- Andersartigkeit achten und respektieren und den Nutzen von Heterogenität erkennen.
- Integration von Ausländern.
- Selbständige ohne Angst und gleichberechtigt arbeitende Mitarbeiter (mit vielfältiger Kultur und Denkweise) sind innovativer und tragen im Ergebnis zum Unternehmenserfolg bei.
- Eine neue Form der „Manipulation“ der Mitarbeiter mit dem Ziel der Gewinnoptimierung unter dem Deckmantel „Mitarbeiterführung“.
- Mitarbeiter dort abholen wo sie stehen; vorhandene Potenziale fördern/ausbauen.
- Unter Managing Diversity verstehe ich das Ziel eines Unternehmens, eine möglichst heterogene Mitarbeiterstruktur zu schaffen.
- Sinnvolle Ergänzung der Unternehmensstrategie, die Möglichkeiten zum Erfolg bietet.
- Kommunikation und Wettbewerbsvorteile nutzen.
- Ein Unternehmen lebt vom Wandel und von Weiterentwicklung. Unterschiede zwischen den Geschlechtern und Generationen müssen genutzt werden. Wichtig ist auch eine Leitvorstellung (Unternehmensidentifikation). Die Überbetonung von Unterschieden halte ich für nicht sinnvoll.

- Managementmethode zur Implementierung von unterschiedlichsten Mitarbeitern in ein Unternehmen/Unternehmenseinheit/Team.
- Die Befriedigung objektiver sowie subjektiver Kundenwünsche unterschiedlicher Kundengruppen (Zielgruppen) sind für das Erreichen der Unternehmensziele entscheidend. Die individuellen „Unterschiede“ – also „Diversities“, die Mitarbeiter neben Ihrer Fachlichkeit mitbringen, werden vielfach bei der klassischen Aufgabenerledigung nicht oder nur wenig abgefragt.
- Vorhandene Vielfalt nutzen.
- Es ist interessant, darüber nachzudenken und ggf. die eine oder andere Position mit in den Arbeitsbereich aufzunehmen.
- Soll jetzt auch Toleranz „gemanagt“ werden?
- Vorteile aus unterschiedlichen Mitarbeitereinstellungen und -qualifikationen zu ziehen bzw. bei der Unternehmensstruktur berücksichtigen.

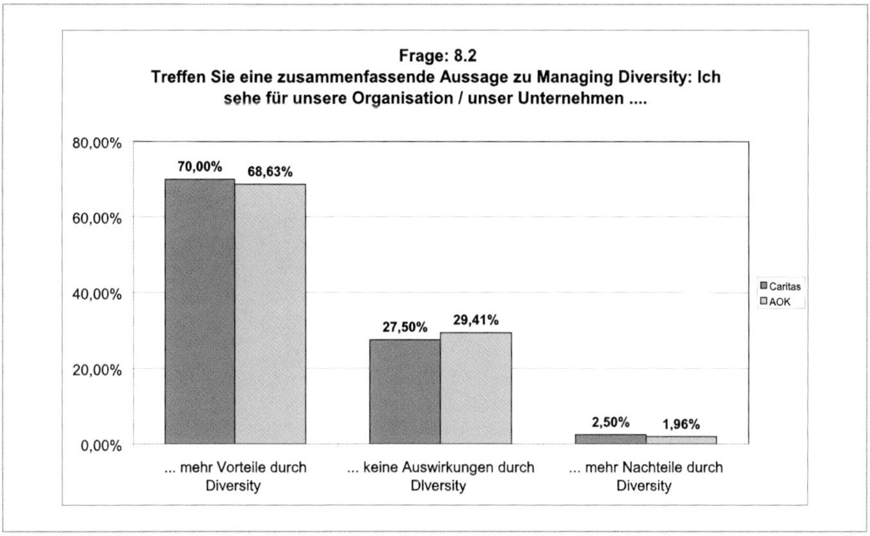

Forschungsprojekt, Diversity Management – Fortsetzung Auswertung:

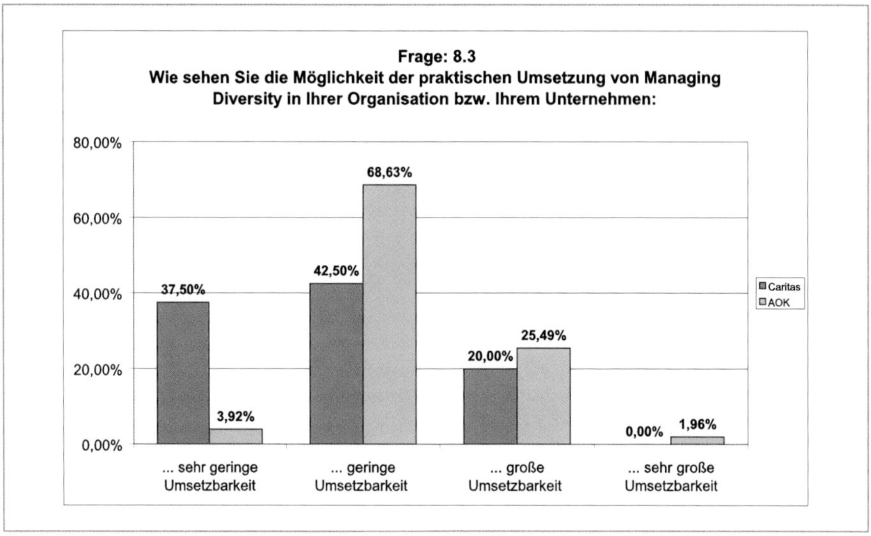

VIII. Personenbezogene Daten:

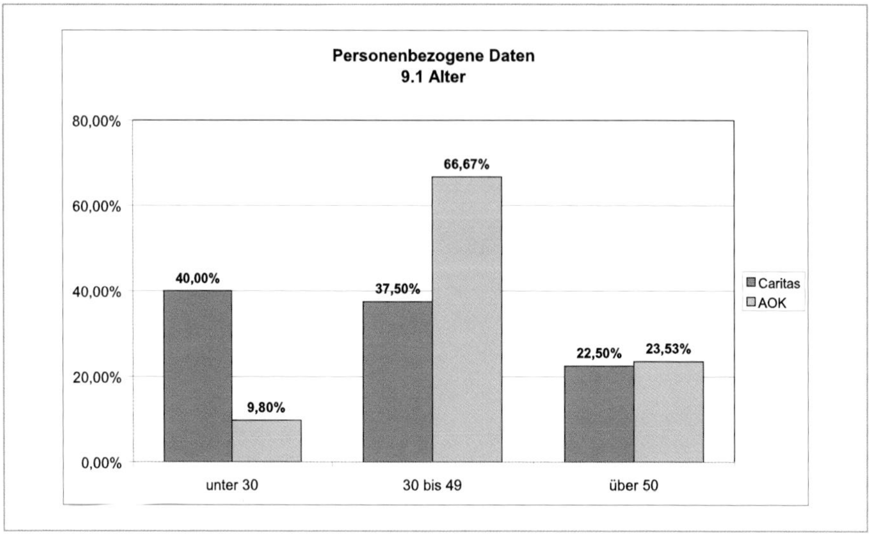

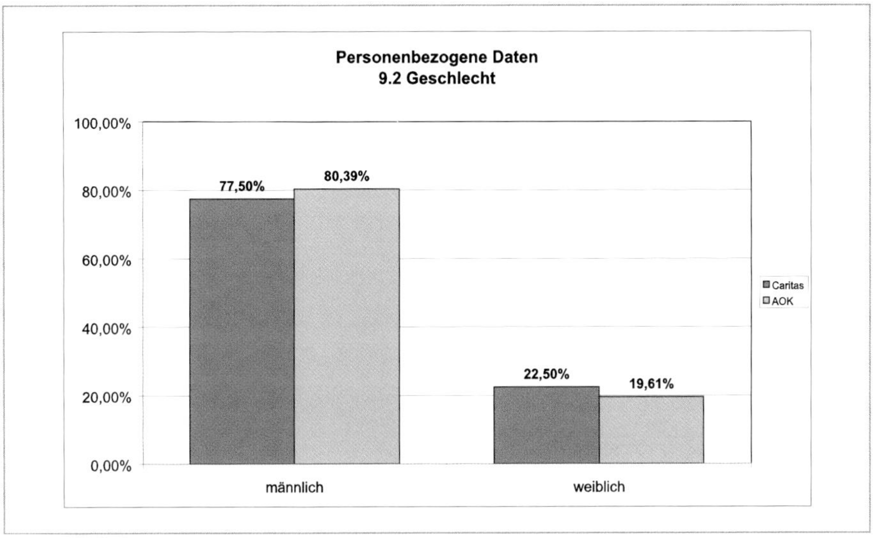
Personenbezogene Daten
9.2 Geschlecht
100,00%
80,00%
60,00%
40,00%
20,00%
0,00%
77,50%
80,39%
22,50%
19,61%
männlich
weiblich
Caritas
AOK

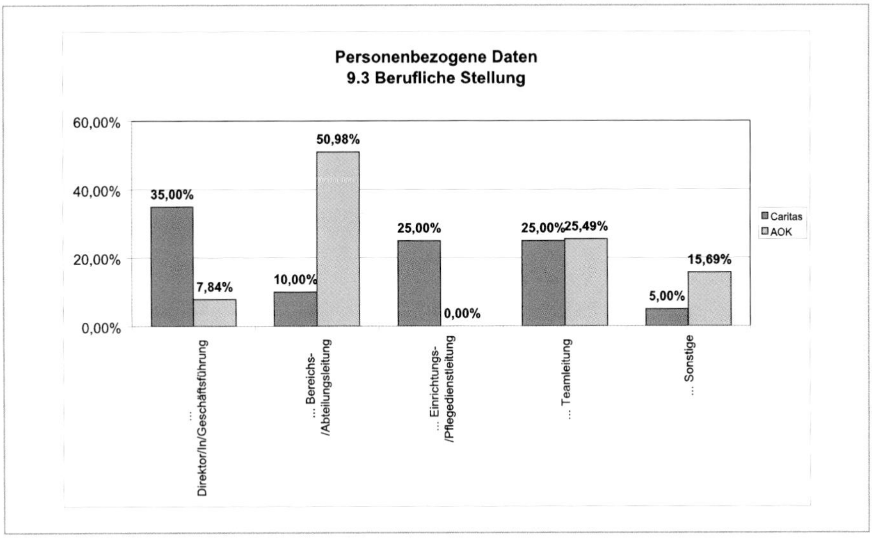
Personenbezogene Daten
9.3 Berufliche Stellung
60,00%
40,00%
20,00%
0,00%
35,00%
7,84%
10,00%
50,98%
25,00%
0,00%
25,00%
25,49%
5,00%
15,69%
... Direktor/In/Geschäftsführung
... Bereichs- /Abteilungsleitung
... Einrichtungs- /Pflegedienstleitung
... Teamleitung
... Sonstige
Caritas
AOK

A.07: Organigramm der AOK Bayern

Quelle: Unternehmensbroschüre der AOK Bayern

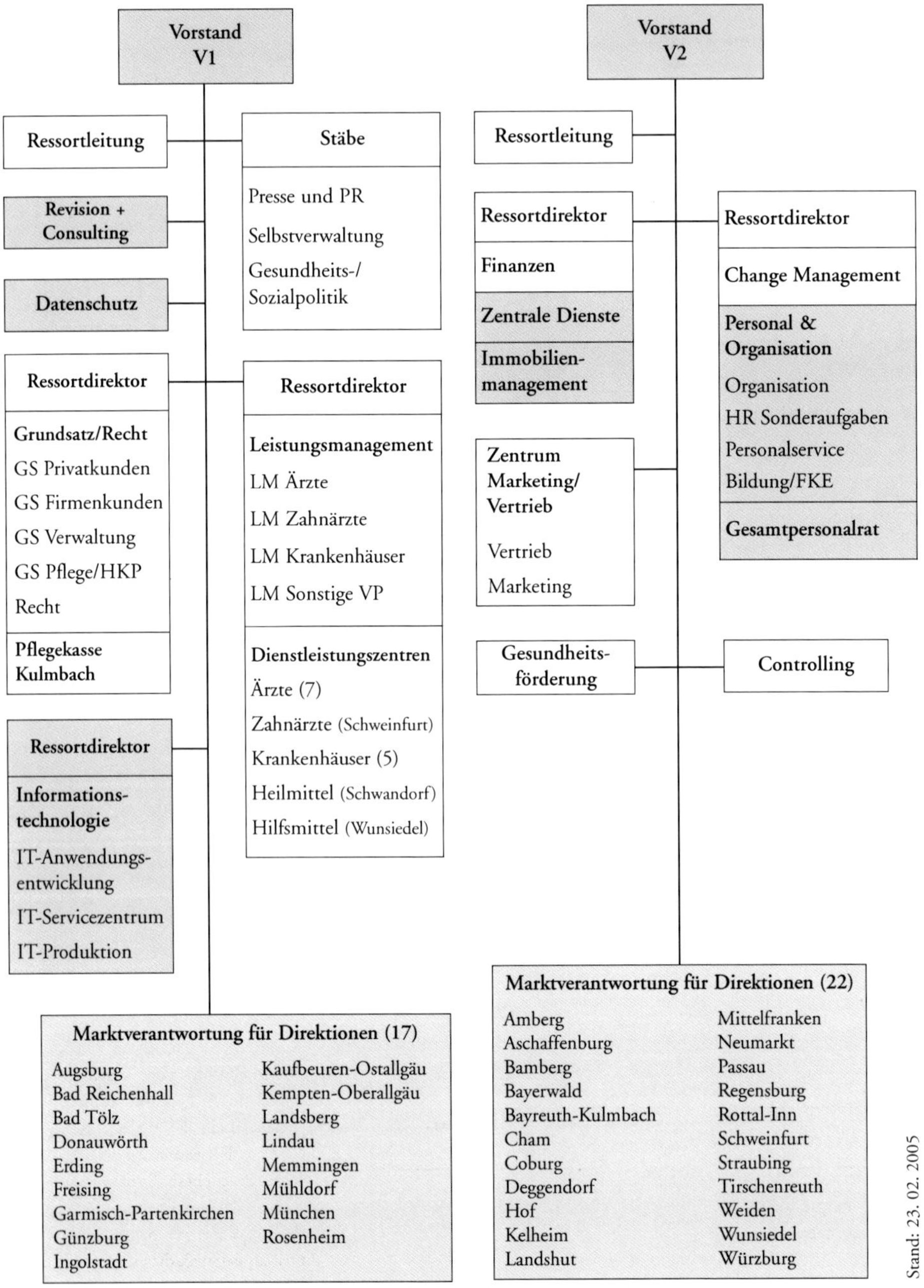

A.08: Deutscher Caritasverband – Organisationsplan

Quelle: Referat Öffentlichkeitsarbeit des Deutschen Caritasverbandes

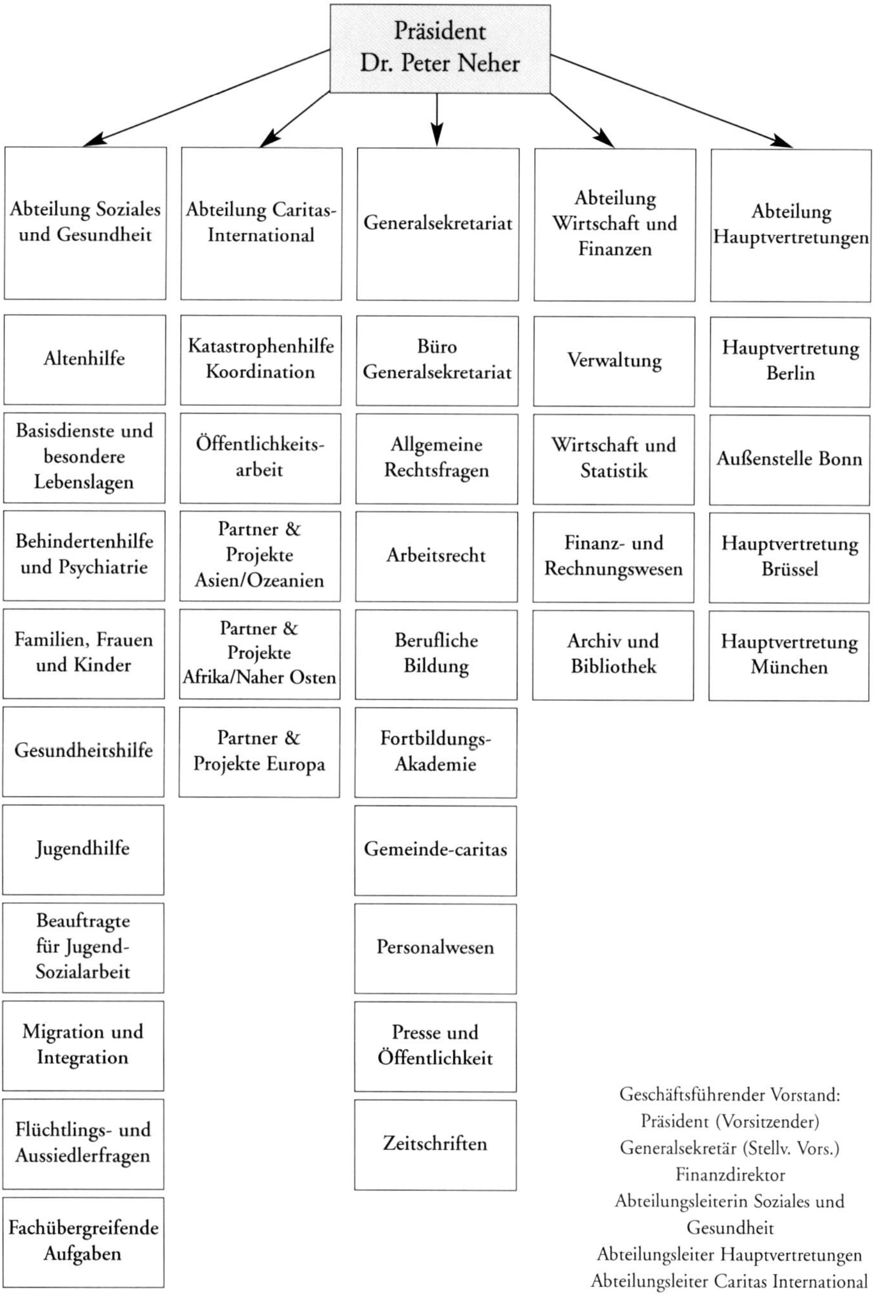

Geschäftsführender Vorstand:
Präsident (Vorsitzender)
Generalsekretär (Stellv. Vors.)
Finanzdirektor
Abteilungsleiterin Soziales und Gesundheit
Abteilungsleiter Hauptvertretungen
Abteilungsleiter Caritas International

A.09: Vielfalt – Die Welt und Du

Quelle: Caritas Betriebsführungs- und Trägergesellschaft mbH, Köln. Auszug aus dem CBT-Journal.

Falls du diese Nachricht liest, gehörst du nicht zu den 2 Milliarden Menschen die nicht lesen können.

Wenn wir die ganze Menschheit auf ein Dorf von 100 Einwohnern reduzieren und auf die Proportionen aller bestehenden Völker achten würden, so wäre dieses Dorf so zusammengefasst:

57 Asiaten – 21 Europäer – 14 Amerikaner – 52 wären Frauen – 48 wären Männer – 70 Nicht-Weiße – 30 Weiße – 70 Nicht-Christen – 89 Heterosexuelle – 11 Homosexuelle.

6 Personen würden 59 Prozent des gesamten Weltreichtums besitzen und alle 6 Personen kämen aus den USA – 80 hätten keine ausreichenden Wohnverhältnisse – 70 wären Analphabeten – 50 wären unterernährt – 1 würde sterben – 2 würden geboren – 1 hätte einen PC – 1 (nur einer) hätte einen akademischen Abschluss.

Wenn man die Welt aus dieser Sicht betrachtet, wird jedem klar, dass das Bedürfnis nach Zusammengehörigkeit, Verständnis, Akzeptanz und Bildung notwendig ist.

Falls du heute morgen gesund und nicht krank aufgewacht bist, bist du glücklicher als eine Million Menschen, welche die nächste Woche nicht erleben werden.

Falls du nie einen Kampf des Krieges erlebt hast, nie die Einsamkeit durch Gefangenschaft, die Agonie des Gequälten, oder Hunger gespürt hast, dann bist du glücklicher als 500 Millionen Menschen der Welt.

Falls du ein Konto bei der Bank hast, etwas Geld im Portemonnaie und etwas Kleingeld in einer kleinen Schachtel, gehörst du zu 8 Prozent der wohlhabenden Menschen auf dieser Welt.

Falls du in die Kirche gehen kannst, ohne die Angst, dass dir gedroht wird, dass man dich verhaftet oder dich umbringt, bist du glücklicher als 3 Milliarden Menschen der Welt.

Falls sich in deinem Kühlschrank Essen befindet, du angezogen bist, ein Dach über dem Kopf hast und ein Bett zum Hinlegen, bist du reicher als 75 Prozent der Einwohner der Welt.

A.10: Basistext Diversity – Die große Vielfalt

Quelle: Stuber, M., Die große Vielfalt, Basistext Diversity, mi-st Consulting.

Harte – oder sonnige – Zeiten für das ökonomische Prinzip

Die Wirtschaft befindet sich in ihrem Streben nach Wachstum stets auf der Suche nach neuen Optimierungspotenzialen. Gleichzeitig müssen Qualitätsstandards und das sich ständig – und immer drastischer – ändernde Umfeld berücksichtigt werden.
Höchste Zeit für eine Analyse, die nach **Schlüsselaspekten** sucht, um eine ganzheitliche Antwort auf die kaum zu erfassende Komplexität künftiger Herausforderungen zu entwickeln! Was haben nun aktuelle betriebswirtschaftliche Ziele, wirtschaftliche Trends sowie gesellschaftliche, politische und kulturelle Entwicklungen **gemeinsam**?
Sie alle lassen eine stark wachsende **Bedeutung von Vielfalt** – und damit von Unterschieden – erkennen. Im Umkehrschluß heißt das: Wer mit Vielfältigkeit nicht umzugehen weiß, wird schon bald zu den Verlierern gehören; und Organisationen, die Unterschiede **nicht** produktiv nutzen, werden nicht zu den Besten gehören können.
Dies waren auch die Überlegungen, die in den USA zu „**Managing Diversity**" geführt haben. Ein Management-Ansatz, dessen Kern die positive Berücksichtigung von Unterschieden zwischen Menschen darstellt:

- (An-) Erkennen von Unterschieden
- Wertschätzen aller Besonderheiten
- (Aus-) Nutzen der Potenziale von Unterschiedlichkeit(en)
- Fördern von Vielfältigkeit

Es geht also um eine **neue Grundhaltung** der Unternehmensführung, die, speziell in Europa, dramatisch an Relevanz gewinnt, wenn nicht zur **Notwendigkeit** wird.

Dafür sprechen **je sieben** wirtschaftliche, gesellschaftliche und kulturelle Entwicklungen.

In der Wirtschaft

1. Globalisierung und europäische Integration bewirken ein häufigeres und intensiveres Aufeinandertreffen von unterschiedlichen Kulturen bzw. Mentalitäten. Dabei spielen verschiedene Nationalitäten oft nur vordergründig Rollen, die durch weitere Unterschiede zu einer komplexen Herausforderung werden.
2. Umfassende Umstrukturierungen haben zur Folge, dass immer mehr Mitarbeiter unterschiedlicher Ausbildung und Erfahrung, Denk- und Arbeitsweisen, Führungs- und Kommunikationsstilen produktiv zusammenarbeiten müssen. Synergien entstehen nur, wenn die jeweilige Vielfalt genutzt wird.
3. Eine wachsende Kunden- und Marktorientierung beinhaltet auch die Notwendigkeit, auf die Besonderheiten der (potentiellen) Abnehmer einzugehen, d. h. zahlreiche Unterschiede zu berücksichtigen.
4. Chancen in Emerging Markets werden nur dann vollständig genutzt werden können, wenn ein Unternehmen über den Vermarktungsaspekt hinaus (interkulturelle) Beziehungen mit relevanten Partnern in den Regionen aufbauen kann.
5. Unternehmenszusammenschlüsse und -übernahmen (M&A) bringen stets ein Aufeinandertreffen verschiedener Unternehmenskulturen mit sich. Sind alle Mitarbeiter grundsätzlich mit Unterschieden vertraut, werden Verschmelzungsprozesse sanfter verlaufen.
6. Strategische Allianzen erfordern fast immer das Kooperieren grundlegend verschiedener Partner.
7. Das fortgesetzte Streben nach Qualität erfordert den vollen Einsatz aller – unterschiedlichen – Kenntnisse und Fähigkeiten, die in einem Unternehmen vorhanden sind.

In der Gesellschaft und Politik

1. Die Integration von Frauen schreitet in allen Bereichen der Wirtschaft voran. Unternehmen, die entsprechende Potenziale – und Bedürfnisse – unberücksichtigt lassen, müssen sich mit schrumpfenden Möglichkeiten zufrieden geben.
2. Ethnische „Minderheiten“ stellen einen immer größeren Teil der Bevölkerung – und damit des Absatz- und Arbeitsmarktes dar. Kein Unternehmen kann es sich langfristig leisten, diese Bereiche ohne Berücksichtigung von Besonderheiten zu behandeln.
3. Behinderungen sind angesichts des technischen Fortschrittes immer weniger als „Verhinderung“ zu sehen, so dass Unternehmen verstärkt auf die Potenziale behinderter Menschen zurückgreifen können.
4. Homosexuelle Frauen und Männer haben ihr vermeintliches Randgruppendasein vor vielen Jahren verlassen und sind sichtbar und selbstbewusst geworden. Sie – und ein Großteil der Bevölkerung – erwarten auch eine Integration in wirtschaftlicher Hinsicht: Als Mitarbeiter und als Kunden.
5. Das Verhältnis von und zwischen Jung und Alt wird sich in den nächsten Jahrzehnten grundsätzlich verändern; insbesondere alte Menschen werden an Bedeutung gewinnen. Ein positiver Umgang mit dem Alter und mit Altersunterschieden wird daher von vitaler Bedeutung sein.
6. Glaubens- und Religionsfragen haben schon heute großen Einfluss auf gesellschaftliche und politische Prozesse. Mit wachsender Mobilität und Individualität wird die Vielfalt von Glaubensprägungen zunehmend von Bedeutung für Unternehmen, während 3/4 der großen christlichen Kirchen ihre Vormachtstellung allmählich verlieren.
7. Alle genannten gesellschaftlichen Themen werden im Entwurf des neuen (Amsterdamer) EU-Vertrags als potentiell „schützenswert“ genannt. Einzelne Staaten Europas und einige Bundesländer haben bereits gesetzliche Regelungen eingeführt, die Benachteiligungen gleich welcher Art verbieten. Unternehmen sind also ohnehin eventuell gezwungen, sich mit gesellschaftlicher Vielfalt mehr als bislang „anzufreunden“.

Kulturelle Aspekte

Bedeutende Entwicklungen der letzten Jahre deuten darauf hin, dass eine Individualisierung in der Gesellschaft stattfindet, die insbesondere eine Abkehr von tradierten Wertestrukturen und Verhaltensmustern bedeutet. Herausragend hierbei sind zu nennen:

- Rückgang der Heiratszahlen
- Zunahme Alleinerziehender
- Anstieg nichtehelicher Lebensgemeinschaften
- Wachsende Bedeutung der Vereinbarkeit von Berufs- und Privatleben
- Streben nach Individualität besteht in der Suche nach dem „Anderen“ und stärkt die eigene Toleranz gegenüber Unterschieden
- Wachsende Ablehnung traditioneller, konservativer Werte, Rollen, Strukturen u.s.w.
- Neue Medien und moderne Kommunikation entwickeln das „Bekannte und Vertraute“ schneller und umfassender

Alle **Zeichen** weisen also in Richtung Vielfalt und Individualität. Tatsächlich beschäftigen sich viele Unternehmen bereits mit einzelnen Aspekten. Beispiele hierfür sind

- Flexible Arbeitszeitmodelle zur besseren Vereinbarkeit von Beruf und Privatleben
- Interkulturelle Trainingsprogramme
- Gleichstellungsinitiativen für Frauen
- Flexible Ruhestandsmodelle

Typisch für derartige Insellösungen: Sie sind Stückwerk, bleiben auf verlorenem Posten und sind auf das Wohlwollen der Organisation angewiesen. Vor allem aber fehlt ihnen meist die strategische **Einordnung** in die Unternehmenspolitik und ein klarer Hinweis auf ihren Beitrag zum wirtschaftlichen Erfolg.

Diversity bietet einen solchen Rahmen und den erforderlichen „Business Case". Vielleicht noch wichtiger ist die Tatsache, dass Diversity keinen Mitarbeiter und keine Mitarbeiterin unberücksichtigt lässt, sondern auf der Integration aller beruht.
Die Kernbestandteile des **Erkennens, Wertschätzens und Nutzens von Unterschieden** werden dabei in zwei Richtungen angewendet:

- Einerseits vom Unternehmen ausgehend in Richtung seiner Mitarbeiter – also als Aspekt des Personalmanagements.

- Andererseits von der oder dem einzelnen MitarbeiterIn ausgehend in Richtung derer, mit denen er oder sie zusammenarbeitet oder extern Kontakt hat.

Ein Unternehmen, das seine Mitarbeiter konsequent wertschätzt und spezifische Bedürfnisse berücksichtigt, kann sich ihrer hohen Loyalität sicher sein.
Auch ist es dann viel wahrscheinlicher, dass das gesamte Potential der Mitarbeiter ausgeschöpft wird bzw. er oder sie dies in den betrieblichen Prozess einbringen können und werden.
Wenn Mitarbeiter ihrerseits Unterschiede positiv in ihr Denken und Handeln integrieren, werden sie in Gruppen und über Abteilungs- oder Bereichsgrenzen hinweg besser zusammenarbeiten. Koordinationskosten sinken dabei.
Die Vielfalt der Märkte und Kunden wird mit Diversity besser berücksichtigt und in höheren Umsatz oder Kundenzufriedenheit münden. Schließlich bewirkt die Offenheit gegenüber dem „Anderen" auch eine positivere Haltung gegenüber Veränderungen, die Unternehmen künftig in immer kürzeren Zyklen erfassen.
Diversity stellt somit für innovative Unternehmen eine Chance dar, sich besser zu profilieren und positiv in der Öffentlichkeit zu positionieren – ein

Aspekt, der angesichts immer ähnlicherer Produkte und Dienstleistungen an Bedeutung gewinnt.
Ein mutiges und ambitioniertes, ein komplexes und tatsächlich ganzheitliches Konzept, das vieles angreift, was deutsche Unternehmen bislang „gekennzeichnet" hat, und daher auf Widerstände stoßen wird. Mit Vielfalt gegen Einfalt: Die Mischung machen lassen anstatt Exoten nur zuzulassen.

A.11: Internationale Diversity Konferenz

Quelle: 5. Internationale Managing Diversity Konferenz (IMDC), Potsdam 2004.

„Making Diversity Work Throughout The World" soll:

- inter-disziplinäre Aktivitäten in Forschung und Praxis anregen,
- Möglichkeiten bieten, neueste Erkenntnisse des Diversity Managements mit seinen Herausforderungen zu präsentieren und zu diskutieren,
- Erfahrungsberichte bei der Schaffung und dem Management produktiver Diversity vorstellen,
- Kooperationen zwischen Praktikern, Wissenschaftlern und politischen Vertretern vertiefen.

Beispiele für die Bandbreite an relevanten Themen der Diversity-Business-Politics:

- Beiträge von Diversity Managements für Nachhaltiges Corporate Management
- Diversity Mainstreaming
- Diversity Management in Sicherheitskritischen Industrien und Dienstleistungen
- Diversity Management und Humankapital-Entwicklung

- Diversity Management und Wissensorganisationen
- Diversity Verhalten, Führung, Motivation und Erfolg
- Effekte des Diversity Management aus Markt-Orientierter Perspektive (MBV)
- Effekte des Diversity Management aus Wettbewerbs-Orientierter Perspektive (CBV)
- Effekte des Diversity Management aus Ressourcen-Orientierter Perspektive (RBV)
- Effekte des Diversity Management aus einer Institutionellen Perspektive (IBV)
- Effekte des Diversity Management aus Finanz-Orientierter Perspektive
- Effekte des Diversity Management aus der Stakeholder-Perspektive
- Effekte des Diversity Management aus der Shareholder-Perspektive
- Effektives Management Struktureller Diversität
- Erfahrungen bei der Entwicklung und dem Management von Team-Diversity
- Erkenntnisse zur Ökonomischen Bedeutung des Diversity Managements
- Identifikationsfelder für Kreativität und Chancenmanagement
- Komplexität und Diversity Management
- Netzwerke, Cluster und Strategische Allianzen
- „Standort Deutschland“: Produktives Diversity Management im globalen Kontext